碳资产评估理论及实践初探

刘 萍 陈 欢 主编

中国财政经济出版社

图书在版编目（CIP）数据

碳资产评估理论及实践初探／刘萍，陈欢主编．—北京：中国财政经济出版社，2013.8

ISBN 978 – 7 – 5095 – 4733 – 5

Ⅰ.①碳…　Ⅱ.①刘…②陈…　Ⅲ.①二氧化碳 – 资产评估 – 研究 – 中国　Ⅳ.①X511

中国版本图书馆 CIP 数据核字（2013）第 200494 号

责任编辑：马　真　　　　　　责任校对：李　丽
封面设计：汪俊宇　　　　　　版式设计：汤广才

中国财政经济出版社 出版

URL：http：//www.cfeph.cn

E – mail：cfeph @ cfeph.cn

社址：北京市海淀区阜成路甲 28 号　邮政编码：100142

营销中心电话：88190406　北京财经书店电话：64033436　84041336

北京富生印刷厂印刷　各地新华书店经销

710×1000 毫米　16 开　17.25 印张　289 000 字

2013 年 11 月第 1 版　2013 年 11 月北京第 1 次印刷

定价：46.00 元

ISBN 978 – 7 – 5095 – 4733 – 5/F · 3827

（图书出现印装问题，本社负责调换）

本社质量投诉电话：010 – 88190744

反盗版举报热线：010 – 88190492、88190446

本书编写组

组　　　长：刘　萍　陈　欢

副 组 长：韩立英　郑　权　孙建民　江铭强

编写组成员：温　刚　刘　宇　杜元钰　傅　平

李文杰　金　鑫　于东明　周　军

崔　劲　殷　霞　贺晓棠　董淑荣

杜明辉　綦玖竑　陈一然　陈亚芹

彭亦斯（John Barnes）　　李　瑾

王　晶　唐章奇　李晓红　林　梅

气候变化关系到整个人类社会的生存与发展，已成为国际社会普遍关心的重大问题。积极应对气候变化，发展低碳经济已成为越来越多国家的共识。1992 年签署、1994 年生效的《联合国气候变化框架公约》（简称《公约》）奠定了气候变化国际合作的基本框架。为切实实现《公约》目标，1997 年 12 月，国际社会通过了具有法律效力的《京都议定书》。这两份指导文件明确了应对气候变化国际合作中"共同但有区别的责任"原则。

根据"共同但有区别的责任"原则，发达国家必须对其历史排放承担责任并履行量化减排义务。在《京都议定书》的约束下，碳排放空间已成为一种经国际法认可的稀缺资源，并具有了进行受法律保障交易的商品属性，针对碳排放权和减排量的国际碳交易市场由此产生并快速发展。实践证明，利用市场机制减排，可以有效控制排放，减少社会整体减排成本，优化社会资源，同时可以催生新的市场，开发出新的资源，拓展出新的经济增长点。在此过程中，碳排放权和减排量进一步成为兼具商品和金融属性的新型资产。

作为正处于工业化、城镇化加速发展阶段的发展中国家，我国面临着难得的发展机遇，也面临着巨大的挑战。我国政府从全国人民的根本利益和全人类的福祉出发，以高度负责任的态度，始终把应对气候变化作为重要战略任务，将其作为加快转变经济发展方式，实现可持续发展的重要抓手。2009 年，我国政府向国际社会郑重承诺，到 2020 年，单位 GDP 二氧化碳排放将比 2005 年下降 40% ~ 45%。为实现这个承诺，我国政府在"十二五"规划中提出了应对气候变化的约束性指标和行动目标，到 2015 年底，单位 GDP 能耗和二氧化碳排放分别降低 16% 和 17%。《"十二五"控制温室气体排放工作方案》就如何实现"十二五"期间节能减排目标提出了详细的实施措施，并将减排指标分解到地方。我们看到，在国家政策部署下，国内应对气候变化工作不断推进，取得了显著实效。

作为控制温室气体排放，实现减排目标的一项重要措施，我国一直积极探索建立国内碳交易体系，并于 2012 年开始在北京、天津、上海、重庆、广东、湖北、深圳等7个省市开展了碳排放权交易试点工作。除了积极准备强制性碳交易外，我国自愿碳交易市场的准备工作也在进行中。

碳交易市场的建立和今后碳金融的发展，需要动员各方力量，涉及诸多领域和要素。为此，碳资产评估将成为市场发展过程中的一项内在需求。在碳市场发展的初期，开展对碳资产评估的研究不仅将为发挥碳市场作用进行必然准备，而且也有助于推动碳市场自身的发展和完善。

我们高兴地看到，中国资产评估协会和中国清洁发展机制基金管理中心正在集合各自的专业优势，并团结带动了一批来自各行业领域的高水平机构，共同推动碳资产评估事业的建立和发展。作为第一步，他们组织撰写了《碳资产评估理论及实践初探》。我认为，本书对处于起步阶段的碳资产评估业的基础理论和现有实践进行了较为全面的梳理和初步研究，为这一新兴领域的后续研究与实践奠定了良好的基础。

本书形成初稿的时间，恰逢2012年党的"十八大"召开。本书定稿的时间，又逢2013年"两会"召开，落实"十八大"精神行动的大幕正在拉开。"十八大"把生态文明建设放在突出重要的位置，并将之融入经济建设、政治建设、文化建设和社会建设的各方面和全过程，提出了建设美丽中国的愿景。应该说，本书的写作和出版正逢其时。

还值得指出的是：在2012年，中国清洁发展机制基金实现运行5周年；在2013年，中国资产评估协会将迎来成立20周年。他们都将迈上自身发展的一个新台阶。我希望，两个机构能够紧密携手，引领和带动社会力量，积极贯彻落实党的"十八大"精神，共同推动碳资产评估事业的健康发展，为推动低碳发展、为建设生态文明、为实现"美丽中国"的宏伟蓝图，做出积极贡献。

中国资产评估协会会长

中国清洁发展机制基金管理中心战略发展委员会主席

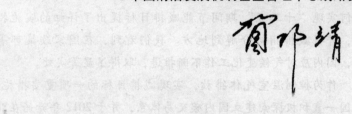

在全球积极应对气候变化的大格局下，我国已将应对气候变化作为加快转变经济发展方式的重要抓手，在"十二五"规划中明确提出了节能减排目标，并同时提出要逐步发展国内碳交易体系，试点工作即将启动。党的十八大关于推进生态文明建设的东风，将加速这一进程。

随着国内节能减排工作的力度不断增大，迫切需要切实发挥碳市场对经济结构调整的积极作用，碳排放权和减排量也将因此成为参与和影响实体经济过程的新型资产。以碳排放权和减排量作为资产开展"量"和"价"的评估工作，就成为市场发展的客观需求。由于碳资产评估是处于萌芽状态的全新业务，已有的理论知识与业务实践都不充分，而且与相关领域业务存在较大差异，因此需要提前做好规划布局，保障该项业务有序健康地发展。

2012年4月10日，中国资产评估协会（以下简称"中评协"）与中国清洁发展机制基金管理中心（以下简称"清洁基金"）联合举办了"碳资产评估——实践与展望"座谈会，邀请了15家机构的代表参会，包括从事碳减排审核、碳交易、资产认定和评估的咨询服务机构、碳交易所、资产评估公司以及开展碳盘查的企业和探索开展碳金融业务的银行。中评协和清洁基金共同提出，要秉承创新理念，抓住市场发展机遇，搭建合作平台，利用各自专业优势、机构能力和行业影响力，动员和引领各方机构共同推进碳资产评估的市场培育、能力建设、行业管理和国际合作，为财政部门支持国内碳市场发展探索新的手段。这一观点得到参会各机构人员的积极支持。

会议讨论认为，碳资产评估目前还处于萌芽阶段，是一项全新的处于交叉领域的业务。即使已有的相关实践非常有限，碳资产评估已表现出在理论、方法、技术和实务等各方面，都与传统的资产评估或清洁发展机制项目咨询等存在较大差异。因此，为适应国内碳市场发展的需要，碳资产评估工作需要提前做好规划布局，加强行业组织、标准规范、知识储备和人才培养等方面的能力建设工作，使其在健康有序发展的同时，为国内碳市场的发展做好铺垫。与会机构共同建议，中评协和清洁基金利用各自的行业优势和组织工作能力，牵头搭建平台，尽快聚合各方面优势和资源，引领形成合力，共同努力，不断探索，促进碳资产评估业务发展。

作为落实会议共识的第一项基础工作，中评协和清洁基金于2012年7月共同牵头开展了关于碳资产评估研究的重大课题——《碳资产的计量、定价与碳交易中介服务研究》，并由北京天健兴业资产评估有限公司和华能碳资产经营有限公司具体承担课题，同时邀请了与碳资产市场发展和交易、评估、管理相关的多家机构和企业共同参与，最终形成了《碳资产评估理论及实践初探》一书，作为课题的主要研究成果。

本书采取汇编方式，以碳资产评估这一主线贯穿，试图通过不同的专题对碳资产评估涉及的一些理论及实践内容进行汇集展示。本书分为综述篇、理论篇、实践篇、展望与建议篇四部分。综述篇主要介绍我国资产评估行业发展情况和碳资产评估实践，并对碳资产评估行业发展提出前景认识；理论篇主要介绍碳资产的特点与分类、碳盘查标准、碳资产会计、碳资产评估相关理论方法、交易市场和交易体系等方面的理论内容；实践篇探讨了国内外自愿减排交易体系、上海市碳排放交易体系建设与碳资产评估、国际碳资产评估和管理、我国大型能源企业开展碳盘查工作、我国碳资产评估实务、碳资产质押贷款等碳资产实践相关的内容；展望与建议篇主要从我国碳资产实践、碳资产交易体系建设、碳资产评估发展前景展望及发展、以及加强碳资产会计处理等方面提出一些初步的政策建议。

本书在酝酿和写作过程中，得到中评协会长兼清洁基金管理中心战略发展委员会主席贺邦靖、财政部部长助理刘红薇和时任部长助理郑晓松的大力支持与悉心指导，在此特致衷心的感谢！

本书聚集了多家在低碳发展领域和资产评估领域的一线机构和诸多实务专家的智慧，在广泛收集资料、数据和案例的基础上，对与碳资产评估相关的理论进行了较为系统地梳理，并对实践经验加以总结提炼，同时提出了一些创新性理念和务实建议，较好地完成了本课题的研究，还为后续工作提供了良好基础。作为推动碳资产评估行业发展的第一本专著，本书还希望对本领域的理论研究者、实务工作者和政策制定者均有所助益。

需要说明的是，因碳资产评估行业刚刚探索起步，相关资料尚不完整，所形成的认识也有待进一步提高，书中内容难免存在疏漏，欢迎读者批评指正。如有文献引用等方面的缺失和其他不周之处，敬请谅解并请告知，希望在今后本书有机会完善时予以弥补。

中国资产评估协会　　　　　　　中国清洁发展机制
副会长、秘书长　　刘萍　　基金管理中心主任　　陈欢

目录

第一篇

综述篇

第一篇　概　述

我国资产评估行业的发展 与碳资产评估

我国资产评估发端于对外开放和国企改革，伴随着经济体制改革的深入和市场经济体制的完善和日益发展壮大，逐步全方位、多领域服务于我国经济、政治、文化、社会和生态建设，作为商务服务业的重要组成部分，成为我国市场经济中不可或缺的专业力量。随着我国重视发展低碳经济、大力推进生态文明建设，碳资产评估将逐渐成长为重要的新兴业务领域。

一、资产评估行业发展总体情况

近年来，资产评估行业紧跟国家经济社会重大方针政策，按照财政部工作总体部署，探索走出了一条有中国特色的评估行业发展之路。评估行业服务领域不断拓展，服务层次不断深化，服务链条不断延伸。从评估对象看，涵盖企业价值、机器设备、无形资产、不动产、珠宝首饰、金融资产、文化资产、森林资源、生物资产、无居民海岛使用权、海域使用权、碳排放交易权等。从服务的经济行为看，涵盖企业改制、公司上市、并购重组，公司注册，资产转让、拍卖、偿债、租赁、抵质押，对外投资，资产涉税，公允价值计量，不良资产及涉诉资产处置等诸多方面。

资产评估行业还为政府决策、社会管理、财政改革和企业"走出去"等提供专业价值服务，如财政资金绩效评价、生态价值评估、央企海外并购评估、企业内控设计、企业财务管理能力评估、碳资产评估等新兴领域，从传统的价值评估逐步拓展到价值咨询、价值管理、价值运营领域，在众多行业和业务领域的影响力不断扩大。

（一）建立起完备的法律制度体系

经过 20 多年的发展，我国已初步形成了一套以国务院颁布的《国有资产评估管理办法》（91 号令）为主干，以财政部、原国家国有资产管理局等政府主管部门颁布的一系列关于资产评估的规章制度为主体，以全国人大及其常委会、司法机关和其他政府部门颁布的相关法律、司法解释和规章制度为补充的资产评估法律、制度体系。《公司法》、《证券法》、《企业国有资产管理法》、《合伙企业法》、《拍卖法》等相关法律，均规定了有关资产评估事项，如：《公司法》要求股东用实物、知识产权、土地使用权等非货币财产出资应当评估作价，《企业国有资产管理法》要求国有独资企业、国有独资公司和国有资本控股公司合并、分立、改制，转让重大财产，以非货币财产对外投资，清算等，应当按照规定对有关资产进行评估。资产评估行业立法取得突破进展，2005 年，《资产评估法》被正式列入十届全国人大常委会的补充立法计划，2012 年 2 月，《资产评估法》草案首次提交全国人大常委会审议，将为评估行业规范科学发展奠定法律基石。

资产评估制度体系覆盖全面、内容丰富，涵盖了综合管理、注册资产评估师准入与管理、资产评估机构管理、执业监督、业务管理、专业标准与规范、后续教育、理论研究、市场开拓、财务管理、会员制度等方面。截至 2011 年底，涉及的主要制度共有 120 余项。

国家发布了一系列资产评估法规和规章制度，除 91 号令外主要有《国有资产评估管理若干问题的规定》、《国有资产评估违法行为处罚办法》、《企业国有资产评估管理暂行办法》、《资产评估机构审批和监督管理办法》、《资产评估收费管理办法》等。2012 年底，财政部发布了《中国资产评估行业发展规划》，明确了行业发展方向、目标和措施。这些法规和规章制度对于促进资产评估行业规范管理和法制化发展起到重要作用，也为资产评估服务于社会经济活动提供了制度安排和行为规范。

中国评估行业建立了较为完善的自律管理制度，涵盖了评估师进入、日常管理、后续教育、自律监管和退出，以及机构内部治理等关键环节。如自律监管制度包括执业行为自律惩戒、谈话提醒、执业质量自律检查和会员诚信档案管理等制度。这些制度为完善行业自律管理、规范评估机构执业提供了制度保障。

（二）建立起完善的行业管理体系

财政部是资产评估行业的行政主管部门，中评协是资产评估行业的全国性自律组织。资产评估行业形成了法律规范、政府监管、行业自律相结合的管理体制。财政部制定了一系列推动行业科学发展的政策措施，推动评估机构做大做强做优、开展母子公司试点、规范评估机构管理等，将资产评估专业服务嵌入企业管理和财政改革，扶持行业发展，营造发展环境。

中国资产评估协会积极履行自律职能，以推动行业科学发展为目标、更好地服务经济社会发展为主题、提升公信力为主线，充分发挥政府与会员、专业与市场、国内与国际之间的桥梁和纽带作用。建立起准入机制健全、治理结构完善、退出机制合理的行业自律监管体系，不断完善资产评估师注册管理和执业质量监管，创新建立分级分类的会员管理体系，评选资深会员和金牌会员，加强评估机构内部治理机制建设，不断完善评估信息建设，加大行业宣传力度等。建立起完善的由会员代表大会、理事会、专门专业委员会、协会秘书处组成的，适应行业发展要求的行业自律管理组织体系，在行业管理、专业建设、市场开发、人才培养等方面发挥了重要作用，为协会高效有序运行奠定了坚实的组织基础。在 2010 年中国民政部组织的全国社会组织评估中，中国资产评估协会荣获 5A 级最高荣誉。

（三）打造了高素质的执业队伍

资产评估队伍是资产评估行业的微观基础，其核心是机构的健康发展和人才的教育与培养。经过专业实践历练，评估行业形成了一批依法执业、独立经营，综合实力强、执业质量优的资产评估机构，培育了一支具备良好职业道德、专业胜任能力和丰富实践经验的注册资产评估师队伍，截至 2012 年底，全国资产评估机构共计 2936 家，执业注册资产评估师 30675 人，从业人员约 10 万余人。

中评协积极贯彻落实财政部推动评估机构做优做强做大有关政策，鼓励扶持特大型、大型资产评估机构探索母子公司、总分公司等适合自身发展的组织形式，支持资产评估机构通过兼并、联合、重组等方式，向专业化、多元化、集团化发展。稳步扩大中型资产评估机构数量，不断提高专业服务能力和内部管理水平，增强风险防范意识，满足区域经济社会发展需求。科学引导众多小型资产评估机构规范发展，突出服务特色，重在做精做专，满足小型微型企业等市场经济多元化需求。

中评协倡导人才是行业发展第一资源。建立完备的教育培训体系，不断完善了"学历教育、准入教育、继续教育"三个阶段、"高端人才、管理人员、执业人员"三支队伍、"中国资产评估协会、地方协会和评估机构"三个层次的教育培训体系。丰富人才培养方式，注重高端人才、国际化和复合型人才等多层次人才培养。创立创新评估学科，全国有70所院校设立了评估专业硕士学位授予点，2012年教育部又将资产评估列入我国普通高校本科专业目录。通过培训，以道德教育、执业操守、评估方法创新和应用、业务领域延伸为培养重点，使评估师专业胜任能力积极适应不断变化的市场需求。

（四）形成了一系列评估理论和应用研究成果

中评协倡导专业是行业的核心竞争力，理论研究是评估专业建设的首要环节。资产评估行业一直高度重视评估理论研究工作，建立了专门的研究队伍，建立健全课题管理相关制度，包括研究课题管理办法、课题经费管理办法、课题规划、合作研究课题管理办法等制度，使评估课题研究更加规范化、合理化、科学化。紧跟经济社会发展对评估的要求，形成了一系列评估理论和应用研究成果，近年来共开展70余项专业研究。

围绕市场领域开展重点研究，推动专业研究成果的转化，使之成为新的生产力，如与证监会联合开展上市公司并购重组资产评估研究，与国资委合作开展央企海外并购资产评估研究，承担财政部金融资产、税基和公允价值计量评估研究等，大部分已转化为评估市场，适应了改革和经济发展需要。围绕评估技术进行创新研究，研究市场法、收益法等评估方法，促进评估技术的应用和升级。围绕新兴市场理论空白进行突破研究，如开展无形资产、文化资产、碳资产、生态价值、上市公司重估等评估研究，为评估实践打下了理论基础，将著作权、商标权、实物期权等理论成果上升为评估准则。

同时，建立了以新业务报备、市场路线图指引和专业新锐计划为核心的专业建设机制，发现培养行业专业新锐人才，推进行业学术平台建立，形成行业专业研究的合力。通过评估理论和应用研究，指导了评估行业发展实践，保证了评估专业能力提升，增强了评估的专业话语权。

（五）建成较完备的评估准则体系

在财政部和国际评估准则委员会、国内外评估同行及相关各方的鼎力扶持下，评估准则建设取得长足进展。截至 2012 年底，评估准则已达 26 项，覆盖了企业价值、无形资产、机器设备、不动产等主要执业领域；规范了业务承接、报告出具、底稿归档等主要执业流程；实现了程序性准则与实体性准则的结合，组成了较完备的评估准则体系。准则在专业理念、基本术语、运用条件等方面与国际评估准则趋同，同时在技术运用、报告格式等方面充分考虑了中国实际。一些监管方和评估报告使用者已认可并运用评估准则。为贯彻国家质量强国的战略部署，中评协还积极配合国家质检总局制定品牌评价国家标准。我国的评估准则，从最初全面跟行国际评估准则，到逐步并行，再到金融不良资产、企业价值、投资性房地产、著作权、商标权、专利权、实物期权等多项评估准则实现领行，准则建设成果已成为国际评估界的亮点，准则制定经验成为国际评估界的有益借鉴。

（六）形成了较高的国际影响力

中国资产评估行业的代表，作为国际评估准则理事会、世界评估组织联合会、国际财产税学会的常务理事和国际企业价值评估分析师协会管理层成员，积极参与国际评估组织事务，对国际评估准则等专业问题发表意见，得到国际评估准则委员会和国际同行的专业认可。2012 年，中评协副会长兼秘书长刘萍当选世界评估组织联合会副主席，成功连任国际评估准则理事会（IVSC）管委会委员，2013 年 5 月，当选国际企业价值评估分析师协会副主席，中评协国际影响力和地位上升到新高度，国际话语权日益重要。与国际评估组织和同行在专业领域的交流沟通与合作层次逐步深化，如推荐行业专家参加国际组织，参与国际活动，与国际同行联合举办专业研讨会等。

（七）积极探索碳资产评估管理

随着我国大力推进节能减排工作、建立碳排放权交易体系以及碳市场、碳金融的发展，碳资产评估业务成为市场客观需求。关于碳资产量和价的管理实践逐渐增多，碳资产评估逐步成长为重要的新兴业务领域，为评估行业发挥价值发现、价值管理的专业优势、服务低碳经济和生态文明建设提供发展的空间。为探索碳资产评估理论、实务和管理，2012 年 4 月 10 日，中评协和中国清洁发展机制基金管理中心联合举办"碳资产评估——实践与展望"座谈会，从事碳资产认定和评估的咨询服务机构、银行、碳交易所、开展碳盘查的企业、资产评估公司等15家相关部门和单位参加，会议达成了利用各自专业优势、机构能力和行业影响力搭建合作平台，共同推进碳资产评估的市场培育、能力建设和国际合作的共识，探索财政部门支持我国碳市场发展的新手段。

二、我国碳资产评估发展情况

我国大力发展低碳经济，迫切需要发挥碳市场对经济结构调整的积极作用，碳排放权和减排量因此成为参与和影响实体经济过程的新型资产，碳排放权和减排量的定量和定价就成为市场发展的客观需求。目前，碳资产评估是处于萌芽阶段的、前瞻性的、交叉领域的业务，已有相关的实践探索。

（一）推进碳资产评估的重要意义

1. 碳资产评估是全球应对低碳经济发展的必然趋势

随着世界工业经济的发展、人口剧增、生产生活方式的变化，温室气体排放迅猛增加导致的全球变暖等一系列环境问题越来越严重。面对全球性的节能减排、保护环境和发展低碳经济的大趋势，我国乃至全球必将形成一个统一的碳交易市场。各国按照"共同但有区别的责任"原则，并根据各国的国情和发展水平普遍采取减少温室气体排放、增加碳汇的措施。我国作为发展中国家，虽然在《京都议定书》中没有减排义务，但是随着我国经济的发展，参与温室气体减排将不仅仅有利于在国际社会树立良好的国家形象，而且在不久的将来有可能会变成一种被强制要求承担的义务。因此，我国将应对气候变化作为经济社会发展的一项重大战略，并确定了积极应对气候变化的行动，目标是到2020年，在2005年的基础上单位GDP的二氧化碳降低40%~45%，非化石能源在一次能源中的比重要达到15%，以及增加森林碳汇。国际上，1998~2010年，短短12年间，在强烈的国际减排意愿驱动下，碳市场交易量从最初的1900万吨提升到87亿吨，交易额也急剧增加到1419亿美元。碳市场的快速发展和繁荣兴盛，真实地反映了国际社会对环境和气候变化问题的高度重视，也表明国内碳资产市场需求巨大，碳资产评估业务前景广阔。

2. 碳资产评估是我国大力推进生态文明建设的客观要求

党的"十八大"报告提出大力推进生态文明建设，着力推进绿色发展、循环发展、低碳发展，支持节能低碳产业，积极开展节能量、碳排放权交易试点。减少碳排放是我国生态文明建设的重要内容。我国正在逐步建立规范的温室气体排放权交易体系。国家"十二五"规划纲要首次明确减碳约束性指标，要求逐步建立国内碳排放交易市场，并已启动7省市碳交易试点工作，碳市场、碳金融将随之得到长足发展。目前，国内最大的全国性环境能源交易所——上海环境能源交易所股份有限公司，已推出了包括CDM项目交易、自愿减排交易、合同能源管理融资项目、低碳技术产权交易、南南环境能源交易系统、日本经产省项目交易等6个品种，截至2011年12月，共实现挂牌金额236亿元，成交金额74亿元。随着碳排放权交易试点的建立，碳市场和碳金融日益活跃，碳资产交易将大幅增加，相应的与碳资产配置、交易和管理相关的量化估值业务将迅猛增长，碳资产的计量和评估也成为市场的内在需求，生态文明建设的客观需要。

3. 碳资产评估是企业碳资产确认、管理的专业手段

碳资产将成为我国相关企业的一种新型的重要资产，企业对碳资产计量和管理的专业化服务需求将日益增多。碳交易市场的兴起在为相关企业和资产评估行业带来机遇的同时，也提出巨大挑战。对企业而言，碳资产的会计确认与计量已经成为困扰企业的重要问题，无论是我国颁布的《企业会计准则》还是国际会计准则都没有碳资产方面的具体准则，使得拥有碳资产的企业在确认资产时无章可循。从资产评估角度来看，碳资产评估是全新业务，无论是理论、方法还是评估技术，都与传统的资产评估业务存在一定差异，需要在实践中不断摸索和总结。通过碳资产评估，能发现碳资产的内在价值，为碳资产的交易、管理提供专业价值标尺，更好地服务企业碳资产的计价和管理。

（二）碳资产评估的经济行为和主要领域

国际碳市场和碳金融的发展以及我国节能减排的市场化，对碳资产管理和评估提出了现实需求，主要围绕如下方面：一是国家应对气候变化创新机制的清洁基金项目管理对碳资产评估产生需求；二是实施排污许可证制度等节能减排对排污权评估产生的需求，如二氧化硫排放权交易评估；三是全球

产业链条上的中国制造企业，加入自愿减排市场，将碳资产管理作为可持续发展的一部分，提升全球竞争力。这些方面都涉及碳资产量的盘查和价的评估。我国企业在战略层面上越来越重视应对气候变化和低碳发展，一些企业逐步探索梳理"碳"的足迹，也逐步开始利用第三方专业力量开展碳盘查工作。

对我国资产评估行业而言，碳资产的计量和评估工作将是评估行业面临的一个崭新机遇。碳资产管理和评估的需求有些已经变成了实在的业务，一些专业能力强、具有开拓创新精神的资产评估机构已经参与到碳资产交易活动当中，为企业提供碳资产定价的专业服务，主要包括：一是以交易为目的的排放权单项资产评估，如对二氧化硫排污权有偿使用金的基准价进行评估，对二氧化硫排放权进行评估；二是以融资为目的的碳资产评估等实践业务，如委托方为拓宽融资渠道，对二氧化硫排放权进行评估等实践案例；三是企业价值评估中涉及的部分碳资产评估，如风电企业股权转让涉及 CDM 项目评估，二氧化硫排污权有偿使用金的基准价评估、融资项目评估、价值评估等。也有些潜在的需求，如企业碳资产管理评估的自发需求等。

三、资产评估机构在碳资产计量和评估中的优势

碳资产评估具有一般资产、无形资产或企业价值评估的有关共性，在评估对象的界定、评估方法的选择、评估参数的确定、评估结论的使用等方面又具有一定的特殊性。我国资产评估行业和机构在 20 多年的执业实践中，积累了丰富的价值发现、价值管理、价值咨询等专业经验，在服务碳资产计量和评估中具有独特优势。

（一）资产评估行业优势

20 多年的行业管理和专业建设经验，为资产评估行业服务碳资产计量和评估提供了管理优势、专业优势和人才优势。

1. 管理优势

我国资产评估行业行政和自律监管合理分工、有机结合、各有侧重，在监管资格、准入条件、职业道德、执业人员素养、准则执行等方面积累成熟的经验，形成了完备的管理体系。财政部、证监会对证券业资格评估机构的管理监督非常严格，在推进评估机构服务碳减排和碳交易具有管理优势。

2. 专业优势

我国评估行业创立了符合中国特色社会主义市场经济、具有高效力的评估专业理论体系，即评估市场理论、行业管理理论、标准体系理论等理论链条，为碳资产评估提供了坚实的理论基础。同时我国资产评估准则在国际上具有重要的影响力，尤其是无形资产评估准则在国际上处于领先，为碳资产评估执业提供专业技术支撑。

3. 人才教育优势

通过系统的教育培训，提升了评估人员从事碳资产评估等新业务领域的职业道德水平和专业胜任能力，也为评估服务碳资产评估业务提供了扎实的专业知识背景。

（二）机构优势

针对碳交易市场和相关企业对碳资产盘查、交易和管理的客观需求，资产评估机构作为资产价值评估方面的专业化服务机构，将积极利用自身优势，可以为碳资产的计量和评估提供客观公正独立的专业服务。

一是资产评估的专业特质决定了资产评估机构在碳资产评估中的专业地位。资产评估具有价值发现、价值管理的专业特质。资产评估是一种对资产价值及其评估标的物价值进行判断的活动，通过对碳资产的功能、使用权、市场状况及其定价机理等方面综合分析，从而挖掘碳资产的内在价值。在未来的碳资产交易市场中，资产评估机构可以通过为碳资产的初始价格或者交易报价提供定价服务发挥其专业作用。

二是资产评估机构在碳资产计量和评估方面积累了自身的人才储备。资产评估行业人才结构具有专业类型全面、人才结构多样化的特征，资产评估师是熟练掌握评估理论、技术并具有评估实践经验的专业人员，同时对电力能源等碳资产相关企业具有充分了解，熟悉其生产经营和财务特点，能够满足其碳资产计量和评估的专业需求。

三是资产评估机构的独立性使其能为碳资产的计量和定价提供客观公正的价值标尺。资产评估的目标是为了客观、公正地反映被评估资产的公允价值，其评估结论是由评估机构独立形成，不受企业或会计师的主观影响。资产评估机构及其评估人员在评估工作中是以实际为基础，以确凿的事实和事物发展的内在规律为依据，以求实的态度为指南，实事求是地得出评估结果。这有利于为碳资产交易提供客观公允的价值尺度。

稳步推动碳资产评估
事业健康发展

积极应对气候变化，发展低碳经济已成为越来越多国家的共识，成为一种发展趋势。随着国际国内碳市场的深入发展，碳资产评估作为一项全新事业应运而生。碳资产评估涉及多学科交叉领域的广泛业务内容，需要聚合各方面优势资源共同推进发展。本文即是清洁基金秉承创新理念，对于推进碳资产评估事业发展的探索和思考。

一、低碳产业和碳资产评估事业前景广阔

近十多年来，随着气候变化国际合作不断深入发展，在《京都议定书》的约束下，碳排放日益成为一种经国际法认可的稀缺资源，并具有了进行受法律保障交易的商品属性，针对碳排放权和减排量的国际碳交易市场由此产生。1998～2010 年，短短 12 年间，在强烈的国际减排意愿驱动下，碳市场交易量从最初的 1900 万吨提升到 87 亿吨，交易额也急剧增加到 1419 亿美元。碳市场的快速发展和繁荣兴盛，真实地反映了国际社会对环境和气候变化问题的高度重视。

企业是碳市场的主要参与者，也是推动碳市场发展的重要力量。对碳排放额作为资产进行管理，从会计计量角度衡量和报告企业对气候变化的影响与贡献既是碳市场深化发展的必然要求，也是碳融资活动不断创新丰富的必然趋势。

2010 年，国际综合报告委员会（IIRC）提出在财务报告中加入气候变化因素，即建立一项全球认可的会计可持续发展框架，使公司经营中对气候变化的影响通过财务报告得以体现，而且企业对拥有的碳资产可以进行交易，将其转变为可以带来价值增加的资产。国际会计准则委员会和美国财务会计准则委员会对此倡议持支持态度。这将对与气候变化直接相关的产业和技术的发展产生更加直接的影响，碳减排量作为一种资产进行管理和交易的必要性愈加突出。

我国始终以高度负责任的态度积极应对气候变化。党的"十八大"提出要着力推进绿色发展、循环发展、低碳发展，努力建设美丽中国，把生态文明建设放在突出位置，并将之纳入社会主义现代化建设总体布局。国家"十二五"规划将应对气候变化和低碳发展作为加快转变经济发展方式的重要抓手，首次明确减碳约束性指标，即到 2015 年单位 GDP 二氧化碳排放强度要降低 17%；同时提出要逐步建立国内碳排放交易市场。现在，17% 的碳强度减排指标已经分配到地方，"五市两省"（北京市、上海市、天津市、重庆市、深圳市和广东省、湖北省）碳交易试点工作也已启动。

在这个大背景下，伴随政府节能减排工作力度的加大，国内市场化的碳融资活动也在不断走向丰富和深化，与碳资产配置、交易和管理相关的量化估值业务，以及企业对碳资产计量和管理的专业化需求也在快速增长。碳资产评估作为一个新兴行业开始萌芽并悄然兴起。推动这个行业发展的，是不断积累的供需两个方面的要素：一方面，伴随政府不断严厉的减排要求和约束措施，温室气体排放大户企业对碳排放权的需求不断上升；另一方面，是通过运用新技术新能源减排的企业、团体及其对碳排放权的供给。连接供需两端的，正是近年来活跃于 CDM 市场和碳融资领域的金融机构、相关咨询中介机构等。这些机构或通过碳市场交易、或通过排放权抵押帮助企业获取贷款等各种各样市场化的运作方式，赋予碳排放权一定的价值，这种价值的实现过程其实已经包含经典意义上的资产评估的内容。

转变经济发展方式，走绿色发展之路的明确大方向和更多通过市场机制推动实现节能减排的主流共识，决定了碳资产评估行业发展潜力巨大，前景广阔。

二、中国清洁发展机制基金的创新低碳融资探索

中国清洁发展机制基金（以下简称"清洁基金"）是财政统筹内外，支持节能减排和低碳发展的创新资金机制。它是发展中国家第一个国家层面专门应对气候变化的政策性基金，把中国参加联合国《京都议定书》下清洁发展机制合作以可持续的方式，从项目层面升级和放大到国家层面，是气候变化国际合作中令人瞩目的创新性成果。创立伊始，清洁基金努力创新思路，以打造应对气候变化的资金平台、行动平台、合作平台和信息平台为己任，利用自有资金，同时动员、组织其他多渠道的资金，为应对气候变化提供资金支持，推动市场减排、技术减排和新兴产业减排，促进国家应对气候变化事业的产业化、市场化、社会化发展。同时，通过多层次的宣传和交流活动，促进信息共享和经验交流，提高全社会对应对气候变化工作的关注和支持。

清洁基金来源于气候变化国际合作的创新，因此视创新为生存之根本、发展之基础、壮大之利器。近年来，清洁基金在低碳融资领域做了一系列创新的努力，包括：

第一，作为财政补充手段，为节能减排项目提供优惠贷款。截至 2013 年 10 月，累计安排有偿使用资金 52.75 亿元，支持全国 20 个省市 98 个项目，涉及节能、提高能效、可再生能源和新能源开发利用、相关装备制造业等，撬动社会资金超过 310 亿元。清洁基金已与陕西、江西、河北、山西、江苏等五省签署战略合作协议，拟以清洁发展委托贷款为开端，开展低碳融资战略合作。

第二，以股权投资的方式，战略入股上海环境能源交易所，积极推动未来国内碳市场建设，并藉此推动低碳领域所涉核证、咨询、会展、金融等相关服务业的发展。

第三，借鉴国际金融公司（IFC）在中国开展的能效领域贷款损失分担融资模式（CHUEE），与 IFC 合作，动员地方政府投入公共资金，共同撬动商业银行资金支持低碳发展项目。目前，清洁基金与财政部国际司、江苏省财政厅、IFC、江苏银行等合作的 CHUEE 江苏项目已经签约并启动执行。

与投资业务齐头并进的，是清洁基金在碳资产管理相关领域做出的一系

列有益的探索：

一是在 2011 年 3 月，加入全国节能减排标准化技术联盟，与国内领先的标准研究机构、行业机构、认证机构等联手制定《项目层面的温室气体减排成效评价技术规范》、《钢铁行业余能利用项目温室气体减排成效评价技术规范》等五项节能减排标准，填补了该领域的空白。其中，《项目层面的温室气体减排成效评价技术规范》作为标准的标准，正在申请成为国家标准。

二是在清洁基金委托贷款工作中，开展针对性的碳减排核算，制定"碳预算"报告，保证项目碳减排成效。

三是积极走出国门，与世界银行、国际金融公司、德意志银行建立务实合作关系，引进碳资产管理的国际惯例，借鉴国际先进经验，促进国内标准与国际标准顺利衔接。

四是携手中国资产评估协会（以下简称"中评协"），召集低碳融资和资产评估两方面的行业机构和专家，共同研究推动碳资产评估事业发展的方法和思路。2012 年 4 月，与中评协共同召开"碳资产评估——实践与展望"座谈会，吸引了从事碳资产认定和评估的咨询服务机构、银行、碳交易所、开展碳盘查的企业、资产评估公司等 15 家相关部门和单位参加。会议就碳资产评估的国、内外已有实践与经验、发展前景和所需条件、面临问题和解决思路、组织管理模式等主题进行了热烈讨论，并一致认为有必要尽快聚合各方面优势和资源，形成促进碳资产评估工作发展的合力。

清洁基金一直秉承锐意进取的精神，努力在探索中创新，在创新中发展。对于碳资产评估，清洁基金愿意与有识之士一道，共同努力，不断探索，促进碳资产评估业务成长，为中国低碳发展做出新贡献。

三、发挥各自机构优势，共同推进碳资产评估发展

碳资产评估是一项全新的处于交叉领域的业务，通过已有的极为有限的实践发现，碳资产评估在理论、方法、技术和实务等各方面，都与碳融资和资产评估存在较大差异，所以需要打通并融通两个领域的知识，做好规划布局，保障有序健康发展。

清洁基金是致力于推动低碳发展的政策性基金，中评协是资产评估业的

牵头机构，利用清洁基金和中评协两个机构的平台作用，充分发挥各自的专业优势、机构能力和行业影响力，将两方面的专业人才队伍结合起来，打通两个领域的合作通道，相互学习，互为支撑，可以协同促进碳资产评估发展。因此，两机构应该联手搭建服务平台，尽快聚合各方面优势和资源，引领形成合力，与各方机构共同推进碳资产评估的市场培育、能力建设、业务培训、行业管理和国际合作，全力打造碳资产评估的服务链，同时为财政部门支持国内碳市场建设探索新的手段，为国家低碳发展做出新贡献。

对于正处于起步阶段的碳资产评估行业，建议尽快开展四方面工作以推动其稳步健康发展：

第一，建立碳资产评估相关标准和工作规范。碳减排量由于看不见，摸不着，必须经过先期科学严格的核算和审定、核证程序，才能成为具有公信力的商品进行交易。因此，对碳资产评估业而言，标准和规范是必不可少的基础性要素。应在现有的碳资产评估实践基础上，尽快总结并推动制定碳资产评估相关标准和工作规范，开展有关示范、推广，为碳资产评估业的发展提供更高层面的技术支持。

第二，加强碳资产评估业管理。建议尽快组建相关专业性组织平台，为行业发展提供组织保障、协调机制和智力支持，努力推进碳资产评估管理工作的建立和完善。

第三，加强碳资产评估相关能力建设。碳资产评估行业发展刚刚起步，缺乏专业的从业机构和人员。清洁基金与中评协应在加强双方优势领域的知识共享的基础上，共同组织专家编写培训教材，开展相关培训，推动碳资产评估机构和从业人员的能力建设。

第四，促进碳资产评估相关国际合作。在国内工作的基础上，应促进先进理念和经验的国际交流，并努力争取国际话语权，引导和推动碳资产评估相关国际规则的制定。

第二篇

理论篇

碳资产的特点与分类

一、低碳经济和"碳资产"的出现

低碳经济是气候变化背景下人类的必然选择。低碳经济的术语在 20 世纪 90 年代后期的文献①中就曾出现，但首次在官方文件中出现是 2003 年 2 月 24 日，由英国时任首相布莱尔发表的《我们未来的能源——创建低碳经济》的白皮书②。英国在其《能源白皮书》中指出，英国将在 2050 年将其温室气体排放量在 1990 年水平上减排 60%，从根本上把英国变成一个低碳经济的国家③。随着"巴厘路线图"④ 的达成，应对气候变化国际行动不断走向深入，低碳经济发展道路在国际上越来越受到关注。

英国虽然提出了低碳经济概念，但并没有明确界定。对于低碳经济是一种经济形态还是一种发展模式，或是二者兼而有之，目前尚无明确共识。中国国家环境保护部部长周生贤指出："低碳经济是以低耗能、低排放、低污

---

① Ann P. Kinzig and Daniel M. Kammen, National Trajectories of Carbon Emissions: analysis of proposals to foster the transition to low – carbon economies, *Global Environmental Change*, Vol. 8, No. 3, 183 ~ 208, 1998.

② 潘家华、庄贵阳、郑艳、朱守先、谢倩漪："低碳经济的概念辨识及核心要素分析"，《国际经济评论》，2010 年第 4 期。

③ DTI (Department of Trade and Industry), *Energy White Paper: Our Energy Future—Create a Low Carbon Economy*. London: TSO, 2003.

④ 巴厘路线图是 2007 年联合国气候大会最重要的决议，其确定了世界各国今后落实《联合国气候变化框架公约》的具体领域。

染为基础的经济模式，是人类社会继原始文明、农业文明、工业文明之后的又一大进步。其实质是提高能源利用效率和创建清洁能源结构，核心是技术创新、制度创新和发展观的转变。发展低碳经济，是一场涉及生产模式、生活方式、价值观念和国家权益的全球性革命。"① 中国环境与发展国际合作委员会（CCICED）报告指出，"低碳经济是一种后工业化社会出现的经济形态，旨在将温室气体排放降低到一定的水平，以防止各国及其国民受到气候变暖的不利影响，并最终保障可持续的全球人居环境。"② 由这些定义可以看出，低碳经济的发展目标将不可避免地要与全球控制温室气体排放的国际努力联系在一起。向低碳经济转型的低碳化进程具有两个方面的含义，一是能源消费的碳排放的比重不断下降，即能源结构的清洁化，这取决于资源禀赋，也取决于资金和技术能力；二是单位产出的能源消耗不断下降，即能源利用效率不断提高③。可以说，低碳经济的核心是节约能源、降低温室气体排放。

温室气体，简称 GHC，是指任何会吸收和释放红外线辐射并存在于大气中的气体，《京都议定书》明确规定人类排放的温室气体主要有：二氧化碳、甲烷、氧化亚氮、氯氟碳化物、全氟碳化合物、六氟化硫六种④。根据 Jan Bebbington 和 Carlos Larrinaga Gonzalez（2008）的研究，由于温室气体经常用"碳当量"作为计量单位，因此"碳"这个专用术语经常作为以二氧化碳为主要元素的温室气体的简称⑤。从污染环境的角度来看，"碳"（或温室气体）本身不存在任何有用价值，但是碳的吸收或控制碳排出的活动本身具有了价值，由此，"碳资产"的概念应运而生。

从广义的角度，经济学家对碳资产的定义是："碳资产是一个具有价值属性的对象身上体现或潜藏的所在低碳经济领域可能适用于储存、流通或财富转化的有形资产和无形资产。这个对象，可以是企业，也可以是城市、地

① 周生贤为《低碳经济论》（张坤民、潘家华、崔大鹏主编，中国环境科学出版社，2008 年）一书做的序言。

② 中国环境与发展国际合作委员会：《低碳经济的国际经验和中国实践》研究报告，2008 年 12 月。

③ 潘家华、庄贵阳、郑艳、朱守先、谢倩漪："低碳经济的概念辨识及核心要素分析"，《国际经济评论》，2010 年第 4 期。

④ IPCC. IPCC Third Assessment Report：Climate Change 2001 ［R/OL］．（2001 - 03 - 15）［2010 - 12 - 23］. http：//www. grida. no/publications/other/ipcc_tar/.

⑤ Jan Bebbington，Carlos Larrinaga - gonzalez. Carbon Trading：Accounting and Reporting Issues ［J］. European Accounting Review. 2008，17（4）：697 - 717.

区，甚至可以是一个国家、民族，更可以对应于全球"。从狭义的角度，碳资产（Carbon Asset）是指在设定基准排放量后，企业由于实施有助于减排的项目而减少的碳排放量①。也有学者从会计角度对碳资产进行定义，万林葳、朱学义根据《京都议定书》核心内容，将碳资产定义为：企业由于实施具有温室气体减排效果的项目向大气排放的温室气体的量低于政府规定的基准量而获得的能给企业带来经济利益的资源②；张鹏认为碳资产是地球环境对于温室气体排放的可容纳量通过人为的划分（相关制度的建立）和分配而被企业拥有或控制的一种环境资源，随着企业对温室气体的排放，碳资产也同时被消耗，碳资产具有稀缺性、投资性、消耗性等特征③。

从宏观层面来看，碳资产是由碳吸收和碳排放权处理温室气体而产生价值的一系列活动；从微观层面来看，碳资产是指特定主体拥有或控制的，不具有实物形态，能持续发挥作用且能带来经济利益的资源，是碳交易市场的客体，如排放权产品、碳交易衍生产品等。

基于碳资产的"资产"属性，企业通过某些途径即可将原本为污染物的碳排放转化为确定的经济效益。企业可以通过交易所，将企业因技术创新等途径产生的、经过相关认证机构认证后的碳资产在交易所挂牌出售，直接从事碳交易，从而为企业带来直接的经济效益；或者将碳资产作质押，向银行申请贷款，从而可以有效地解决企业在节能减排过程中的融资难问题，进而有效推动企业转型。

企业也可以通过申请碳标签，重塑企业良好形象，以此获得消费者的信赖。碳标签（Carbon Labelling）是指把商品在生产过程中所排放的温室气体排放量在产品标签上用量化的指数标识出来，以标签的形式告知消费者产品的碳信息。目前国外一些大型跨国企业已经开始强制要求其产品供应商加贴碳标签，比如沃尔玛就要求其产品供应商加贴碳标签④。由此看来，碳资产不仅仅可以为企业带来经济收益，同时也体现企业的社会责任。

综上，在"碳约束"时代，碳资产日益受到各国和社会各界的重视，

---

① Creating the Carbon Asset, CARBON FINANCE AT THE WORLD BANK（2006），http：//wb-carbonfinance. org/docs/AR_CFU_2006/Creating_Carbon_Asset_AR_2006. pdf.

② 万林葳、朱学义："低碳经济背景下我国企业碳资产管理初探"，《商业会计》，2010 年第 17 期，68－69。

③ 张鹏："碳资产的确认与计量研究"，《财会研究》，2011（5）。

④ 王璟珉、聂利彬："战略视角下企业碳资产管理"，《中国人口、资源与环境》，2011 年第 21 卷。

在这样的时代背景下，企业不可避免地要参与碳资产交易、碳金融等活动，资产评估公司将在其中承担价值评估的重要工作。因此，为了满足碳资产发展对资产评估的需求，我们对碳资产评估以及其相关方面进行分析和探讨。

二、碳资产的特征

碳资产作为一种有价值的资源，具有如下四个特征：

（一）稀缺性

根据稀缺资源理论的观点，一种资源只有在稀缺时才具有交换价值。碳资产作为一种环境资源，随着世界对温室气体排放的日益重视，其稀缺性日益显露，具有的价值逐渐得到社会的肯定。碳资产的价值在于可以通过直接和间接两种方式产生经济利益：一是通过直接在市场上进行交易，换取经济利益的流入，目前这种方式已经在世界各地得到较大的发展，相关交易物有碳排放权、碳减排量等，随着碳交易制度的不断完善和发展，碳资产的市场交易会更加活跃，品种会更加齐全；二是通过在生产过程中进行消耗，间接产生经济利益的流入，在特定制度下，碳资产会作为企业正常生产的一项必要条件，同企业的其他资源如厂房、机器、原材料、工人等一起发挥作用，使企业通过生产经营活动而获利。

（二）消耗性

碳资产的最终用途是在生产中被企业消耗，这里的消耗性又包含了两种途径：一是直接被持有企业所消耗，二是通过交易之后被持有企业所消耗。可见，碳资产作为一种环境资源，消耗性是它的一种本质属性。

（三）投资性

在具有活跃的碳交易市场的情况下，将碳资产在碳交易市场上进行交易，换取经济利益的流入，是其投资性的表现，使碳资产具有金融资产的一些特点。现在，在欧美等发展已经比较成熟的碳排放交易市场，可以进行碳资产的相关投资性交易，并有具体的定价机制。在美国的产权法中，还赋予了碳排放权等同于金融衍生工具的地位，并且允许其以有价证券的方式在银行进行存储。目前，我国也已经在北京、上海建立了环境交易所，在湖北、广东、浙江、云南陆续成立了环境权益交易机构，在天津还专门建立了碳交易中心，山东、四川、山西等省份的相关交易机构也正在积极筹建中，碳资产的投资性正逐渐地体现出来。

（四）可透支性

可透支性是碳资产的一种本质属性，是一种制度性的属性，它是由于碳资产的消耗与温室气体排放的监测时间不匹配造成的。而碳资产投资性的存在又确保了碳资产的可透支性在制度上的合理性。具体而言，在存在活跃的碳交易市场的情况下，由于企业在生产经营中消耗碳资产的时间与管理部门对企业温室气体排放的监测时间不匹配，企业可以在此时间差之间透支使用碳资产（即超额排放温室气体），继而通过碳资产的投资性来弥补透支的碳资产，这是一种合理的企业行为。因此，可透支性就成为碳资产区别于其他资产的一个重要特征。

对于碳资产这样一种新兴的、特殊的、具有一定复杂性的事物，应当根据其自身鲜明的特征来进行相关问题的研究。

三、碳资产的分类

从不同的角度对碳资产进行分类，可以有多种分类方法。

（一）根据碳市场交易的客体不同，可以把碳资产分为两类：碳交易的基础产品和延伸产品

1. 碳交易基础产品

碳交易基础产品主要是排放权产品这类原生交易产品或基础性交易产品，包括温室气体排放量和温室气体减排信用额，并由此引申出了碳排放权和碳信用。根据国际会计准则理事会（IASB）发布的解释公告（IFRIC 3），碳排放权被划归为排污权的范畴，定义为"通过确定一定时期内污染物的排放总量，在此基础上，通过颁发许可证的方式分配排放指标，并允许指标在市场上交易。排放者可以从政府手中购买这种权利，也可以向拥有排放权

的排放者购买，排放者相互之间可以出售或转让排放权。"① 碳排放量的计算过程被称为碳足迹，它是一种碳核算形式，用于测量一个国家、一个行业、一家企业或者一个个体产生或者应该负责的温室气体的二氧化碳当量数量②。企业的碳足迹是对企业生产经营等活动中产生的碳排放量和碳固量的总和计算。碳信用又称碳权，根据《京都议定书》，它是指在经过联合国或联合国认可的减排组织认证的条件下，国家或企业以增加能源使用效率、减少污染或减少开发等方式减少碳排放，因此得到可以进入碳交易市场的碳排放计量单位。一个碳信用赋予碳信用的所有者排放一吨二氧化碳当量的温室气体的权利。碳信用和碳抵消量二者的意思相近，经常可以互用。美国环保署是这样定义碳抵消的，"一个通过项目或者其他活动以减少温室气体排放量或者把碳从大气中移除以抵消各种活动排放的温室气体的货币投资。"③ 企业或者个人可以在市场上购买到碳抵消量，一个碳抵消量通常代表一吨二氧化碳当量的温室气体。因此，在环境合理容量的前提下，包括二氧化碳在内的温室气体的排放行为要受到限制。

2. 碳交易延伸产品

碳交易的延伸产品包括碳交易衍生产品、期货、碳基金、碳交易创新产品等。曾刚、万志宏（2009）指出了五种碳交易衍生产品，包括应收碳排放权的货币化、碳排放权交付保证、套利交易工具、保险/担保、与碳排放权挂钩的债券④。王留之（2009）提出了几类碳资产相关的金融创新产品，主要是银行类碳基金理财产品、以核证减排量（CERs）收益权为质押的贷款、信托类碳交易产品、碳资产证券化等⑤。

（二）根据碳资产交易制度的不同，可以把碳资产分为两个大类：配额碳资产和减排碳资产

1. 配额碳资产

---

① IASB, 2004, IFRIC Interpretation No. 3, Emission Rights.

② Environment Protection Agency. ［R/OL］. (2008 - 9 - 2) ［2010 - 2 - 3］. http://www.epa.vic.gov.au/climate - change/glossary.asp.

③ Environment Protection Agency. ［R/OL］. (2008 - 9 - 2) ［2010 - 2 - 3］. http://www.epa.vic.gov.au/climate - change/glossary.asp.

④ 曾刚、万志宏："国际碳金融市场：现状、问题与前景"，《中国金融》，2009（24）。

⑤ 王留之、宋阳："略论我国碳交易的金融创新及其风险防范"，《现代财经》，2009（6）：30 -34。

配额碳资产，顾名思义就是通过政府分配或进行配额交易而获得的碳资产，它是在"总量—配额交易机制（Cap – and – Trade）"下产生的。"总量—配额交易机制"旨在控制温室气体排放的总量，它的特点是通过计算，同时结合环境目标，预先设定一定期间内温室气体排放的一个总的上限，即总量控制（Cap）；在此基础之上，再将这一总量划分成若干个小的分量，即"排放额度（Emission Allowance）"，分配给各个企业，作为企业在这段时期内允许排放的温室气体数量。如果企业在规定的排放期间内所排放的温室气体数额超过分配的这一数量，就会受到严厉的惩罚，而如果没有达到这一数量，就可以将多余的排放额度在市场上进行交易，获得经济利益的补偿。在这样的一种机制下，企业通过政府分配或配额交易所得到的排放额度就是配额碳资产。

2. 减排碳资产

减排碳资产也称为信用碳资产，是指通过企业自身主动地进行温室气体减排行动，而得到政府认可的碳资产，或是通过碳交易市场进行信用交易而获得的碳资产，它是在"信用交易机制"下产生的。"信用交易机制"旨在给温室气体排放者（即企业）提供一个自动减排的动因，通过允许参与者将其所达成的温室气体减排量在碳交易市场上进行交易换取经济利益的方式，来引导企业主动地进行温室气体的减排活动。最初，根据参与企业过去的实际排放温室气体的情况制定一个排放基准线，并且在一定时期后对企业的实际温室气体排放量与排放基准线进行比较。如果企业的排放量低于基准线，企业就会获得一种"信用"，即减排碳资产，它能够在碳交易市场上进行信用交易，出售给那些温室气体排放超出限额的企业，用以抵消其温室气体超额排放的责任。

碳盘查标准研究

一、碳盘查的背景和必要性

2007 年 12 月，《联合国气候变化框架公约》第 13 次缔约方大会达成的《巴厘岛路线图》，明确要求各国适当减缓行动（Nationally Appropriate Mitigating Action，简称 NAMA），要符合"可测量（Measurement）、可报告（Reporting）、可核查（Verification）"（MRV）。温室气体的 MRV 系统是构建碳排放交易市场管理制度和运行规则的核心环节，也是在国际气候谈判中衡量各国实施温室气体减排活动的力度，实现总量控制的重要手段。为贯彻国务院《"十二五"控制温室气体排放工作方案》，实现减排的主要目标，企业必须采取实质性的减排措施予以应对。企业要进行碳减排，首先就要对企业内部的碳排放进行量化，即碳盘查。通过碳盘查能够帮助企业了解清楚碳排放状况，为制定碳减排策略以及实施低碳项目提供数据依据。从法律法规、客户需求、成本控制和企业形象等方面来说，企业开展碳盘查势在必行。

（一）国内外法规要求

中国在"2009 哥本哈根会议"后向世界郑重承诺：到 2020 年碳强度比 2005 年减少 40% ~ 45%。随后的"十二五"规划也将节能减排放到重要的位置，发改委推出低碳试点等举措都说明中国在政策上要对减排进行规范和标准化。国际上对减排的要求更为严格，例如欧盟规定，2012 年 1 月 1 日起所有在欧盟境内机场起飞或降落的航班，其全程排放二氧化碳都将纳入EU ETS。根据欧盟公布的名单，全球共有 2000 多家航空公司被强制纳入该体系，33 家中国公司位列其中，而欧洲市场是中国航空公司日益重要的目标市场，因此中国的航空公司需要尽快开展碳排放的盘查以及制定减排的战略措施。

目前，国内各试点省市纷纷开始碳交易试点。

北京将碳交易的门槛设为年排放二氧化碳 1 万吨以上的部分行业企业，首钢集团、北京能源投资集团等大的企业集团被列入此范围。

上海分高耗能企业和服务业两个门槛，将钢铁、石化、化工、有色、电力、建材、纺织、造纸、橡胶、化纤等年二氧化碳排放量 2 万吨及以上的重点排放企业，以及年二氧化碳排放量 1 万吨及以上的航空、港口、机场、铁路、商业、宾馆、金融等服务行业的共计 200 家企业作为试点企业。根据全国能源消费总量分配指标确定了全市二氧化碳排放指标，并且为试点的 200家企业分配了配额，目前正在各企业间作调查。

广东省将在 2012 年 9 月中旬启动环境交易所揭牌仪式和试点启动仪式，试点方案已在征求意见中。年排放 2 万吨二氧化碳或耗能 1 万吨标准煤以上的企业，将被纳入碳排放交易主体范围，纳入交易试点的企业有 300 家左右。

根据 2015 年将建立全国碳交易市场的目标，高排放企业将逐渐被列入限制排放名单，超限排放将付出经济代价。此外，中国的气候变化立法已经开始调研，在不远的将来，对企业碳排放的限制将写入法规，碳盘查将成为企业贯彻碳减排的常规工作。

（二）满足客户需求

对企业而言，尤其是出口类企业，需要满足国外客户碳排放披露的要求。例如，沃尔玛等国外企业要求其供应商提供碳盘查的报告，这对中国的出口企业开展碳盘查工作形成了压力和动力。

（三）减少成本

企业通过碳盘查能够清楚地了解各个时段、各个部门或生产环节产生的二氧化碳排放量，有利于企业制定针对性的节能减排措施，减少成本，同时为参与碳交易、化被动为主动、获取潜在经济收益奠定碳管理能力基础。

（四）提升企业形象

碳排放信息的披露，能有效提升企业形象和信任度，赢得投资者和消费者的信赖。企业进行碳盘查就是履行企业社会责任的具体实践。

二、碳盘查标准介绍

根据计算对象的不同，碳盘查标准主要有基于组织层面、基于产品层面两个分类。其中基于组织层面的碳盘查主要关注于组织、经营实体在运营过程中的碳排放，强调排放的责任归属；而基于产品层面的碳排放主要关注于产品、服务从原材料开始的生命周期中的累计排放，强调生产流通等环节中的碳排放技术特性。

（一）基于组织层面的碳盘查标准

目前国内外使用最广泛的基于组织层面的碳盘查标准是世界资源研究所（WRI）和世界可持续发展工商理事会（WBCSD）发布的《温室气体议定书企业准则》（GHG Protocol）和 ISO – 14064 温室气体核证标准。据此碳盘查的主要内容可概括为五点：边、源、量、报、查。

1. 边，即设立组织边界与运营边界

（1）组织边界与运营边界设定目的：①作为建立组织温室气体盘查边界整体规划之参考依据；②清查与界定温室气体排放种类；③辨识与营运有关的排放，鉴别温室气体直接、能源间接与其他间接排放源；④由建立的组织边界与营运边界，共同组成公司的盘查边界。

（2）组织边界。组织可由一个或多个设施组成。设施层级的温室气体排放或移除可能产生自一个或多个温室气体源或温室气体汇。

组织应采用下列方法之一来归总其设施层级温室气体排放与/或移除：控制权法，组织对其拥有财务或运营控制权的设施承担所有量化的温室气体排放与移除；股权持分法，组织依股权比例分别承担设施的温室气体排放与/或移除。

（3）运营边界。组织应建立其运营边界并形成文件。运营边界的建立包括识别与组织运营相关的温室气体排放与移除，将温室气体排放与移除分类为直接排放、能源间接排放以及其他间接排放。

范畴一：直接温室气体排放。组织拥有或控制的温室气体源的温室气体排放。

范畴二：能源间接温室气体排放。为生产组织输入并消耗的电力、热力或蒸汽而造成的温室气体排放。

范畴三：其他间接温室气体排放。因组织的活动引起的、由其他组织拥有或控制的温室气体源所产生的温室气体排放，但不包括能源间接温室气体排放。

2. 源，即鉴别排放源

确定组织内部的温室气体排放源，不同行业和企业的排放源差别很大，需要专业人士帮助企业鉴别碳排放源。主要的排放源分为四大类：固定燃烧排放、移动燃烧排放、制程排放以及逸散排放。

3. 量，即量化碳排放

（1）直接测量法。直接检测排气浓度和流率来测量温室气体排放量，准确度较高但非常少见。

（2）质量平衡法。某些制程排放可用质量平衡法，对制程中物质质量及能量的进出、产生及消耗、转换的平衡计算。

（3）排放系数法（应用最广泛）。

温室气体排放量 = 活动数据 × 排放系数

活动数据：如燃油使用量、产品产量等，交通运输的燃油使用量、车行里程或货物运输量等；排放系数：指根据现有活动数据计算温室气体排放量的系数。

4. 报，即创建碳排放清单报告

根据 ISO – 14064 或 GHG Protocol 标准的要求，生成企业碳排放清单报告。

5. 查，即内外部核查

内部核查：由公司内部组织碳盘查的核查工作，对数据收集、计算方法、计算过程以及报告文档等进行核查。

外部核查：由第三方机构进行核查。市场上许多企业进行外部核查主要是由于国外客户的要求，需要第三方提供碳排放的核查报告。

6. 案例

福特汽车公司是美国芝加哥气候交易所的会员单位，于 2003 年开始进行碳盘查并向碳信息披露项目（CDP）披露温室气体排放信息。在澳大利亚、菲律宾、墨西哥，福特是参与温室气体披露行动的第一家汽车制造商。

自 2008 年开始，福特在中国的合资公司长安福特马自达（CFMA）开始进行自愿性的碳盘查与碳披露。CFMA 的碳盘查与碳披露覆盖重庆、南京、江陵等地的组装厂，利用世界资源研究所开发的温室气体核算方法进行核算。其碳信息披露报告运用中英双语对照进行信息披露，主要内容包括对公司气候变化应对行动的描述、温室气体排放的计算方法、工厂能耗和温室气体排放分析，并且还提供公司内部节能减碳管理体系的相关信息。

福特汽车公司认为推动温室气体盘查与信息披露具有重要意义。由于早期自愿信息披露行为，使福特积累了丰富的内部经验；同时，也因此掌握了应对新兴政策工具的第一手经验。这项工作由福特汽车公司的全球网络实施，同时采取中央集中控制的方法，不管从成本角度还是从运营角度，都是非常高效的。

（二）基于产品层面的碳盘查标准

目前国际上通用的碳标签标准主要包括 PAS 2050、ISO 14067 和 WRI GHG Protocol Product Standard。其中以 PAS 2050 创建时间最早，GHG Protocol 目的在于分析和汇报，ISO 14067 和 PAS 2050 更多的关注分析评价。本部分按照 PAS 2050 中的规范，描述建立产品碳标签的主要流程和技术问题。

《PAS 2050 规范》是由碳基金和英国环境、食品和乡村事务部联合发起，英国标准协会为评价产品生命周期内温室气体排放而编制的一套公众可获取的规范。该评估方法已经通过多家公司的检验，检验过程涉及多种类型的产品和一系列行业，其中包括：商品和服务；生产厂家、零售商和贸易商；从商业到商业（B2B）以及从商业到消费者（B2C）；英国和国际供应链。

"产品"一词既指各种有形产品（如各种商品），也指服务（PAS 2050）。

"产品碳足迹"是指某个产品在其整个生命周期内的各种温室气体排放，即从原材料一直到生产（或提供服务）、分销、使用和处置/再生利用等所有阶段的温室气体。其范畴包括二氧化碳（CO_2）甲烷（CH_4）和氮氧化物（N_2O）等温室气体及其他类气体，其中包括氢氟碳化物和全氟化碳（PFC）。

为对产品/服务进行碳足迹评价，PAS 2050 设定了三个步骤：项目启动、产品碳足迹计算和后续步骤。

1. 项目启动

设定目标：通常确定产品碳足迹的目标是减少温室气体排放，但企业也可在总目标下设立具体目标。

选择产品：选择进行碳足迹计算的产品时，首先是基于项目目标设定总体准则，然后确定哪些产品最能满足这些准则。产品的选择准则应直接源自项目"四化"约定的目标，选择准则是确定范围（多少产品/产品类型/不同尺寸的产品等）的一个关键组成部分。

供应商的参与：供应商的参与对了解产品的生命周期以及收集数据至关重要。公司通常只了解自身的生产过程，但公司边界外的地方，对过程/材料/能量需求和废物的了解却往往有很大不同。

2. 产品碳足迹计算

PAS 2050 采取生命周期评价（LCA）方法，评价产品/服务的温室气体排放。包括五个基本步骤：绘制一张流程图、检查边界并确定优先序、收集数据、计算碳足迹、检查不确定性。如图 2 - 1 所示。

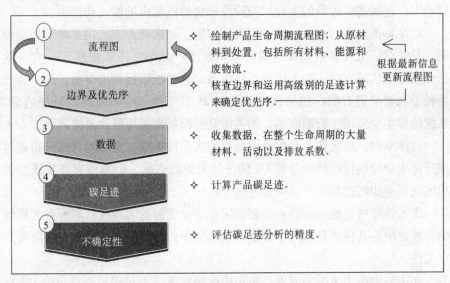

图 2 - 1　生命周期评价方法的基本步骤

（1）流程图的绘制：确定对所选产品生命周期有贡献的所有材料、活动和过程。从商业到消费者（B2C），典型的过程图包括从原材料，通过制造、分销和零售，到消费者使用，以及最终处置或再生利用。如图 2-2 所示。

图 2-2　从商业到消费者的过程图

从商业到商业（B2B）评价：B2B 的碳足迹停留在该产品被提供给另一个制造商的节点上。即只包括从原材料通过生产直到产品到达一个新的组织，包括分销和运输到客户所在地，不包括额外的生产步骤、最终产品的分销、零售、消费者使用以及处置/再生利用。如图 2-3 所示。

图 2-3　从商业到商业的评价

（2）边界核查及优先性确定。系统边界主要是要确定产品碳足迹评价的范围，包括需要评价的生命周期阶段和评价范围内的输入和输出。

产品种类规则（PCR）是一套具体规定、要求和指南，用于编写环境声明，是针对一组或多组能够达到同等功能的产品的。PCR 提供了一套一致的、国际公认的方法，用于定义产品生命。这种规则属新生事物，涉及的产品种类和数量仍有限。如果该产品的 PCR 不可得，应明确界定系统边界。系统边界主要应用于有形商品，如考虑某种服务则需要修改系统边界。

总体原则：应包括产品单元中所有的实质性排放。实质性贡献是指超过该产品生命周期预计排放总量 1% 的任何来源的贡献，但是所有非实质性排放的比例不能超过整个产品碳足迹的 5%。

优先性原则：根据估值和预测确定各个排放源的实质性；对所有实质性的排放源根据其排放量的大小确定一个优先序；对于那些排放量大的源要重点关注。

在边界中不予考虑的因素：非实质性排放源（不足碳足迹总量的 1%）；输入过程的人力；消费者到零售点的交通；动物提供的运输。

（3）数据收集。计算碳足迹需要两类数据，活动水平数据和排放因子。活动水平数据是指产品生命周期中涉及的所有材料和能源（物料输入和输出/能源使用/运输等）；排放因子即单位活动水平数据排放的温室气体数量。利用排放因子数据，可以将活动水平数据转化为温室气体排放量。

数据来源包括初级数据或次级数据。初级活动水平数据主要是指企业内部自己测量的数据或由其他供应商直接测量获得的数据；次级数据主要是指通过非直接测量手段所获取的数据。应尽可能使用初级活动水平数据，只有在初级活动水平数据无法获得时，才应考虑去使用二次数据。如图2-4所示。

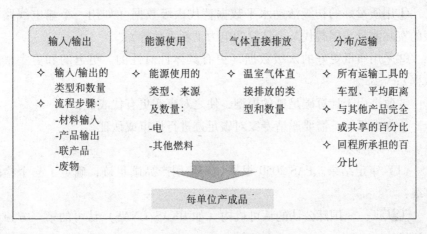

图2-4　共同活动数据图

（4）碳足迹的计算。产品碳足迹的公式是整个产品生命周期中所有活动的所有材料/能源/废物乘以其排放因子之和。计算本身只是将相应排放因子与活动水平数据相乘即可。

排放源1：$AD_1 \times EF_1 = CF_1$

排放源2：$AD_2 \times EF_2 = CF_2$

$CF = CF_1 + CF_2$

其中：AD为活动水平数据，单位为质量、体积或能量单位等；EF为排放因子，每个功能单位的CO_2当量；CF为碳足迹，每个产品系统中的CO_2e当量总数。

在产品的生产过程中会出现共生产品的情况下，就必须要对GHG的排放进行分配。GHG排放分配时应按如下顺序使用分配方法：

①将待分配的单元过程分解为两个或两个以上的子过程；或扩大产品系统，以纳入与共生产品相关的额外功能。

②如果上述分配方法不可行，则该过程产生的GHG排放应按共生产品的经济价值比例在共生产品之间进行分配。

③不确定性分析。对产品碳足迹的不确定性分析是一种对精度的衡量。不确定性分析能带来以下几点益处：使产品间的比较结果和决策具有更高的可信度；判定数据收集的重点和非重点是否准确；更好的认识碳足迹模型；如果通报结果，不确定性分析向内部和外部读者提供有关碳足迹的确凿性信息。

减少不确定性的办法有：

①用质量好的初级活动水平数据替代次级数据（如用一个输电线路电表的实际测量数据替代某个估算的电力消耗系数等）；

②采用质量更好的次级数据（更有具体针对性的、更近的和更完整的数据）；

③改进用于计算碳足迹的模型，使之对事实更有代表性；

④如果可能，需要邀请专家对碳足迹进行评审或认证。

3. 后续步骤

（1）审定结果。PAS 2050 根据如何使用产品碳足迹，确定了三个检验等级：

①认证——国际公认的认可机构（如 UKAS/CNAS）认可的第三方独立认证机构；

②其他方核查——非认可的第三方应按照认证机构公认的标准进行论证，并按要求支持外部核查；

③自我核查——按 BS ENISO 14021 中所述方法进行自我核查。

（2）减排。产品的碳足迹能够为促进减排温室气体提供有价值的深入了解。计算碳足迹的做法既可以提供一个基准，用于衡量未来的减排量，也有助于发现产品生命周期各阶段的减排机会。这种分析为供应商/分销商/零售商/消费者了解如何减排提供了一个途径。

（3）通报碳足迹并公布减排量。PAS 2050 并未对公布碳足迹或发表减排声明提出任何要求。具体指南的一个来源是产品温室气体排放和减排声明良好规范法，结合 PAS 2050，通过磋商过程制定的。发布产品碳足迹的决定，可能包含许多不同的信息、格式，如：消费者，通过产品包装/销售点/产品说明/广告/促销材料/网站/新闻发布会等提供的碳足迹信息；内部管理层；员工；供应链伙伴；工业协会；媒体；投资者。

4. 案例

在市场上基于产品层面的碳盘查主要以产品碳标签的形式出现。目前已有碳标签政策的国家或地区有欧盟、英国、法国、德国、瑞典、意大利、加拿大、新西兰、日本、韩国、中国台湾等。

除了定量的指数形式外，碳标签类型也可表示为：低碳批准印章（生命周期特定阶段达到规定的较小碳排放产品，如德国蓝天推出的保护气候标志），碳等级方式（韩国低碳标志和美国加州气候意识标志），碳分数方式（大多数产品目前都采用这种形式，如英国碳削减，日本碳足迹，韩国温室气体排放量）。

根据欧洲目前已有的案例，主要涉及的行业均为中下游的行业，商业连锁、包装、食品饮料、装饰材料、造纸、公共卫生等，均依赖于其供应链的管理。

从标准的实践来看（基于 BSI 在 2010 年 9 月对 1018 位用户的调查），PAS 2050 对于客户理解困难，过程复杂，不够友好。ISO 14067 和 WRI GHG Protocol Product Standard 值得期待。

三、碳盘查工具介绍

企业进行碳盘查，需要使用合适的工具，其主要分为硬件和软件两类。其中，硬件可用于实施监测具体的排放源或相关指标（如电力和汽油消耗），软件主要应用于信息收集、计算、统计和分析。由于直接通过监测设备获取温室气体排放量的难度较大，目前国内外企业主要通过软件计量和管理的方式进行碳盘查。企业碳排放计量管理软件能够为企业机构提供计算、分析、管理以及报告碳排放的功能，极大地提高了企业进行碳盘查以及碳管理的效率。当然，软件的正常运行离不开硬件的支持，软硬件的有机结合可以获得更精确、更及时的碳监测效果。

美国发动机制造商康明斯（Cummins）就是一个很好的例子。该公司自2009 年启用一套基于网络的数据采集和报告系统。这套系统经过改进，可以实现如下新增功能：（1）对自动采集的数据进行一致性检验，若发现数据与历史数据不一致，则能发出提醒；（2）提供一个对所有数据单位进行换算的下拉菜单，操作人员无须进行任何单位换算；（3）自动的数据换算；（4）设置了双重验证程序，工厂经理和公司的环境事务主管均须对数据进行审批。这样一套系统实现了碳监测的精细化和流程化。

四、中国 MRV 体系的构建

对于国际上达成的 MRV 体系，中国国内有不同的主张和理解。有学者通过分析资本主义制度的腐朽本质和发达国家推卸责任的企图，提出中国应当坚持自愿减排、采用自主减排的原则，不接受发达国家的 MRV；也有学者通过研究中国参与国际气候谈判的立场从被动参与到积极参与、谨慎保守参与到活跃开放参与的演变，认为中国应在确保国家主权得到尊重的前提下，交流相关信息，接受一定程度的减排监督；还有专家认为，发展中国家应在可持续发展框架下积极执行 MRV，而且中国已经在节能减排等 NAMA 方面遵循了 MRV 的原则，并不断取得进展。

从探讨 MRV 的内涵和价值入手，针对中国执行国际 MRV 还是国内 MRV 的争议，通过借鉴欧盟和美国 MRV 体系，可以分析中国 MRV 体系的现状和不足，进而提出进一步完善中国 MRV 体系的建议，以期对中国应对气候变化的能力建设有所裨益。

（一） MRV 的基本内涵和价值

MRV 是可测量、可报告、可核查的体系。可测量性要求明确测量的对象、方式以及认知测量的局限性，即根据已建立的标准，尽可能地以准确、客观的概念描述该现象。可报告性涵盖报告的主体、内容、方式、周期等。具体而言，报告的主体包括 NAMA 主体自主报告、商业主体报告、非政府组织报告、独立专家报告和国际机构报告等；报告的内容既包括 NAMA 主体的地理和人文等背景介绍，也包括具体的税收、研发、国际合作等相关政策和行动阐述；报告的周期则根据 NAMA 主体的不同而有月报、季报或者年报等差异。一般来说，核查是一个技术性而非评价性的方法，即关于信息准确性及其产生过程可靠性的评估，而不是一个义务是否履行的考量。原则上，不论是定性的，还是定量的信息都可以被核查。可核查性的核心内容是核查主体和核查条件，核查的主体有自我核查和第三方核查，核查的条件则取决于信息的来源和类型。可核查性和可测量性一样，可以通过直接的观察或间接的引导完成。可测量、可报告和可核查三者关系密切：测量的技术与结果影响了报告信息的准确性和可靠性；测量是依特定的标准而进行的，相应的，其结果应该具有可核查性；可核查的价值在于保证报告的结果数据相互比较与验证。可见，气候变化背景下的 MRV 体系要求，NAMA 主体以特定的标准进行测量，以公开和标准化的方式报告，并且保证该信息的准确和可靠性可以被比较和核实。下文从三个方面诠释其内在价值。

首先，从 MRV 自身构建来看，MRV 实质是不完善的程序正义。"程序，从法律学的角度看，主要体现为按照一定的顺序、方式与步骤作出法律决定的过程"。约翰·罗尔斯对程序正义的经典论述中将其分为三类：完善程序正义、纯粹程序正义与不完善程序正义。完善程序正义，是指结果公正的标准是确定的，而且可以设计出有效实现这一结果的程序；纯粹程序正义，则指不存在关于结果公正的标准，只要程序完善地被执行，那么不管最终结果如何都体现为正义；不完善程序正义的基本标志，是判断正确结果的独立标准存在，但由于人类理性的有限性而没有保证其完美实现的程序。MRV 恰恰是一种不完善的程序正义，可以从以下两方面予以解释：一是 MRV 作为衡量 NAMA 的重要程序，正确结果的独立标准"可持续发展"客观存在；二是由于人类有限理性所决定，极有可能因为偶然的因素使之偏离正确的结果，这种偶然可能是指标设计缺憾（Deftcient Indicators Design）所致，也可能由信息披露不充分（Inadequate Information Disclosure）引发，即无法设计出一种 MRV 确保"可持续发展"的必然实现。当然，这不意味着完全脱离正义的规范性要求，而是尽可能追求一种与结果有效衔接的 MRV，并设置一个抑制性程序，以保证结果的正当性。

其次，在国际谈判的博弈中，MRV 正逐步发展为 NAMA 的关键环节之一。1992 年《联合国气候变化框架公约》（UNFCCC）不仅确立了依据"共同但有区别责任"采取减缓和适应行动来应对气候变化的国际准则，还要求缔约方提供、定期更新以及公布国家履约信息通报（National Communications），这可以认为是 MRV 体系发展的雏形。1997 年 UNFCCC 第三次缔约方会议达成的《京都议定书》提出，气体源的排放和各种汇的去除及相应举措应当以公开和可核查的方式进行报告，并依据条款七和条款八进行核查。这表明了国际社会希望凭借 MRV 体系增强透明度的决心。《巴厘岛路线图》则明晰了 MRV 体系的要求：发达国家包括减排目标和举措在内的 NAMA 要符合 IVIRV；发展中国家可持续发展过程中获技术、资金和能力建设援助的 NAMA 要符合 MRV。2009 年 UNFCCC 第十五次缔约方会议暨《京都议定书》第五次会议达成的《哥本哈根议定》进一步具体化了 MRV 的执行，包括 MRV 的主体、条件、频度、方式等，并在附录中预留了未来谈判的空间。从对国际谈判博弈的分析中可以看出：公开、公正、公平的 MRV 体系正在成为未来共同应对气候变化和不断增进国际信任的重要环节，该体系既要满足跟踪 NAMA 主体气候变化解决方案的要求，还要涵盖因政治经济体制差异、国家发展阶段和目标不同而形成的多种政策和行动。

最后，从可持续发展角度，MRV 体系在碳排放制度安排中具有重要的意义。可持续发展的基本理念是既满足当代人的需要，又不对后代人满足其需要的能力构成危害的发展。通过上述系列国际条约的构建，"碳排放"这样一个实质的人类活动已经变成了一种抽象的、可分割、可交易的法律权利，从而在法律上产生各国围绕"碳排放权"展开的全球政治博弈。利益的发展变化决定着法的发展变化，同时，法对利益的形成、实现和发展有能动的反作用。相应的，任何国际公约及其制度设计，在法律上体现为具体的权利义务安排，但本质上是缔约主体间的利益分配。可以说，排放权就是发展权的问题。中国应当在可持续发展的框架下，统筹考虑经济发展、消除贫困、保护气候，实现发展和应对气候变化的双赢，确保发展中国家发展权的实现。基于此，有学者呼吁："对于在国际话语体系下形成的'碳政治'而言，中国缺乏的不是具体的谈判主张和策略，而是统摄这些主张和策略的整体国家发展战略，以及为这套国家战略奠定正当性基础的话语系统"；有学者通过分析世界能源基本状况和发展趋势，提出了建设中国特色新型能源的发展思路：利用效率高、技术水平先进、污染排放低、生态环境影响小、供给稳定安全的能源生产流通消费体系；也有学者跳出现有京都模式的思维定式，基于人文发展基本碳排放需求理论与方法，研究构建更为公平、有效的碳预算方案。毫无疑问，构建有中国特色而且与国际接轨的灵活科学的 MRV 体系，是可持续发展和不断推进 NAMA 的重要基础，必将成为碳排放制度安排中一项紧迫而长期的艰巨任务。

（二）明晰 MRV 体系建设中秉承的基本理念

2009 年 5 月，《落实巴厘路线图——中国政府关于哥本哈根气候变化会议的立场》（以下简称《哥本哈根立场》）提出了中国对 MRV 的基本原则，可以从其与《巴厘岛路线图》和《哥本哈根协定》关于 MRV 主张的对比中探讨中国 MRV 体系建设的理念。

虽然与发达国家对 MRV 的表述有所差异，但基本精神一致。《哥本哈根立场》提出包括发达国家应当承担有法律约束力的、大幅度的、量化的MRV 的减排义务，发达国家的减排指标及相关政策、措施和行动应当满足MRV 的要求等。《巴厘岛路线图》指出发达国家包括减排目标和举措在内的 NAMA 要符合 MRV。《哥本哈根协定》认可了附件一缔约方以《哥本哈根协定》附录 1 格式确认 2020 年的定量减排目标和基准年，非附件一缔约方以《哥本哈根协定》附录 2 格式确认减排措施。当然，三者都没有指明发达国家执行国内 MRV 还是国际 MRV。

《哥本哈根立场》提出：发展中国家 NAMA 以发达国家提供 MRV 的技术、资金和能力建设支持为条件；MRV 的要求仅适用于获得支持的 NAMA。这与《巴厘岛路线图》的要求基本一致：发展中国家可持续发展过程中获技术、资金和能力建设援助的 NAMA 要符合 MRV。《哥本哈根协定》也强调了发达国家对发展中国家的融资等支持，如在 2010～2012 年提供 300 亿美元，在 2020 年以前每年筹集 1000 亿美元资金用于解决发展中国家减排需求等。但是，《哥本哈根协定》对于非附件一缔约方区分了获得国际支持的NAMA 要执行国际 MRV，其他则要执行国内 MRV。这体现出的分歧在于：发展中国家 NAMA 以发达国家提供 MRV 的技术、资金和能力建设支持为条件，还是发达国家对发展中国家提供国际支持以其 NAMA 符合 MRV 为条件？这些获得国际支持的 NAMA 执行国际 MRV，还是国内 MRV？笔者认为，中国 MRV 体系建设的核心是秉承"共同但有区别责任"的理念，这既符合人类可持续发展的理论和实践，也是环境法律"污染者负担"原则和"受益者分摊补偿"原则的反映，关键是剖析"共同性"以及"区别性"，实现两个转变。具体分析如下：

第一，从消极反对国际 MRV 到主动制定 MRV 国际规则的战略。到目前为止，已有 75 个缔约方作出 2020 年前减排承诺，112 个缔约方（111 个国家和欧盟）表示支持《哥本哈根协定》。同时，根据该协定，工作小组将在 2015 年底前完成对该协议最终目标及其执行情况的评估。可见，包括MRV 尤其是国际 MRV 体系在内的全球应对气候变化制度尚无定论，而是一个需要持续谈判的议题。此外，还需要关注的是，该协定是非法律约束力文本，仅作为今后的"谈判基础"。所以，包括 MRV 体系在内的应对气候变化制度必将在持续的谈判中继续博弈。中国作为发展中大国，既面临巨大的国际压力，也在谈判中具有举足轻重的地位，完全可以广泛地参与到国际规则的制定中，不断提高国家谈判能力，争取更多的话语权，为维护国家利益，同时也为国际社会，为改善全人类赖以生存的环境，做出自己的贡献。具体可以围绕三个议题展开：一是明确国际 MRV 体系的主体、范围、条件、方式、程序等，当然，已有的国家履约信息通报应作为该体系的一部分（附件一缔约方每年进行一次，非附件一缔约方则每两年一次）；二是要求附件一缔约方包括减排指标、政策、措施和行动以及对其他主体的技术、资金和能力建设等支持在内的所有 NAMA 也应当符合国际 MRV；三是界定《哥本哈根协定》中"得到国际支持的且根据协定确认列入附录 2 的 NAMA，需要进行国际 MRV"的含义和条件，使之具体、明确、可区分和可操作，如该 NAMA 需要满足 100% 来自国际支持的条件，且未发生"清洁发展机制"或者"联合履行机制"等抵免情形。

第二，从阐明 MRV 立场到建设 MRV 体系的转变。《哥本哈根立场》关于 MRV 问题立足于阐明立场，这是厘清建设思路的基础，今后的建设任务无疑是艰巨的。遵循"共同但有区别责任"的理念来探讨 MRV 体系建设的基本原则：一方面，共同性在于总体目标一致。各缔约方均应在公正和可持续发展的基础上，实施低碳排放的发展战略，加强长期合作以对抗气候变化。MRV 的使命在于促成这些致力于可持续发展的战略和举措的程序正义的实现；另一方面，区别性主要在于具体目标设定的性质不同：UNFCCC 附件一缔约方是应纳入 MRV 的强制性目标（定量减排），非附件一缔约方是不应纳入 MRV 的自愿性目标。"中国承诺到 2020 年单位国内生产总值二氧化碳排放比 2005 年下降 40% ~ 45%，并将之纳入国民经济约束性指标"。这不是定量减排目标，而属于自愿减排性质。"共同性"是应对气候变化的基础，"区别性"是不同发展阶段下的具体安排，二者在动态发展和变化中寻求平衡。从长远考虑，中国不仅要阐明立场，更要积极建设国内 MRV 体系，并建立与国际 MRV 机制的有效衔接，这是可持续发展的必然要求。

（三）构建有中国特色的 MRV 体系

2007 年 7 月，欧盟理事会和欧洲议会通过了《温室气体的监测和报告准则》（Directive 2007/589/EC）。该准则以《温室气体排放交易指令》的 24 条所列 27 个成员国以及附件一所列入行为为适用对象，详细规范了监测方法（监测系统、监测方案和计算公式等），严格了质量控制程序（数据流的采集和处理、质量保证测量的设备、更正和纠正的措施等），确立了第三方核查制度，以确保可靠性、可信性及监测系统和报告数据的准确性。随后，2008 年 12 月，《温室气体的监测和报告准则修正案》（Decision 2009/73/EC）将氧化亚氮（N_2O）纳入调整范围。2009 年 4 月，《温室气体的监测和报告准则修正案》（Decision 2009/339/EC）又将航空活动的货吨公里数据纳入 MRV 体系。

2009 年 6 月，美国众议院通过《清洁能源与安全法案》（American Clean Energy and Secudty Act of 2009），该法案前瞻性的要求 MRV 体系要能够定量衡量全球和美国温室气体减排的进展。2009 年 9 月，美国环保署通过《温室气体报告规则》（Greenhouse Gas Reporting Rules），该规则要求化石燃料燃烧/工业温室气体排放者、汽车和发动机制造商、温室气体年均排放超过 2.5 万公吨的设备提交年度报告给环保署。开始监测年度为 2010 年 1 月到 2011 年 3 月 31 日。2010 年 3 月，美国环保署发布的《温室气体报告规则修正案》（Greenhouse Gas Reporting Rules Amendments and Source Additions）分行业细化了原规则。该修正案包括四项新规则：母公司/北美行业分类系统修正案；石油和天然气系统；碳捕获和封存；电力工业、氟里昂、进出口含氟里昂预充电设备（或其包装为含氟里昂的泡沫塑料）、输电配电设施使用和输电配电设施的制造。开始监测年度为 2011 年 1 月到 2012 年 3 月 31 日。

从欧盟和美国 MRV 立法中可以得出两点启示：

第一，二者都颁布了较高层次的 MRV 专门性立法。欧盟采用的是区域整体立法，美国采用的联邦立法形式。中国虽然基本形成了应对气候变化法律法规体系，包括《环境保护法》、《海洋环境保护法》、《节约能源法》、《可再生能源法》、《清洁生产促进法》、《环境影响评价法》、《循环经济促进法》、《森林法》、《草原法》、《水法》等，以及正在制定《能源法》，并正在修改《大气污染防治法》等，但是目前还没有 MRV 专门性法律。2007 年 3 月 5 日，第十届全国人民代表大会第五次会议政府工作报告提出要抓紧建立和完善科学、完整、统一的节能减排指标体系、监测体系和考核体系，实行严格的问责制。2007 年 11 月 17 日，《国务院批转节能减排统计监测及考核实施方案和办法的通知》中，国务院同意发展改革委、统计局和环保总局分别会同有关部门制定的《单位 GDP 能耗统计指标体系实施方案》、《单位 GDP 能耗监测体系实施方案》、《单位 GDP 能耗考核体系实施方案》（以下称"三个方案"）和《主要污染物总量减排统计办法》、《主要污染物总量减排监测办法》、《主要污染物总量减排考核办法》（以下称"三个办法")。可以说，这三个方案和三个办法，是中国 MRV 体系的有机组成部分。但是，三个方案适用能源强度（Energy Intensity）指标而没有体现碳强度（Carbon Intensity）指标，适用于二氧化硫（SO_2）和化学需氧量（COD）而没有包括温室气体。2009 年 11 月 26 日，环境保护部审议并原则通过了《环境监测管理条例（草案）》，对环境监测管理的体制制度，对环境监测数据的法律效力，环境质量考核制度、环境监测机构、社会检测机构以及环境监测技术人员的管理、监测数据的管理和共享等都作出了规定。该条例将是中国 MRV 体系的重要组成部分，其监测范围之一"环境空气"可以解释为包括温室气体，但是条例中并未予以明确，配套的规则亟需细化。而且，从法律效力角度，该条例属于行政规章，效力低于法律和行政法规，在司法实践中的适用也有一定的限制。因此，中国应当积极参与国际谈判，借鉴欧盟和美国立法，适时出台覆盖温室气体的 MRV 专门性法律。

第二，二者的 MRV 体系建设目标着眼于国内、区域性乃至与国际性机制的相互衔接。欧盟建立了第三方核查制度，美国提出 MRV 体系应当实现定量衡量全球和美国温室气体减排的进展。中国提出"要充分论证，周密制定建设方案，既要吸收借鉴世界先进经验，又要勇于创新，务必使污染减排指标、监测和考核体系达到国际一流水平"。笔者认为，"与国际体制衔接"应当是"国际一流水平"应有之义。中国首先应从以下两方面入手：

一是将温室气体排放量作为评价多种政策和措施的首要计量单位，有助于对各项成果总的温室气体排放量（的影响）进行评估。固然，中国当前温室气体与污染物排放"同根、同源、同步"，协同治理非常必要。然而，我们应当认识到，《京都议定书》规定的"减排"主要是指减少对二氧化碳（CO_2）、甲烷（CH_4）、氧化亚氮（N_2O）、氟烷（HFCs）、全氟化碳（PFCs）、六氟化硫（SF_6）等 6 种温室气体的排放。欧盟温室气体排放监测和报告系列指令包括了上述 6 种温室气体。美国《清洁能源与安全法案》除覆盖上述 6 种温室气体外，还包括了氟温室气体。中国在《气候变化初始国家信息通报》（报告年份为 1994 年）中列出了 3 种温室气体：二氧化碳、甲烷和氧化亚氮的排放情况。进行中的第二次国家信息通报（Second National Communications，以下简称 SNC）（报告年份为 2005 年）拟将温室气体的报告范围从现有的 3 种扩大到 6 种。因此，中国 MRV 体系的建设至少应该覆盖该 6 种温室气体，并将其排放量作为首要计量单位。

二是分行业分源头实施 MRV，为优化产业结构提供依据，从而促进温室气体减排。《京都议定书》附件二列举了能源、工业、农业、溶剂及其他产品使用、废物等污染源。欧盟《温室气体的监测和报告准则》附件 2 到附件 11 列明了分源头的指导方针：包括矿油精炼厂、炼焦炉、矿砂烤烧设备、生钢铁生产设备、水泥熔渣生产设备、石灰生产设备、玻璃制造设备、陶瓷产品制造设备、纸浆和纸张制造设备等，美国《温室气体报告规则修正案》的四项新规则也体现了分源头 MRV 的精神。《中国应对气候变化的政策与行动》详细列举了相关政策措施，对其中 8 项进行了量化描述，包括单位 GDP 能耗、可再生能源利用占能源总需求量、火电机组供电标准煤耗、核电装机容量、十大重点节能工程、千家企业节能行动、建筑节能、造林活动。可见，中国运用了多种衡量指标，这符合中国自身国情需求，也给其他国家向 UNFCCC 秘书处报告 NAMA 时，提供了有用的模型。但是，我们看到，中国在很大程度上依赖于初级的指标，如标准煤耗和装机容量等，而不是分行业和分源头计算。而且，这些项目主要集中在工业部门，致力于提高节能减排的能力。进行中的 SNC 拟分源头估算温室气体，实施了"中国准备 SNC 能力建设"项目，包括"工业生产过程温室气体清单编制"、"畜牧业温室气体清单编制"、"废弃物处置温室气体清单编制"等五个分包子项目。项目实施中发现，工业生产过程温室气体清单编制的数据收集困难现象普遍存在于各个行业之中，土地利用变化和林业温室气体清单存在着较大的不确定性，能源活动排放因子确定工作还有待于进一步细化等。可见，中国对温室气体排放按源头进行归类以及计算不同部门对于温室气体排放的贡献量的工作，刚刚开始起步，要保证清单编制常态化和规范化，尚须不懈努力。国家信息通报作为一项国家履约活动具有重要意义，是 MRV 体系建设中的重要组成部分，既要与国际 MRV 机制相衔接，也将为优化产业结构提供依据，从而促进实现低碳经济。

此外，还要建立和完善温室气体实时监控信息系统和数据库管理系统，保障各部门间环境监测信息系统实现互联互通和信息公开透明，加强跨部门、跨地区、跨国的信息交流与合作等。

（四）目前中国 MRV 体系面临的主要问题

MRV 体系建立需要许多技术、方法及流程的支持，包括碳排放的测量计算方法、报告方式及流程，以及数据校核方法等。这些所有的技术及方法都必须统一落实到微观的企业可操作层面，以确保最终的数据结果符合

MRV 体系的宏观要求。目前，中国 MRV 体系建立主要存在四个方面的问题：缺乏统一的企业层面温室气体核算标准、MRV（测量、报告、核查）的困难、登记结算系统的建立健全、如何促进流动性的问题。

1. 企业层面温室气体核算标准方面，我国碳市场还缺乏统一的碳排放和碳减排计量标准，以确保排放量和减排量数据的口径统一及真实、有效，这是目前亟待解决的问题之一。

建议国家有关部门联合相关研究机构，参照国际惯例，立足国情，尽快制定我国减排量计量标准，为企业以至区域核算碳减排量提供权威依据，确保不同企业、不同区域的核算结果具有可比性，有利于建立跨行业、跨区域的交易市场，为将来建立全国统一的碳市场做好准备。

2. MRV 方面，目前我国第三方核查机构（DOE）总体来说还很弱，数量不足，人员不够。联合国批准中资 DOE 只有四家，再加上其他的节能监测中心或者一些中资机构，对于纳入碳排放权交易试点的上千家企业来说，这样的 DOE 数量和人员等都远远不够。即便加上外资 DOE，也很难满足未来庞大的市场需求。

3. 登记结算系统的重要性远远超过之前的想象。登记结算系统是建立碳管理体系的基础，是碳信用存在的前提。"北上天深"四市都在抓紧建立各自的登记结算系统，上海环境能源交易所更是建议相关系统至少是上亿元级的投入。

4. 促进流动性方面，需要金融机构的参与，但依目前中国的相关政策，碳交易只有现货交易，没有期货交易，金融机构兴趣不大。目前的环境和市场发展还不是特别清楚，金融机构非常犹豫，需要等待市场相对成熟、尤其是法律法规相对成熟以后，才有可能吸引金融机构的参与，从而增加流动性，激活整个市场机制。

五、碳盘查流程介绍

参考现行的碳盘查相关标准，一个完整的碳盘查应包括温室气体排放报告书的编撰过程以及第三方机构对该报告书的核查过程。其中温室气体排放报告书中应包含申报单位对其生产活动产生温室气体排放的技术描述，以及如何量化监测其温室气体排放的方法与结果；第三方机构则依据相应的审核标准对该报告书内容的真实性、监测行为的可靠性、监测数据的准确性以及申报结果的不确定度进行评估与审核，判断该申报单位的温室气体排放申报工作是否符合相应的碳盘查标准，并最终出具核查报告与声明。一般而言，温室气体排放报告书中应包含如下内容：

1. 边界描述与盘查时间跨度。边界描述的目的在于明确申报单位的权责范围，确保主管部门所约束的企业及企业行为所产生的温室气体排放得到完整的申报，同时也使申报单位明确自身的可控碳资产范围，为其下一步进行减量行动明确了方向。

2. 温室气体排放源识别与排放设备清单。申报单位应根据其自身生产经营特点，以受控的温室气体种类为视角，识别出其边界范围内的温室气体排放源，以及其对应的设备、设施和生产过程，使其汇报的温室气体排放量满足完整性要求。这是温室气体排放的量化与监测方法的基础，也是第三方机构进行完整性评估的依据。

3. 温室气体排放量化方法与监测方式。针对不同设备、设施及生产过程的特点不同，申报单位应参照相应标准方法对各个环节产生的温室气体进行量化监测。各个环节温室气体排放的量化方法应充分体现其特点与科学性，可以采用行业通行的量化方法以避免过度差异化。对应所选取的量化方法，申报单位应描述其数据收集流程，即监测方法，包括监测设备描述、监测数据汇报整理流程、数据质量控制流程等。准确完善的监测与量化是温室气体排放汇报的基石，也是第三方机构评估其汇报可信度的重要依据。

4. 温室气体排放量计算与汇总。很多情况下，监测所得到的并不是温室气体排放的直接量，申报单位会根据相应标准选择合适的参数进行温室气体排放量的转化计算。由于参数的选择对最终结果有很大的影响，在碳资产评估过程中，主管部门应根据不同行业特点制定相对统一的参数取值，使得所有申报单位的温室气体排放数据横向可比，达到公平资产化的效果。

5. 温室气体排放量不确定度分析。由于量化方法、监测方式、监测设备性能等不同，每个申报单位的温室气体排放量的计算所对应的不确定性也不尽相同，一般而言，对于量化与监测投入越多的单位所得的排放量数据质量越高。为了在数据质量与成本投入之间取得平衡，主管部门可以规定所汇报排放量的不确定度容许范围，并根据统计学原理规定不确定度计算方法及默认参数选择。

6. 温室气体消除量汇报。温室气体消除量是指申报单位在其边界范围外所进行的减排努力的量化结果，是为了鼓励申报单位关注减排、参与社会上的减排活动，体现碳盘查、碳资产管理的最终目的——减少温室效应。目前温室气体消除量一般包括购买碳汇、经核证的减排量等，其过程也须经过相应标准进行审定、注册以及量化，对加强我国乃至全球所产生的减排量流动性是有益的补充。

核查的目的是为了检验温室气体排放报告书的内容是否充分满足相关性、完整性、一致性、准确性及透明性的原则。第三方机构需要依据相应标准及自身的专业知识，通过现场走访、访谈、证据搜集等方式，对报告书中所描述的边界范围、温室气体排放源设备、量化方法与监测方法、排放量计算以及消除量汇报的真实性、准确性及不确定度进行评估与复现，确保温室气体排放量结果的可靠性，为碳资产评估提供坚实的数据基础。

碳资产会计研究

碳资产会计的理论建设和实务探索不断深入，碳资产会计的框架基本建立，包括碳资产的确认、计量、记录及报告。资产评估作为市场中介，已经成为市场经济不可或缺的组成部分。资产评估可以为碳资产会计提供有效的市场信息，从而提高碳资产的会计处理水平，提升碳信息质量。本部分立足于资产评估服务碳资产会计处理的三大步骤，即资产评估视角下确认碳资产的会计科目、资产评估视角下选择碳资产的计量属性、资产评估视角下完善碳信息披露制度，通过碳资产会计与资产评估的结合，实现碳资产会计的推广与普及。

一、国外碳资产会计研究综述

随着绿色经济、低碳生活的发展和推广，无论是碳循环过程还是碳排放产生的各种信用、交易问题，都需要通过会计计量将其量化，这就产生了碳资产的会计研究。国外学术界与实务界对碳资产的会计研究主要集中在以下四个方面：

（一）碳资产会计的内涵与外延

国外相关研究机构和研究人员认为，碳资产会计主要应涉及以下内容：碳排放配额的财务会计处理、与碳排放相关的风险核算与报告、碳会计信息披露与管理，以及碳成本管理和战略发展等①。

（二）碳资产的会计确认

作为一种特殊的排污权，国外大多数研究者认为应将碳排放权确认为企业的资产，但对其确认为何种具体的资产却又有不同认识：Wambsganss 和 Sanford 认为应确认为存货②；Adams 认为应确认为有价证券，他们甚至认为可交易的碳排放权可以划分为期权；Ewer 等认为碳排放权具有无形资产的某些特征，应确认为无形资产。

（三）碳资产的计量

对于碳资产的价值计量，其主要争议是以历史成本、现行成本还是市场脱手价格为计量基础最为适合。Stefan Schaltegger 和 Roger Burritt 从经济和环境的角度认为应重视现行市场价值，只有现行市场价值才能使污染预防的边际成本和碳排放权的当前边际成本进行比较③。Ratnatunga 等对海外植林方式所取得的碳排放权计量问题也进行了深入的研究④。

（四）碳会计的披露等

2008 年英格兰及威尔士特许会计师协会（ICAEW）在报告可持续性和会计责任时，虽然认可了非政府组织的工作成果，但回避了怎样在资产负债表内确认碳信用的问题。随着碳排放、交易与披露的日益受关注，有学者提出，碳排放或交易权所引起的会计事项不应该仅仅局限在传统的排污权框架内，而应同时设置一个类似于社会会计中的碳账户对其不确定性和风险进行

---

① Jan Bebbington, Carlos Larrinaga - gonzalez. Carbon Trading: Accounting and Reporting Issues [J], European Accounting Review, 2008.

Ans Kolk et al. Corporate Response in an Emerging Climate Regime: The Institutionalization and Commensuration of Carbon Disclosure [J]. European Accounting Review. 2008, 17 (4): 719 - 746.

② Jacob R. Wambsganss, Brent Sanford, The Problem With Reporting Pollution Allowances, Critical Perspectives on Accounting, 1996, 6 (7): 643 - 652.

③ S. Schaltegger, R. Burritt, Contemporary Environmental Accounting: Issues, Concepts, and Practice, Greenleaf Publication, 2000.

④ Janek Ratnatunga, Stewart Jones, An Inconvenient Truth about Accounting: The Paradigm Shift Required in Carbon Emissions Reporting and Assurance [R], American Accounting Association Annual Meeting, Anaheim CA, 2008.

管理①。也有学者提出，应将碳固及鉴证也纳入其中，认为企业的碳账户在排放市场中进行交易前须经胜任的第三方进行独立鉴证②。Steward Jones 教授（2008）不仅提出了碳会计这一概念，而且还提出了构建碳会计规范的两种主要思路：其一是在《京都协定》框架下，所有机构或组织对由碳汇产生的碳信用的会计规范与政府间气候变化专门委员会（IPCC）的原则相协调；其二是在温室气体协定书内分别计量和报告碳排放的相关会计问题。

2004 年，国际会计准则理事会（IASB）发布了国际财务报告解释公告第 3 号《排污权》，该公告按总额法将排放配额确认为无形资产。2008 年，财务会计准则委员会（FASB）和国际会计准则理事会（IASB）同意共同合作"碳排放权交易"项目。该项目不仅涵盖 EU ETS，而且试图适合于各种碳排放权交易类型。2010 年 8 月，国际综合报告委员会提出，创造一个全球认可的会计可持续发展框架，将气候变化对公司经营的影响在财务报告中反映，企业可以将碳排放权转为资产，并对其进行交易。截至 2010 年 9 月 16 日，财务会计准则委员会（FASB）和国际会计准则理事会（IASB）已经达成如下共识：购买和无偿取得的碳排放权都应该确认为资产，企业因无偿取得碳排放权配额而被要求履行的义务符合负债定义，应在资产负债表中确认。

二、国内碳资产会计研究综述

在我国，碳排放权确认为资产已无争议，但究竟如何计量、确认为何种资产存在不同的看法。在计量方式上，肖序和陈翔认为，无论是否付费，排污权应该确认为资产，而且其初始计量和后续计量都应该采用公允价值③；彭敏认为初始取得应该按历史成本计量，后续计量应采用公允价值④。在资

---

① Jan Bebbington, Carlos Larrinaga - gonzalez. Carbon Trading: Accounting and Reporting Issues [J], European Accounting Review, 2008.

② Janek Ratnatunga, Stewart Jones. An Inconvenient Truth about Accounting: The Paradigm Shift Required in Carbon Emissions Reporting and Assurance [C], American Accounting Association Annual Meeting, Anaheim CA. 2008.

③ 肖序、陈翔："排污权会计确认与计量的探讨"，《决策与信息》，2008（09）：74 - 75。

④ 彭敏："我国碳交易中碳排放权的会计确认与计量初探"，《财会研究》，2010（8）：48 - 49。

产类型上，王艳、李亚培认为碳排放权应确认为交易性金融资产①；毛小松则指出碳排放权应该确认为可供出售金融资产②。张鹏持有不同观点，认为碳排放权应按可变现净值确认为存货，并提出了确认时点问题，因为只有找到了碳排放权的买家才能确认为存货③；彭敏指出，由于现实条件不理想，应将碳排放权确认为无形资产；万红波、张泽草则认为，应根据企业取得碳排放权的用途分别确认为无形资产或投资性碳排放权④；刘金芹认为碳排放权本身是一种金融衍生产品，应确认为嵌入衍生工具⑤；李晨晨则认为，应根据碳排放权的取得方式不同分别确认为无形资产和金融资产⑥。

在针对碳资产的会计计量研究方面，我国的研究成果为数不多。王艳、李亚培认为，碳排放权具有交易性金融资产的特征，应将其确认为交易性金融资产，其具体做法是，在现行"交易性金融资产"科目下增加一项"排放权"明细项目，以反映企业取得碳排放权的价值。张红梅则借助国外相关研究文献，提出可交易排放权的概念，认为应当把可交易排放权确认为无形资产，并采取多重计量属性⑦。郝玲、涂毅建议抛开排放权的问题，直接把与 CDM 相关的费用成本等都纳入其他业务核算⑧。

在碳资产信息披露方面，国外创建了碳资产信息披露项目，旨在促进机构投资者和企业管理层就气候变化开展对话，并为利益相关者了解企业的碳排放信息提供决策参考。国内有些学者在介绍和分析碳资产信息披露项目的基础上，探讨了我国碳资产信息披露框架的构建⑨。有些学者则以《碳信息披露项目中国报告》为研究对象，分析我国上市公司参与碳资产信息披露项目的现状及存在的问题⑩。

除对碳资产信息披露进行规范研究外，近两年国内研究者还对此进行了

①　王艳、李亚培："碳排放权的会计确认与计量"，《管理观察》，2008（25）：122 - 123。
②　毛小松："碳排放权的会计处理初探"，《财会研究》，2011（3）：42 - 48。
③　张鹏："碳减排量的会计确认与计量"，《财会月刊》，2010（16）：18 - 19。
④　万红波、张泽草："低碳经济下碳排放权相关问题的探讨"，《商业会计》，2010（23）：58 - 59。
⑤　刘金芹："浅析碳排放权的会计处理"，《财会通讯》，2010（25）：82。
⑥　李晨晨："不同市场成熟度下碳排放的会计确认与计量"，《财会月刊》，2010（36）：60 - 62。
⑦　张红梅："可交易排放权会计问题研究"，厦门大学，2006。
⑧　郝玲、涂毅："碳排放权会计处理初解"，《新理财》，2008（8）：70 - 72。
⑨　张彩平、周晓东："国际碳信息披露发展历程述评"，《广州环境科学》，2010（4）：11 - 17。谭德明、邹树梁："碳信息披露国际发展现状及我国碳信息披露框架的构建"，《统计与决策》，2010（11）：126 - 128。
⑩　徐颖："浅谈我国上市公司的碳信息披露"，《福建商业高等专科学校学报》，2010（3）：39 - 42。

实证研究。如张萍以全球 500 强企业为样本，参考碳资产信息披露项目研究了企业碳资产信息披露水平的影响因素，结果表明企业规模、经济因素和监管体制是影响碳资产信息披露水平的重要因素。笔者认为，随着我国碳交易、碳基金、风险投资及私募股权等碳金融活动的蓬勃发展，碳资产信息披露的市场反应必将成为碳会计新的研究方向[①]。

国外最初将碳会计问题纳入排污权会计框架内处理，作为一种特殊的排污权，碳排放权会计处理与排污权会计处理确实具有很大的关联性，后者所取得的研究成果对于前者而言也具有很强的借鉴价值。但相对于其他排污权而言，碳会计的处理也有其自身的特征与要求，如碳汇的问题、CDM 的应用问题等。2008 年以来，碳会计问题才作为一个独立的会计事项受到重视。虽然碳会计研究取得了一定的成果，但还不够全面、不够完整、也不够深入，还没有构建一个完整的碳会计理论框架体系。

国内虽然在环境会计这一宽广的领域里取得了一定的成绩，但在排污权会计的研究方面还稍显欠缺。今后，随着国内碳资产交易市场的发展和碳资产重要性不断凸显，相关的研究成果也会日益丰硕。

三、碳资产的会计确认

当企业获得、出售或使用碳资产时，为了在财务报表中反映这些事项，应该首先明确一点，就是如何对碳资产进行确认，即可以作为何种基本会计要素进入财务报表，同时又应在何时进行确认。在财务会计上，确认是相当重要的一个过程，直接影响着会计目标的实现、具体会计处理程序的选择等。在碳资产评估工作中企业碳排放权评估占绝对比重。因此，如何合理有效地对碳排放权进行确认，成为碳资产评估工作的重点。

企业碳排放权及其交易涉及三个方面：一是获取碳排放权配额；二是实际碳排放；三是碳排放权交易。

（一）碳排放权配额获取的确认

企业碳排放权配额的来源主要有四种：一是强制减排市场中政府授予

①　张萍："企业碳信息披露现状及影响因素的研究"，北京交通大学，2011。

的；二是自愿性减排市场中相关组织或机构授予的；三是按照相关的标准自行设定的；四是从市场上直接购买的。强制性减排对于企业而言是一种需要履行的法定责任，而自愿性减排则是一种需要履行的承诺，这种承诺是一种推定责任，同样具有法律意义。所以，无论其来源渠道如何，这些配额本身是没有区别的，都代表企业在特定的时期内可以向大气排放污染物的权利。

碳排放权配额代表着对碳排放权这种社会公共资源的分配，至于分配是有偿进行还是免费获取，这需要管理者（政府）从整个社会宏观的角度来考虑。但对于企业而言，没有配额，没有这种特许权，企业就无法生存。所以对企业而言，无论是付费购买还是无偿获得，碳排放权都是一笔财富，都需要确认为企业的资产。

有研究者提出，碳排放权的确认需要考虑是自用还是出售。企业购买碳排放权自用，是因为企业的碳排放权配额不足以弥补企业的实际碳排放量；企业之所以将购买的碳排放权出售，其前提一定是企业的碳排放权配额足以弥补其实际排放量。所以，企业购买碳排放权是自用还是出售，取决于企业所获得的碳排放权配额与企业实际的碳排放量之间的差额。企业应该把购买碳排放权这一事实放在企业履行碳减排社会责任的整个宏观层面来考虑，因此在对碳排放权进行会计确认时，不需要考虑是出售还是自用，而应该全部作为一个整体确认为"碳排放权"资产。

无论是从政府手中免费获得还是支付了一定的费用，该"碳排放权"应按公允价值计量，该公允价值与所支付的成本之间的差额确认为"碳排放权递延收益"。期末，企业应该采用公允价值进行后续计量，相应调整"碳排放权"和"碳排放权递延收益"的金额。

（二）企业实际碳排放的确认

为了完整反映碳排放情况，企业不能用碳排放权配额直接抵消实际的碳排放，而应该分别反映。在这种情况下，当企业发生碳排放时，这种排放行为对自然环境造成污染和破坏，企业应该承担相应的环境责任，因此企业应该按照实际排放日二氧化碳当量的公允价值将这种责任确认为碳负债（即应付碳排放费），同时还需要按照该公允价值确认企业的碳费用（即营业外支出——碳排放支出）。期末，企业应该按照新的公允价值调整碳负债和碳费用。

与此同时，企业还需要根据实际排放的二氧化碳当量占允许排放权总额的比例，对"碳排放权递延收益"进行摊销，并将该递延收益量转为"营业外收入——碳排放权配额收益"。期末，企业根据碳排放权新的公允价值调整"碳排放权"、"碳排放权递延收益"和"营业外收入——碳排放权配额收益"的余额。

（三）碳排放权交易的确认

碳排放权交易取决于企业获得的碳排放权配额和实际发生的碳排放量之间的数量关系。

1. 实际碳排放量等于碳排放权配额

在这种情况下，企业就不存在碳排放权交易。在其年末资产负债表上，"碳排放权"与"应付碳排放费"在项目上完全对应，在金额上完全相等。在年度利润表上，"营业外支出——碳排放支出"与"营业外收入——碳排放权配额收益"在项目上和金额上也存在对应关系；如果两者有差额，该差额反映企业有偿获得碳排放权配额所发生的必要支出。在下年初，企业需要将"碳排放权"与"应付碳排放费"对冲。

2. 实际碳排放量大于碳排放权配额

在这种情况下，企业需要从市场上购买碳排放权以弥补其缺口。在其年末资产负债表上，"碳排放权"与"应付碳排放费"在项目上仍然完全对应，在金额上仍然完全相等。在年度利润表上，"营业外支出——碳排放支出"与"营业外收入——碳排放权配额收益"在项目上完全对应，但在金额上可能存在一定的差异，该差异可能反映两种情况：因有偿获得碳排放权配额发生的必要支出和因未完成碳减排责任所付出的代价。在下年初，企业需要将"碳排放权"与"应付碳排放费"对冲。

3. 实际碳排放量小于碳排放权配额

在这种情况下，该剩余排放权可分以下情况考虑：如果存在交易市场，企业可以按公允价值将其出售，在增加"银行存款"的同时冲减企业剩余的"碳排放权"。同时还需要将剩余的"碳排放权递延收益"全部确认为"营业外收入——碳排放权转让收益"。在年末资产负债表上，"碳排放权"与"应付碳排放费"在项目上和金额上完全对应。在年度利润表上，"营业外收入——碳排放权转让收益"金额反映企业因超额完成碳减排责任而获得的额外收入，反映企业社会责任的良好履行情况。在下年初，企业需要将"碳排放权"与"应付碳排放费"对冲。

在资产评估中，作为评估对象的碳资产是能够在未来为控制主体带来经济利益的，具有稀缺性的经营资源，即只要是能在未来为企业带来经济利益的稀缺性经济资源都是资产。只要碳资产为投资者所拥有，并用于投资，都要评估作价。在评估时，碳资产的确认原则是经济资源原则。在资产评估中，碳资产的确认标准有以下几个：

1. 现实性

即碳资产在评估时已存在。包括以下两个要点：（1）碳资产的存在是已发生的经济活动的结果。碳资产是企业无论从政府无偿取得或者从市场购买取得，是过去的经济活动形成的。（2）碳资产并未消失。如果碳资产曾经存在，那么它也确实是过去经济行为的结果，但碳资产现在被消耗或者转让的，就不具有现实性。

2. 控制性

即碳资产是由企业所控制的。不论是从政府无偿取得，还是市场购买所得，或者技术改进形成的，只要是归企业支配使用的碳资产，均在评估范围之内。

3. 有效性

即被评估的碳资产必须是有用的，能够为企业带来经济利益。这一标准表明：（1）没有效用的碳资产不能列作评估对象。例如，已失效的碳资产等，均不能列作评估对象。（2）只要碳资产有效用，无论什么形式，都应列为评估对象。既可以是劳动产品，也可以是非劳动产品。

4. 稀缺性

由于碳资产是稀缺的，企业获得其控制权必须付出代价，因此具有稀缺性的碳资产才可成为资产。有些资源能在未来给企业带来收益，但不稀缺，故不能称为资产。

四、碳资产的会计计量

（一）碳资产的计量属性

会计计量，是用货币数额来确定和表现各个资产项目的获取、使用和结存。碳资产会计计量的主要问题是碳资产计量属性的问题。在以往的相关研究文献中，碳资产计量属性的选择，在很大程度上取决于将碳资产划分为何种资产类别，主要观点有三种：历史成本计量、可变现净值计量和公允价值计量。

1. 历史成本计量

历史成本计量属性是财务会计资产计价所使用的传统属性。历史成本又称实际成本，就是取得或制造某项财产物资时所实际支付的现金或者其他等价物。在历史成本计量下，资产按照其购置时支付的现金或者现金等价物的金额，或者按照购置资产时所付出的对价的公允价值计量。碳资产采用历史成本计量主要出现在将碳资产确认为无形资产的相关研究文献中，企业购买所得的碳资产的初始计量成本就是其购买价格。该价格一般是基于交易双方同意的基础上达成的，并且具有一定的交易凭证，以该价格作为企业购买所得的碳资产的成本入账是合理且可靠的。

但是以历史成本作为碳资产计价的属性是存在缺陷的，历史成本的客观可靠性也是相对的。虽然在碳资产的购买日，该项资产的历史成本是有凭证为依据的，是可信的，但是在碳交易市场中碳资产价格经常波动的情况下，相同的碳资产在不同的日期的取得成本将会有很大的差异，如果维持历史成本记录，则将会使资产负债表上的碳资产价值汇总失去可比的基础，合计数就变得难以解释。

此外，通过碳资产的分类可知，企业碳资产的取得很大一部分是通过政府的无偿分配得到的。我国大部分碳资产的初始分配都采取政府无偿授予的方式。这意味着实际情况中，大部分碳资产的初始成本为零，因此，如果仅仅采用单一的历史成本计量属性来对碳资产进行计量是不够的。

2. 可变现净值计量

可变现净值，是指在正常生产经营过程中，以预计售价减去进一步加工成本和销售所必须的预计税金、费用后的净值。在可变现净值计量下，资产按照其正常对外销售所能收到现金或者现金等价物的金额扣减该资产至完工时估计将要发生的成本、估计的销售费用以及相关税金后的金额计量。

碳资产采用可变现净值计量主要出现在将碳资产确认为存货的相关研究文献中，对于碳资产的期末计量，采用成本与可变现净值孰低计量。其理论基础主要是使碳资产符合资产的定义。当碳资产的可变现净值下跌至成本以下时，表明该碳资产会给企业带来的未来经济利益低于其账面成本，因而应将这部分损失从资产价值中扣除，计入当期损益。否则，就会出现虚计资产的现象。这也是符合会计的谨慎性原则的。

但可变现净值作为碳资产期末计量也有一定缺陷。就不消耗碳资产的企业而言，对碳资产的持有和交易实际上是一种投资活动，而非生产活动。在碳资产市场价格经常波动的情况下，碳资产在不同日期的市场公允价值将会有很大差异，如果仍然采用可变现净值计量，一方面不能及时反映企业所持有碳资产的公允价值，影响管理者的实时决策；另一方面，碳资产的相关价值变动也无法在企业的投资活动中进行反映，从而影响企业真实的财务状况。所以，对于碳资产的期末计量，如果单一采用可变现净值计量也是不够的。

3. 公允价值计量属性

公允价值，是指在公平交易中，熟悉情况的交易双方自愿进行资产交换或者债务清偿的金额。在公允价值计量下，资产和负债按照在公平交易中，熟悉情况的交易双方自愿进行资产交换或者债务清偿的金额计量。

采用公允价值计量的一个前提条件是其公允价值能够从市场中得到，基于合理的市场预期，这时碳资产的公允价值才是其真正的价值。因此，碳资产的评估对碳资产的公允价值计量尤为重要。资产评估介入碳资产公允价值确定主要受以下几方面需求的影响：

（1）专业性的需求。碳资产这种新型资产对会计理念的冲击很大，关于碳资产公允价值的确定，属于特殊的专业领域，超出了一般会计人员的知识和能力范围，所以，在确定这些资产的公允价值时，必须要有专业的评估机构及评估人员介入。

（2）独立性的需求。企业碳资产信息已不限于内部管理服务，在许多情况下，更多是为外部人员服务，为外部相关信息需求者作出决策提供有效信息。对于专业性强、复杂程度高的碳资产公允价值确定，外部人员更愿意看到独立、专业评估的结果。

（3）审计人员的需求。对于审计人员而言，如果碳资产公允价值的确定由企业内部会计人员承担，会产生两方面的问题：一是审计工作量增加，加大了对会计人员碳资产公允价值评估结果复核的工作量；二是审计风险和压力增大，也意味着碳资产公允价值存在偏差的可能性会增大。此时，外部评估的介入不仅可以提高碳资产信息质量，而且可以降低审计风险。由此，产生了来自外部审计需求的推动力量。

目前，我国的碳交易市场已经初具规模，相关的作用和功能已经基本具备，碳资产公允价值的持续可靠取得将得以实现。所以，碳资产采用公允价值计量已经具备了基本的条件。

但是，如果将公允价值计量属性作为碳资产唯一的会计计量属性也存在着缺陷。因为对于碳资产的消耗企业来说，其持有碳资产的主要目的是在生产过程中消耗，以满足其生产活动的需要，其成本应当具有相当的可靠性，以使决策者能够作出最为正确的决策。如果采用公允价值计量属性，随着碳交易市场的波动，企业碳资产的价值也会出现波动，从而会使相关生产成本不断地处于波动之中，进而导致企业的生产经营管理活动陷入混乱之中，而财务报告所显示的信息也将丧失其应有的可靠性。

基于以上对历史成本、可变现净值与公允价值的分析，我们认为，单一的历史成本计量虽然能够可靠地计量企业有偿购得的碳资产，但是在计量无偿取得的碳资产方面不尽如人意；而选择可变现净值和公允价值的其中之一进行碳资产的期末计量又不能满足不同类型企业对于碳资产的计量要求。所以，应当对碳资产的会计计量采取多重计量属性，企业可以根据自身的实际情况进行合理选择。

（二）碳资产的具体计量

1. 碳资产的初始计量

碳资产初始入账通常是按照实际成本计量，即以取得碳资产并使之达到预定用途而发生的全部支出，作为碳资产的成本。依据碳资产的分类及来源的不同，其初始计量也存在一定的差异。

（1）配额碳资产的初始计量。《企业会计准则第 16 号——政府补助》第一章第二条规定，"政府补助是指企业从政府无偿取得货币性资产或非货币性资产，但不包括政府作为企业所有者投入的资本。"政府补助有三个特征：一是无偿性，二是直接取得资产，三是不是政府的资本性投入。配额碳资产，是政府分配的碳资产，是企业从政府无偿取得的非货币性资产，是能够直接取得的，并不是政府的资本性投入。所以，企业得到政府分配的碳资产，符合政府补助的定义和特征，应当作为一种政府补助，依据《企业会计准则第 16 号——政府补助》进行初始确认和计量。

（2）减排碳资产的初始计量。企业通过开发节能减排项目，得到相关部门的审核、注册之后，每一年可以根据其项目所产生的节能减排效果，通过专业机构的核证，得到相应数额的碳资产。由于项目从建设到完工、注册，并产生减排效果存在一个时间过程，需要前期的投入，则应当将前期投入中与碳资产相关的成本、费用计入待摊费用中，然后按照项目的寿命进行分摊，作为每一年得到核证碳资产的初始成本进行计量。

（3）外购碳资产的初始计量。外购碳资产的成本直接按历史成本计量，它包括购买价款、相关税费以及直接归属于该碳资产的其他支出。

2. 碳资产的后续计量

（1）采用成本模式进行后续计量。

①碳资产的成本计算。对于在生产经营活动中有碳资产消耗的企业，由于碳资产要在其生产经营活动中产生消耗，其成本则类似于一种消耗品计入相应的产品成本中，所以对于该类企业持有的碳资产要采用成本模式进行后续计量。简单而言，就是根据碳资产的历史成本进行后续计量。由于碳资产具有可透支性，使得企业在生产经营活动中消耗碳资产时，可能出现透支碳资产（此时碳资产为负数）的情况，所以可以运用移动加权平均法和拓展的移动加权平均法来计算碳资产的成本。

移动加权平均法，是一种传统的存货成本计算方法，它是指以每次进货的成本加上原有库存存货的成本，除以每次进货数量加上原有库存存货的数量，据以计算加权平均单位成本，作为在下次进货前计算各次发出存货成本的依据。将该种传统成本计算方法引入碳资产的成本计算之中，并根据碳资产的特性对其进行适当的拓展，以此来计算企业持有碳资产的成本，即拓展的移动加权平均法。具体是将碳资产的可透支性加到传统计算方法之中，以每次获得碳资产的成本加上原有碳资产的成本或透支碳资产的成本（为负数），除以每次获得碳资产的数量加上原有碳资产的数量或透支碳资产的数量（为负数），据以计算碳资产的加权平均单位成本，作为在下次进货前计算各次发出碳资产成本的依据。其基本公式为：

$$\text{碳资产的单位成本} = \frac{\text{原有碳资产（或透支碳资产）的实际成本} + \text{本次获得的实际成本}}{\text{原有碳资产（或透支碳资产）数量} + \text{本次获得碳资产数量}} \quad (2.1)$$

$$\text{本次发出碳资产的成本} = \text{本次发出碳资产数量} \times \text{碳资产的单位成本} \quad (2.2)$$

$$\text{月末碳资产的成本} = \text{月末碳资产（或透支碳资产）的数量} \times \text{碳资产的单位成本} \quad (2.3)$$

②碳资产（未透支）的期末计量。碳资产的期末计量采用成本与可变现净值孰低法计量，当碳资产的成本低于可变现净值时，碳资产按成本计量；当碳资产成本高于可变现净值时，碳资产按可变现净值计量，同时按照成本高于可变现净值的差额计提跌价准备，计入当期损益。成本与可变现净值孰低计量的理论基础主要是使碳资产符合资产的定义，当碳资产的可变现净值下跌至成本以下时，表明该碳资产会给企业带来的未来经济利益低于其账面成本，因而应将这部分损失从资产价值中扣除，计入当期损益。否则，就会出现虚计资产的现象。

③碳资产（透支）的期末计量。企业超出自身所持有碳资产的额度排放温室气体，就会形成碳资产的透支，相当于企业向管理部门借入碳资产来满足企业生产经营活动的需要，实际上形成了一项负债，所以应当按照公式（2.3）来确定其期末成本，并将相应的金额在资产负债表的负债项目中进行披露。

（2）采用公允价值模式进行后续计量。由于碳资产投资性的存在，使得某些企业在碳交易市场上出售以获得经济利益为主要目的而持有的碳资产。对于这类没有碳资产消耗的企业，由于碳资产并不在其生产经营活动中被消耗，企业持有碳资产的目的是为了在碳交易市场上出售以获得经济利益。所以，在具有活跃碳交易市场的条件下，其计量方式类似于一种金融工具，应当采用公允价值模式进行后续计量。碳资产采用公允价值模式进行后续计量，不计提折旧或摊销，应当以资产负债表日的公允价值进行计量。资产负债表日，碳资产的公允价值与其账面余额之间的差额，计入当期损益。

五、碳资产的会计记录

碳资产的会计记录是指对在碳资产的价值运动过程中，经过确认而能进入会计处理系统的数据，通过一定的账户，按复式簿记的要求在账簿上进行登记，是碳资产会计核算中的一个重要环节和子系统。经过会计记录，既对碳资产的价值运动进行了详细、具体的描述与量化，又起到了对数据进行分类、汇总及加工等方面的作用。只有经过这一程序，才能生成有用的、对决策有帮助的与碳资产相关的财务信息。

（一）碳资产的会计科目设置

会计科目是对各项交易或者事项进行会计记录并及时提供会计信息的基础，在会计核算和管理中具有十分重要的意义。会计科目为成本计算与财产清查提供了载体和依据，同时，为会计确认、计量结果与财务报告的编制之间架起一座桥梁。由于不同学者对于碳资产的资产类别的观点不同，所以其对碳资产的会计科目的设置也不尽相同。有的学者认为，碳资产作为一种存货，应当类似企业的"原材料"科目一样，设置"碳资产"科目，用于核算碳资产的相关业务，采用存货的核算方法对其进行会计核算，期末减值计入"存货跌价准备"。资产负债表日，其价值在存货项目中反映；另有学者认为，碳资产属于金融资产，并且属于交易性金融资产，应当在一级科目"交易性金融资产"下设二级科目"碳资产"，并采用交易性金融资产的核算方法进行会计核算；还有学者认为，企业应该在"无形资产"科目中核算碳资产项目，在"无形资产"科目下设"碳资产"二级科目。对于碳资产的摊销，因碳资产与企业的污染排放有关，故设置"费用——环境费用"科目进行核算。如果需要对碳资产公允价值变动进行确认，增值部分记入"资本公积——碳资产重估增值"科目，减值部分记入"营业外支出——碳资产减值损失"科目。上述的各种碳资产会计科目设置的观点，要么完全套用已有的资产类别的会计科目，而无法体现出碳资产的重要性和特殊性；要么在已有资产类别会计科目的基础上进行科目的添加，反而造成了碳资产会计科目设置的混乱，并不完全可取。笔者认为，对于碳资产这种独立的资产类别，应当设置一套独立的会计科目来进行核算，企业应当设置独立的"碳资产"科目来对其进行核算。

在公允价值计量模式下，企业还需要在一级科目"碳资产"下设置二级科目"成本"、"公允价值变动"来核算碳资产的成本，以及由于碳资产公允价值的变动而引起的碳资产账面价值的变化。在成本计量模式下，企业则需要设置"碳资产跌价准备"科目来核算由于碳资产的成本低于其可变现净值而发生的减值。

（二）碳资产的会计处理

1. 碳资产取得的会计处理

（1）政府分配得到的碳资产。根据用途不同，可分为以下两种情况分别进行处理：

①用于形成长期资产。如果企业得到政府分配的碳资产是用于企业形成长期资产的，应当在办妥相关分配手续时，按照碳资产的公允价值，借记"碳资产"科目，贷记"递延收益"科目；在该长期资产消耗碳资产的时候，借记"在建工程"科目，贷记"碳资产"科目；工程完工后，由"在建工程"科目转为"固定资产"科目。在相关资产可供使用时起，将该递延收益在这项资产使用寿命内平均分配，转入当期损益，借记"递延收益"科目，贷记"营业外收入"科目。相关资产在使用寿命结束时或者结束前被处置（出售、转让、报废等）时，尚未分摊的递延收益余额则应当一次性地转入资产处置当期的收益，不再予以递延。

②用于弥补成本增加造成的损失。如果企业得到政府分配的碳资产是用于弥补其由于参与碳减排机制，而在规定期间内比以往更多地承担环境成本造成的损失的，其中用于补偿企业以后期间费用或损失的，应当在办妥相关分配手续时，按照碳资产的公允价值，借记"碳资产"科目，贷记"递延收益"科目，然后在确认相关费用的期间计入当期营业外收入；用于补偿企业已经发生的费用或损失的，在取得时直接借记"碳资产"科目，贷记"营业外收入"科目。

企业通过开发节能减排项目，得到相关部门的审核、注册之后，每一年可对相关的费用进行分摊，借记"碳资产"科目，贷记"长期待摊费用——碳资产"科目；在公允价值计量模式下，还应将碳资产成本与其公允价值的差额，借记"碳资产——成本"科目，贷记"资本公积——其他资本公积"科目。

（2）外购得到的碳资产。外购碳资产的成本包括购买价款、相关税费以及直接归属于该碳资产的其他支出。外购碳资产应按其取得成本进行初始计量，借记"碳资产"科目，贷记"银行存款"等科目。

①采用成本模式的会计处理。对于在生产经营活动中有碳资产消耗的企业，应当采用成本模式对碳资产进行后续计量，碳资产在其生产经营活动中产生消耗，其成本则类似于一种辅助生产材料计入相应的产品成本中。碳资产发生消耗时，借记"制造费用"、"碳资产跌价准备"科目，贷记"碳资产"科目。碳资产的期末计量采用成本与可变现净值孰低法计量。资产负债表日，当碳资产成本高于可变现净值时，碳资产按可变现净值计量，同时按照成本高于其可变现净值的差额计提跌价准备，借记"资产减值损失"

科目，贷记"碳资产跌价准备"科目。如果以前减记碳资产价值的影响因素已经消失，则减记的金额应当予以恢复，并在原已计提的碳资产跌价准备的金额内转回，借记"碳资产跌价准备"科目，贷记"资产减值损失"科目。当企业持有的碳资产超过有效期限，碳资产可变现净值为零，此时，对剩余的碳资产全额计提减值，借记"资产减值损失"科目，贷记"碳资产跌价准备"科目；然后，借记"碳资产跌价准备"科目，贷记"碳资产"科目，将碳资产进行核销。企业将多余的碳资产出售，应作为其他业务进行会计处理，借记"银行存款"、"应收账款"科目，贷记"其他业务收入"科目；同时，借记"其他业务成本"、"碳资产跌价准备"科目，贷记"碳资产"科目。

②采用公允价值模式的会计处理。对于没有碳资产消耗的企业，由于碳资产并不在其生产经营活动中被消耗，企业持有碳资产的目的是为了在碳交易市场上出售获得收益，在具有活跃碳交易市场的条件下，其计量方式类似于一种金融工具，应采用公允价值模式进行后续计量。取得碳资产时，借记"碳资产——成本"科目，贷记"银行存款"等科目；当公允价值发生变化，公允价值高于账面价值时，借记"碳资产——公允价值变动"科目，贷记"公允价值变动损益"科目；当公允价值低于账面价值，则借记"公允价值变动损益"科目，贷记"碳资产——公允价值变动"科目。企业出售碳资产，借记"银行存款"、"应收账款"科目，贷记"碳资产——成本"、贷记（或借记）"碳资产——公允价值变动"科目，所得价款与账面价值之间的差额，借记（或贷记）"投资收益"科目；同时，结转"公允价值变动损益"科目，借记（或贷记）"公允价值变动损益"科目，贷记（或借记）"投资收益"科目。

六、碳资产的会计信息披露

会计信息披露在市场经济中扮演着重要角色，能够促进社会资源的有效配置。所谓会计信息披露，是指企业按照一定的准则、方法和惯例向内部以及外部信息使用者公开财务信息，该财务信息包括财务状况、经营成果、现金流量等。碳会计的发展刚刚处于起步阶段，所以信息的披露至关重要。碳会计在确认计量方面还有待改进，所以这一时期应尽量提供充足信息，才能起到保护环境的作用。同时，碳信息内容披露范围要合规，信息披露要求达到一定的质量要求，包括可靠、及时、准确等，这些质量要求是相互制约的，可靠性强可能及时性和准确性差。此外，碳信息如果披露过多会造成信息的失真，企业操作的灵活性强，可能存在误导使用者的嫌疑，而披露太少则起不到保护环境的目的，所以在披露内容方面，必须做到披露的资产负债可审查，有相关的批准文件或资产实体，披露的金额采用历史成本的有原始单据，公允价值计量的有核算方法，核算方法可在附注中披露。

会计信息披露有两种方式，表内披露与表外披露，具体披露方式应视其服务对象而定。

（一）表内披露

既然碳会计已经纳入传统核算系统，并且记入到某会计科目中，所以三大报表都反映了碳资产的相关信息。但是，要在报表中突出碳会计，如在固定资产这个项目下，反映其中碳资产是多少，提供更多的碳信息，则三大报表的格式就要有所改变。在资产负债表中要反映企业确认的碳资产和负债是多少，碳资产和负债根据科目余额表填制，固定资产等长期资产采用历史成本，而碳信用有活跃的市场，采用公允价值。这样提供的信息既可以满足可靠性的需求，又可以满足及时性需求，符合信息披露的质量要求，可以为决策提供参考。

（二）表外披露

碳资源有自身的风险和不确定性，有其自身的复杂性，所以仅仅表内反映是不够的。多排放的二氧化碳虽然作为费用入账，但是这只是能用货币计量的一小部分，污染的影响远大于此，其所引起的生活环境的变化，对人身体健康的伤害，都是无法通过货币来衡量的。所以，要加大表外披露。除了传统会计报表要求的会计政策、会计估计等，在附注中应重点披露企业有多少碳资产，公允价值是多少，公允价值如何计量，历史成本为多少，企业减排的潜力怎么样，企业的碳负债是多少，碳负债会不会引起其他的处罚，环境保护活动和治理污染活动中的带来的环境效益和社会效益，企业购买和销售的排污权的交易额及交易数量，排污权市场价格的变动情况，以及企业排污权交易量的变动情况等信息，与碳有关的事项也要单独列报。表外披露也可借助环境会计单独的报表在附注中反映。

综上所述，对于碳资产的会计计量，可以采用折中的处理方式，即历史成本与公允价值并存的方式。在计量的时候，先把所有的支出与收入转换为二氧化碳排放量，再根据市场上二氧化碳的价格转换为人民币。把碳排放权纳入会计核算系统，会计报表并不能完全反映碳排放权的所有信息，所以在碳资产信息披露方面要在附注中提供一些不能用货币计量但是影响重大的信息。

碳资产评估的相关基础理论

碳资产是随着碳排放权交易的兴起而产生的，使得原有的污染物碳变废为宝，成为企业的一项重要资产。由于我国在碳资产评估方面还处于实践探索阶段，尚未形成较为系统的理论体系，因此下面主要对碳资产评估的相关基础理论进行介绍，主要包括碳资产评估的经济学基础、基本假设以及基本理论方法。

一、碳资产评估的经济学基础

碳资产虽然是一种特殊的资产，但资产评估的一般经济学基础也同样适用于碳资产评估，因此，其经济学基础理论首先是劳动价值论、效用价值理论、生产费用论等资产评估的经济学价值理论。

劳动价值论由英国经济学家大卫·李嘉图创立。劳动价值论认为，商品的价值是由劳动创造的，一切商品的价值由耗费在该商品上的无差别的人类劳动所决定，并随着社会生产率的变化而变化，主张劳动是价值的唯一源泉，价值是商品交换的基础。体现在资产评估方面，资产的价值由劳动所决定。从分配的角度来看，劳动者即生产该项资产的工人所付出的活劳动与凝聚到资产中的物化劳动构成资产价值的全部来源。碳资产作为新兴"商品"，是由对生产过程中的所用工具、操作方法、生产工艺等进行改进以实现节能减排的"劳动"所创造的价值。碳资产评估中，准确把握碳资产形成的劳动基础，即可得出碳资产的价值。

效用价值是19世纪末边际效用学派的创始人门格尔、杰文思、瓦尔拉斯提出的商品价值决定论，也是新古典经济学产生的思想基础。从资产评估的角度来看，效用价值论的基本思想是资产的价值由资产为其占有者带来的效用所决定，效用越大，资产的价值就越高。对碳资产占有者来说，无论碳资产的生产成本如何，只要能够为占有者带来较大的收益，碳资产的价值就会较高；反之，那些为碳资产占有者带来较低收益的碳资产，无论其生产成本多么高，其实际价值也不可能很高。

生产成本观是基于劳动价值论中的价格形成理论而得出的有关资产评估的价值决定性因素的观点。因为劳动价值论认为资产的价值由凝聚在资产中的物化劳动和活劳动所决定，人们因此就引申出资产评估价值是由凝结在资产中的社会必要生产成本（时间）决定的观点①。对于碳资产，可以从社会再生产理论投入的角度来衡量其评估价值。

交易费用理论于 1937 年由著名经济学家罗纳德·科斯（Ronald Coase）首次提出。该理论认为，交易费用是获得准确的市场信息所需付出的费用，以及谈判和经常性契约的费用。而后，交易费用概念扩展到包括度量、界定和保证产权和提供交易条件的费用、发现交易对象和交易价格的费用、讨价还价的费用、订立交易合约的费用、执行交易的费用、监督违约行为并对之制裁的费用、维护交易秩序的费用等。经济学家们在构造经济学模型时忽略了专业化和劳动分工所产生的交易费用，但现实中数额巨大的交易费用却不能忽略。在产权交易与资源优化配置的主要环节中，高质量的资产评估能够有效节约交易费用，提高社会资源的配置效率。目前，我国涉及的大多数碳资产交易，其绝大部分的费用都是来自交易费用。

碳资产评估是一种特定的资产评估活动，其经济学基础不仅包括资产评估的一般经济学基础，同时还有特定的理论依据，如科斯定理、庇古税等。

科斯定理是产权经济学研究的基础，其核心内容是关于交易费用的论断。该理论认为，只要产权明晰，并且交易成本为零或者很小，无论何种初始配置，市场均衡的最终结果都是有效的，从而实现资源配置的帕累托最优。其精华在于发现了交易费用及其与产权安排的关系，提出了交易费用对制度安排的影响，为人们在经济生活中作出关于产权安排的决策提供了有效的方法。在现实世界中，科斯定理的前提往往是不存在的，但是依靠市场机制矫正外部性（指某个人或某个企业的经济活动对其他人或者其他企业造成了影响，但却没有为此付出代价或得到利益）是有一定困难的，而该定

---

① 引于姜楠所编著《资产评估学》一书。

理提供了一种通过市场机制解决外部性问题的新思路和方法。之后，国际上实现污染物排污权或排放指标的交易都是基于该理论，目前，部分国家基于该理论的思路通过市场交易开展碳资产交易活动。资产评估通过对碳资产进行准确、合理的定价，能够有效节约交易费用，提高社会资源配置效率。

庇古税，由英国经济学家庇古（Pigou）最先提出，是解决环境问题的一种方式，即通过征收一种矫正税使个人成本与社会成本等同，从而纠正负外部性的影响，这类税收被称为"庇古税"。庇古税对外部性的治理措施是外部性的内部化，即对污染排放征收一定数量的税收以达到控制污染的目的。由此，庇古税对环境污染的观点则是通过税收方式给污染定价。在进行资产评估时，税收是影响资产价值的一个因素，而且庇古税是针对企业排污征收的一种税，因此在评估过程中，应该考虑该税种对资产价值的影响。国外许多国家都开展了以税收为目的的评估，他们认为许多税种的课税基数都与资产价值有关，为避税或满足有关税法的规定，企业或公共部门在许多情况下都可能聘请专业评估师对资产进行评估。当国家采用征收碳税的制度来抑制温室气体排放时，资产评估可以为碳税征收提供价值鉴证的作用。

二、碳资产评估的基本假设

从动态的角度看，碳资产的价值无时无刻不在变化之中，只有基于一些基本假设，才能对其价值进行评估和确认。因此，碳资产评估需要遵循资产评估的一些基本假设，包括市场条件假设、评估对象使用状况假设、评估对象作用空间假设、宏观环境假设等，其中交易假设、公开市场假设、持续使用假设是资产评估中最重要的假设，这些假设也都适用于碳资产评估。

（一）交易假设

交易假设是资产评估得以进行的一个最基本的前提假设。交易假设是假定所有待评估资产已经处于交易过程中，评估师根据待评估资产的交易条件等模拟市场进行估价。为了发挥资产评估在资产实际交易之前为委托人提供资产交易底价的专家判断的作用，同时又能够使资产评估得以进行，利用交易假设将被评估资产置于"市场交易"当中，模拟市场进行评估就成了可能。

交易假设一方面为资产评估得以进行"创造"了条件；另一方面它明确限定了资产评估的外部环境，即资产是被置于市场交易之中。资产评估不能脱离市场条件而孤立地进行。

（二）公开市场假设

公开市场假设是对资产拟进入的市场的条件，以及资产在这样的市场条件下接受何种影响的一种假定说明或限定。公开市场假设的关键在于认识和把握公开市场的实质和内涵。公开市场是指充分发达与完善的市场条件，是一个有自愿的买者和卖者的竞争性市场，在这个市场上，买者和卖者的地位是平等的，彼此都有获取足够市场信息的机会和时间，买卖双方的交易行为都是在自愿的、理智的，而非强制或不受限制的条件下进行的。公开市场假设旨在说明一种充分竞争的市场条件，在这种条件下，资产的交换价值受市场机制的制约并由市场行情决定，而不是由个别交易决定。

（三）持续使用假设

该假设是假定被评估资产正处于使用状态，包括正在使用中的资产和备用的资产；其次根据有关数据和信息，推断这些处于使用状态的资产还将继续使用下去。持续使用假设既说明了被评估资产所面临的市场条件或市场环境，同时又着重说明了资产的存续状态。对于碳资产评估来说，持续使用假设是假设碳资产在一定时期具有持续使用的状态。

从碳资产评估的目的可知，碳资产要服务于交易，而评估的价值是要通过市场上买卖双方作为交易依据完成的。因此，碳资产评估不能脱离市场，被评估的碳资产也不是一次消耗掉，具有连续使用和创造收益的功能，因此碳资产评估要遵循交易假设、公开市场假设和继续使用假设。

三、碳资产评估的基本理论方法

目前，我国参与碳资产交易主要是 CDM 项目，同时也已经开展了一些基于项目的自愿减排交易活动。CDM 是《京都议定书》框架下的一种灵活减排机制，而我国今后要逐步发展的是自愿减排交易，它是相对于《京都议定书》清洁发展机制的发展，在市场机制下相伴形成的非强制性减排项目交易行为。有学者对影响 CDM 项目价格的因素进行研究，认为 CDM 碳排放权是一种无形的虚拟商品，经过核证之后才能成为商品，CDM 碳排放权的这些特殊性决定了影响其价格的主要因素是交易成本和供需市场中买卖双方的议价能力①。有学者将 CDM 项目与自愿减排项目进行了比较，认为从项目的实施目的、实施效果、项目分布的行业领域以及衡量条件上看，两者大致相同；两者的主要区别是核准签发单位不一样，并且自愿减排项目比 CDM 项目减少了部分审批的环节，节省了部分费用、时间和精力，从而提高了开发的成功利率②。由此可认为，两者的交易价格影响因素基本相同。

在对碳资产的价值影响因素进行分析的基础上，结合现有的资产评估方法，下文将分析市场法、收益法、成本法和实物期权法在碳资产评估中的适用性。

（一）市场法

市场法，是指利用市场上同样或类似资产的近期交易价格，经过直接比较或类比分析以估测资产价值的各种评估技术方法的总称。市场法是根据替代原则，采用比较和类比的思路及其方法判断资产价值的评估技术规程。运用该方法要求充分利用类似资产成交价格信息，并以此为基础判断和估测被评估资产的价值，是资产评估中最为直接、最具说服力的评估方法之一。

通过市场法进行资产评估需要满足两个最基本的前提条件：要有一个活跃的公开市场；公开市场上要有可比的资产及其交易活动。按照参照物与评估对象的相近相似程度，市场法中的具体方法可以被分为直接比较法和间接比较法两大类。

1. 直接比较法

直接比较法，是指利用参照物的交易价格，以评估对象的某一或若干基本特征与参照物的若干同一基本特征直接进行比较，得到两者的基本特征修正系数或基本特征差额，在参照物交易价格的基础上进行修正从而得到评估对象价值的一类方法。其基本计算公式为：

评估对象价值 = 参照物成交价格 × 修正系数 1 × 修正系数 2 × ⋯ × 修正

① 黄平、王宇露："我国碳排放权价格形成的研究——基于 CDM 项目的价值网络分析"，《价格理论与实践》，2010 年第 8 期：24 - 25。
② 丁丁："开展国内自愿减排交易的理论与实践研究"，《中国能源》，2011 年第 33 卷第 2 期。

系数 n

或：评估对象价值 = 参照物成交价格 ± 基本特征差额 1 ± 基本特征差额 2 ± … ± 基本特征差额 n

具体评估方法，如现行市价法、市价折扣法、功能价值类比法、价格指数法和成新率价格调整法等。

2. 间接比较法

间接比较法也是市场法中最基本的评估方法。该法是利用资产的国家标准、行业标准或市场标准（标准可以是综合标准，也可以是分项标准）作为基准，分别将评估对象与参照物整体或分项对比打分从而得到评估对象和参照物各自的分值。再利用参照物的市场交易价格，以及评估对象的分值与参照物的分值的比值（系数）求得评估对象价值的一类评估方法。

使用市场法对碳资产进行评估，前提条件是在交易市场上找到同样或类似的碳资产近期交易，即参照物。然后经过直接比较分析两者特征给出相应的调整参数，在参照物交易价格的基础上进行修正从而估测标的碳资产价值；或者经过分析比较评估对象和参照物的特征，逐一对比打分计算，从而估测碳资产价值。

（二）收益法

收益法，是指通过估测被评估资产未来预期收益的现值，来判断资产价值的各种评估方法的总称。它服从资产评估中将利求本的思路，即采用资本化和折现的途径及其方法来判断和估算资产价值。用数学公式概括为：

$$P = \sum_{i=1}^{n} \frac{R_i}{(1 + r)^i}$$

其中：P 表示评估值；i 表示年序号；R_i 表示未来第 i 年的预期收益；r 表示折现率或资本化率。

该评估技术思路认为，任何一个理智的投资者在购置或投资于某一资产时，所愿意支付或投资的货币数额不会高于所购置或投资的资产在未来能给其带来的回报，即收益额。收益法利用投资回报和收益折现等技术手段，把评估对象的预期产出能力和获利能力作为评估标的来估测评估对象的价值。从理论上来说，收益法是资产评估中较为科学合理的评估方法之一。

收益法是依据资产未来预期收益经折现或本金化处理来估测资产价值的，它涉及三个基本要素：被评估资产的预期收益、折现率或资本化率、被评估资产取得预期收益的持续时间。应用收益法必须具备的前提条件是：被评估资产的未来预期收益可以预测并可以用货币来衡量；资产拥有者获得预期收益所承担的风险也可以预测并可以用货币来衡量；被评估资产预期获利年限可以预测。

使用收益法对碳资产进行评估，主要前提条件是其未来收益和相应成本可以预测，其中其预期收益不仅是通过碳资产直接交易获得的收益，还应包括碳资产所带来的协同效应，即为企业带来的间接效益；成本主要包括项目投入、交易成本等，然后经折现来估测碳资产的价值。

（三）成本法

成本法，是指首先估测被评估资产的重置成本，然后估测被评估资产业已存在的各种贬值因素，并将其从重置成本中予以扣除而得到被评估资产价值的各种评估方法的总称。成本法的基本思路是重建或重置被评估资产。采用成本法评估资产的前提条件，即被评估资产处于继续使用状态或被假定处于继续使用状态；被评估资产的预期收益能够支持其重置及其投入价值。

使用成本法对碳资产进行评估，主要前提条件是判断碳资产的形成是否由特定的"投入"形成，且该"投入"具有可靠计量的特征。只有具备该条件，才可能采用成本法对碳资产进行评估。

（四）实物期权法

实物期权，是指附着于企业整体资产或者单项资产上的非人为设计的选择权，拥有或者控制相应资产的企业、个人或者组织在未来可以执行这种选择权，并且预期通过执行这种选择权能带来经济利益。评估实物期权的价值可以选择和应用多种期权定价方法或者模型。目前，理论上合理、应用上方便的模型主要有布莱克—舒尔斯模型（Black – Scholes Model）和二项树模型（Binomial Model）等。

1. 布莱克—舒尔斯模型

布莱克—舒尔斯模型，针对无红利流量情况下欧式期权的价值评估，考虑了标的资产评估基准日价值（S）及其波动率（σ）、期权行权价格（X）、行权期限（T）、无风险收益率（r）五大因素以确定期权价值。模型形式为：

买方期权价值：$C_o = SN(d_1) - Xe^{-rT}N(d_2)$

卖方期权价值：$P_o = Xe^{-rT}N(-d_2) - SN(-d_1)$

其中，C_o 和 P_o 分别代表欧式买方期权和卖方期权的价值；e^{-rT} 代表连续复利下的现值系数；$N(d_1)$ 和 $N(d_2)$ 分别表示在标准正态分布下，变量小于 d_1 和 d_2 时的累计概率。d_1 和 d_2 的取值如下：

$$d_1 = \frac{\ln\left(\frac{S}{X}\right) + \left(r + \frac{\sigma^2}{2}\right)T}{\sigma\sqrt{T}}$$

$$d_2 = \frac{\ln\left(\frac{S}{X}\right) + \left(r - \frac{\sigma^2}{2}\right)T}{\sigma\sqrt{T}} = d_1 - \sigma\sqrt{T}$$

2. 二项树模型

二项树模型可以用于计算欧式期权价值，也可以在一定程度上计算美式期权的价值，一期二项树和两期二项树的期权价值模型分别为：

$$f = e^{-rT}\left[pf_u + (1-p)f_d\right]$$
$$f = e^{-2rT}\left[p^2f_{uu} + 2p(1-p)f_{ud} + (1-p)^2f_{dd}\right]$$

其中，f 代表买方期权或者卖方期权的价值；T 代表期权行权期限，t 代表每期的时间长度；p 被称为假概率，相当于标的资产价格在一期中上升的概率，$(1-p)$ 相当于标的资产价格在一期中下降的概率，一般不需要经过专门估计，而是可以依据其他参数计算出来；u、d 分别代表标的资产价值一次上升后为原来的倍数和一次下降后为原来的倍数；f_u、f_{uu} 分别代表标的资产价值一次和两次上升后期权的价值；f_d、f_{dd} 分别代表标的资产价值一次和两次下降后期权的价值；f_{ud} 代表标的资产价值一次上升和一次下降后期权的价值。

布莱克—舒尔斯模型和二项树模型都可以用于计算买方期权和卖方期权的价值。布莱克—舒尔斯模型针对欧式期权的定价，是连续时间下的期权定价模型；二项树模型是离散时间下的期权定价模型，理论上对于欧式期权和美式期权都适用，但多数情况下应用不太方便。

对于由碳资产延伸出来的金融衍生品，由于具有金融衍生工具的特征，可依据碳金融衍生品的类型和特点采用期权定价模型进行评估。

由于我国目前的碳资产交易仍以 CDM 项目为主，自愿减排交易市场尚未形成，故碳资产的评估方法还需要在碳资产交易实践活动中不断探索、积累，并对碳资产的价值构成进行深入研究，最终形成系统的碳资产评估理论。

碳交易市场和交易体系研究

本部分核心意义在于分析、论证碳资产产生的国内外制度基础，一方面支持和确认碳资产评估需求的广泛存在；另一方面为碳资产评估提供必要的基础信息。

本部分内容主要有两部分：第一部分为全球碳交易市场概述。以《京都议定书》为基础的国际碳交易制度的建立与发展，表明碳交易市场（即碳资产价值实现平台）具有广泛的地理分布，碳资产评估有其必要性。第二部分为欧盟碳交易体系研究。选择目前国际上碳交易制度最完善、市场最成熟的欧盟作为研究对象，针对碳配额价值产生及其价值实现平台的相关制度与实践进行深入分析。这些分析可能为碳资产评估方法提供必要的基础信息，如碳资产属性、理论价格、交易价格等。

一、全球碳交易市场概述

碳交易市场作为一种新型的商品市场，交易的产品是温室气体的排放权。世界银行将碳排放权的交易定义为一种购买合约：一方付款给另一方以换取一定数量的配额或"碳信用额"，以使买家达到其在温室气体减排行动中的遵守约定的目标。碳交易市场的本质仍然是买卖双方之间的经济联系。

碳交易市场的主体是市场交易行为的当事者，按照《京都议定书》的原则，只有附件一的缔约方或其授权的法人实体才有资格成为排放权交易机制的参与主体。

碳交易市场的客体，是指在市场中被交易的对象，或者说是可用于交易的排放权信用额度。《京都议定书》规定了四个单位作为碳市场交易的信用额度划分：（1）附件一缔约方根据议定书获得的数量单位——分配数量单位（AAUs）；（2）由于土地利用变化和林业活动（LVLUFC）签发的清除单位（RMU）；（3）基于联合执行机制（JI）签发的减排单位（ERU）；（4）基于清洁发展机制（CDM）签发的核证减排额（CER）。以上四个单位又被称为京都交易单位，即碳交易市场上用于交易的对象。目前，根据碳交易市场的特点，按照交易对象进行划分，全球碳交易市场的结构可分为两大类型：基于配额的交易市场和基于项目的交易市场。

以配额为基础的交易运行机制是碳排放的管理者在市场上拍卖或初始分配一定额度的排放量，企业从而获得"分配数量单位（AAUs）"①，或者竞拍到排放额度的企业可以将剩余的 AAU 拿到国际市场上卖给排放指标不够用的企业，以获取利润。其中，各个企业以直接分配或者拍卖的形式有偿或无偿分配配额多依据历史数据而制定，从而不能准确反映企业的现实情况，因此碳排放剩余额交易市场的存在可以提高配额的有效性。

以项目为基础的交易市场，其最主要的交易形式是《京都议定书》下的 JI 和 CDM，交易标的分别是减排单位（ERU）和核证减排量（CER）。《京都议定书》附件一国家与附件一国家之外的合作交易就是 CDM 项目交易，多发生在发达国家与发展中国家之间。发达国家通过项目交易获得CER，完成温室气体减排目标，而发展中国家通过 CDM 项目交易，从发达国家获得了节能减排的技术和发展项目需要的资金。

项目交易市场与配额交易市场是目前世界碳交易市场的两种基本形态，二者互为补充，共同发生作用。项目交易市场促进了技术创新，不断降低减排边际成本；而配额交易市场能够推动碳交易市场的发展，创造高效的减排工具，在总量控制上具有高效优势。如表 2 - 1 所示。

在全球碳交易市场中，欧盟配额交易市场规模一直位于各类碳交易市场之首，CDM 二级市场从 2007 年逐渐发展起来，并于 2008 年超过 CDM 一级市场跃居碳交易市场规模第二位。如图 2 - 5 所示。

在全球减排机制的引领下，目前各区域减排市场也得到了非常快速的发展。欧盟已重申到 2020 年比 1995 年减排 20% 的目标不会改变。美国加州于2011 年通过了碳总量限制和交易法案，将于 2013 年正式开始交易，并拟与

① 1 个分配数量单位 = 1 吨 CO_2。

表 2-1　　　　　　　　　　　碳市场组成

减排需求	交易分类	交易内容	区　域
强制减排	基于配额	AAU 允许排放单位	国家间排放交易
		EUA 偶正排放许可	欧洲排放交易系统
	基于项目	ERU 减排单位	联合履行
		CER 核证减排量	清洁发展机制
自愿减排	基于配额	CFI	美国
	基于项目	VER 自愿减排量	自愿减排

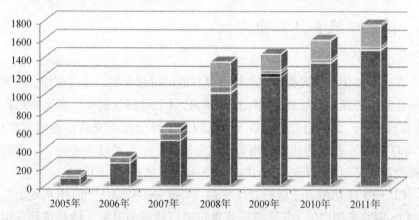

图 2-5　全球碳交易市场规模（单位：亿美元）

加拿大魁北克省的交易体系相连。澳大利亚也已经于 2012 年 7 月 1 日起征收碳税，并将于 2015 年中期由碳排放交易体系代替。日本正在积极筹备双边碳交易体系，目前已经有超过 25 个项目在日本环境部进行可行性研究以供交易。韩国议会已经批准，将于 2015 年引进碳排放交易体系。哈萨克斯坦则有望于 2013 年启动国内排放交易体系。

国内方面，中国政府推动碳减排的决心很大，相关部署和工作进程也在加快。目前，已将单位 GDP 二氧化碳排放要下降 17% 的约束目标写入"十二五"发展规划，并在德班会议上明确提出可在 2020 年以后有条件接受强制性碳减排义务。此外，2010 年 8 月，国家发改委正式启动广东、辽宁等五省，天津、重庆等八市的低碳试点工作，探索推动向低碳经济转型。2011年 10 月，国家发改委发布了《关于开展碳排放权交易试点工作的通知》，明确表示将在北京、天津、上海、重庆、广东、湖北、深圳等七省市开展碳排放权交易试点工作。目前，北京和上海均已发布碳交易试点方案，并将于2013年初正式启动交易。其余试点地区碳交易方案也正在积极制定中，预计2012年底到2013年初将会陆续颁布实施。同时，由发改委牵头制定的《温室气体自愿减排交易管理暂行办法》已经发布实施，国内自愿减排市场即将启动。预计"十二五"期间，国内将建立全国自愿减排交易市场和区域性强制减排交易市场，"十三五"期间，碳交易市场将逐步扩展至全国范围，最终建立统一的碳交易市场体系。

二、欧盟碳交易体系研究

在气候变化威胁人类生存与社会经济的可持续发展、通过全球合作实现低碳化发展的理念已经成为国际社会共识、《联合国气候变化框架公约》与《京都议定书》获得通过的背景下，欧盟为争夺全球碳交易市场的主导权，以2003/87/EC指令为代表的相关法规为依据，率先通过立法确立了强制性的排放权交易制度（Emissions Trading System，简称EU ETS）。

EU ETS建立在"总量控制与交易（Cap and Trade）"原则基础上，即EU ETS涵盖范围内的工厂、电厂等单位可以排放的温室气体总量都设定上限（并且该上限会依据欧盟的减排目标逐年减少），超出该上限的排放将受到包括罚款措施在内的行政处罚。排放人[①]只能在上限范围内获得排放权配额，但不同排放人之间可以根据自身需要出售或者购买排放配额。因此欧盟通过立法创设的排放权配额稀缺性和超额排放处罚措施赋予ETS碳排放权配额内在价值，碳排放权配额也就具备了资产的基本属性，成为最基础的交易标的物。欧盟碳交易市场的建立为碳排放权配额交易提供了空间。

EU ETS在具体的配套制度设计与完善方面不遗余力，表现出将碳交易体系不断推进和完善的决心。为了保证欧盟碳交易体系的公平性、公开性、权威性和有效性，欧盟围绕"总量控制与交易"原则设计了一系列配套制度，并且根据欧盟实际情况分阶段、分产业、分层次地实施。这些配套制度从不同角度确认或支撑了碳排放权配额的资产价值，同时构成欧盟碳交易体系的支柱。

---

① 此处排放人的概念包括静态排放设施运营者和航空经营者，编者注。

（一） ETS 交易体系

1. ETS 登记注册制度

ETS 登记注册制度由密切关联的两方面制度构成：注册制度和交易记录制度。前者记录 ETS 碳排放权配额的静态归属信息；后者则记录碳排放权配额的动态流转信息，同时对交易过程进行相关审查。

为了确保准确记录 EU ETS 框架内发放的碳排放权配额，欧盟于 2005 年正式启动登记注册系统与欧盟独立交易记录系统（Community Independent Transaction Log，CITL）。在登记注册系统开设账户是企业或者自然人参与 EU ETS 交易的前提。排放权配额在登记注册系统中以账户数据的形式存放，如同现在最普通的证券市场的股票交易账户一样，数字的变化使抽象的排放权形象化。此外，通过在账户存放排放权配额的信息，可以很客观地记载账户所有者对排放权配额的所有权，在法律上为排放权作为一种资产作相应处理提供方便①。

欧盟 2003 年 10 月通过的 2003/87/EC 指令规定，所有的成员国必须建立并维护一个登记注册系统，对本国的排放权配额进行管理，国家间的登记注册系统可以相互对接。2009 年欧盟通过新的法规，由欧盟统一的登记注册系统取代各成员国分散的注册登记系统。新登记注册系统已经于 2012 年 6 月 20 日启动②。2010 年 10 月欧盟通过的 920/2010 法规规定，由统一的欧盟交易记录系统（European Union Transaction Log，EUTL）取代先前的欧盟独立交易记录系统（CITL）。新登记注册系统涵盖的地理范围除欧盟 27 个成员国外，还包括挪威、冰岛和列支敦士登③。

欧盟登记注册系统具有开放性特征，这表现在三个方面：首先，欧盟登记注册系统相关信息对公众开放④，任何 EU ETS 参与方都可以通过该系统查询其所关心的账户碳排放权配额数量、类型等相关信息和交易情况。不但可以随时获知交易对手账户配额数量信息，还可以获得更多交易信息进行决策参考。其次，欧盟登记注册系统对现有金融交易平台开放。系统允许交易

---

① 参见中国清洁发展机制基金管理中心、大连商品交易所著：《碳配额管理与交易》，经济科学出版社，2010 年，第 82 页。

② 信息来源：http://ec.europa.eu/clima/policies/ets/registries/index_en.htm，最后访问于 2012 年 8 月 30 日。

③ 信息来源同上。

④ 详细的公开信息范围请参见欧盟 920/2010 法规附件 VIII。

平台开设账户为其他交易参与方提供服务，从而可以有效利用现有的金融交易平台资源为碳交易市场服务，降低了市场培育成本。最后，欧盟登记注册系统与联合国气候变化框架公约所属的国际交易记录系统（International Transaction Log，ITL）之间建立沟通链接，从而为 EU ETS 影响甚至主导国际碳排放权配额交易市场保留了空间。

政府统一管理、运作规范的排放权登记注册系统可以削减配额管理和交易成本，提高碳市场的运行效率，同时其透明度与公信力对于培育一个信息充分的碳交易市场无疑具有重要意义，可以保障碳交易市场能够持续、平稳运行。

（1）ETS 注册系统。ETS 注册系统信息范围主要包括：2008～2012 年各成员国获得配额数量的"国家计划"（National Plans），该计划将被 2013～2020 年的"国家执行措施"（National Implementation Measures）所取代；由企业或自然人持有碳排放权配额的账户；账户持有人完成的配额交易记录；各个排放设施核定后的年度二氧化碳排放量；企业年度碳排放权配额数量以及核定后实际排放量等。

欧盟法规对登记注册系统中的各类账户的开户与销户程序及其所需要提交的信息都作了详细规定。根据欧盟 920/2010 法规附件 I，EU ETS 注册账户分为三类：第一类是《京都议定书》成员方账户（KP Party Accounts），该类账户是《京都议定书》成员方依据议定书规定而建立，用于登记议定书项下的减排单位（Kyoto Units）。该类账户又细分为成员方持有账户（Party Holding Account）等四类。第二类是欧盟注册系统中的管理账户，该类账户属于欧盟及其成员国持有，以管理、服务职能为核心，登记的减排单位既包括《京都议定书》项下减排单位，也包括欧盟碳排放权配额。该类账户进一步划分为国家配额持有账户（National Allowance Holding Account）、中央清算账户（ETS Central Clearing Account）等五类账户。第三类是欧盟注册系统中的用户账户（User Accounts in the Union Registry），该类账户主要是各类碳交易市场参与方所设立，可以登记的减排单位包括《京都议定书》项下减排单位和欧盟碳排放权配额。

需要注意的是，欧盟 920/20120 法规第 19 至 21 条规定，所有账户具体的操作过程中，无论是各种持有人，还是注册系统的注册管理员和中心管理员，都必须指定至少两名授权代表来行使具体的操作流程；该法规还对授权代表的产生、职责、批准、信息更新等作出了详细规定。

根据欧盟 920/2010 法规第 9 条，所有账户分为四种状态：开放（Open）、不活动（Inactive）①、被阻止（Blocked）和关闭（Closed）。除上缴配额、录入核定排放量及更新账户细节外，处于被阻止状态的账户不得进行其他程序；已关闭账户不得进行任何程序，且不得再重新开放和接受任何转让交易。

（2）ETS 交易记录系统（EUTL）。欧盟 920/2010 法规第四（4）条规定，EUTL 应当记录的信息包括：首先是所有账户信息，包括账户类型、状态、开户与销户信息、授权代表信息等等；其次是核定排放量与履约信息，包括核定排放量数据、履约状态数值计算、账户阻止信息等等；最后是交易信息，包括碳排放权配额发放与分配、欧盟碳排放配额及《京都议定书》减排单位的转让、欧盟碳排放权配额，以及议定书项下减排单位的上缴、注销、交易撤销等信息。

EUTL 对排放权配额交易具有审查职能。对于任何一个配额转移过程，欧盟交易记录系统（EUTL）都要经过两道核查程序。首先是初步核查，核查前，成员国注册系统首先与欧盟交易记录系统或者联合国气候框架公约秘书处建立通讯联系，然后欧盟交易记录系统对注册系统版本和注册系统身份、信息可行性、数据完整性、交易顺序等环节进行核查。如果核查发现问题，欧盟交易记录系统将会反馈相应代码，这些代码都有符合数据交换标准的相应说明。其次是深入核查，核查转出账户中持有的配额或者《京都议定书》认可核减量、账户在系统中的位置等等。

2. ETS 配额分配与管理制度

ETS 配额分配与管理制度直接影响甚至决定碳排放权配额的内在价值。欧盟通过分阶段的制度尝试和改进，逐步从前期免费分配为主的阶段，转向以拍卖为主的市场化分配阶段。随着拍卖市场的成熟以及配额总量依据减排目标的持续削减，市场将为碳排放权配额发现合理的初始价格，从而为后续的交易奠定可靠的基础。

（1）ETS 配额分配制度。ETS 配额分配制度遵循以下原则：一是合规原则。欧盟及各成员方的配额分配计划应当遵守《京都议定书》、EU ETS 相关法规、欧盟其他法规与成员国政策；二是公平原则。配额分配计划不应在企业或产业部门之间造成歧视，并且应当保障新入市者②能够参与 ETS 分配

---

① 该状态适用于航空运营者账户。如果其账户前一年的核定排放量为 0，注册系统将其状态设置为不活动。参见欧盟 920/2010 规则第 32 条。

② 主要是指 2011 年 6 月 30 日后获得排放许可的设施运营者，参见欧盟 2003/87/EC 指令第三条。

和交易。三是透明度原则。配额分配计划应当公开拟获得配额的设施名单及其拟获得的配额数量，并且在决定作出前应当接受公众评议。

在这些原则基础上，EU ETS 规定 2002 年底以前投产设施的分配数量以核定实际排放量为计算依据；2003～2004 年投产设施的分配数量以报告的排放数据为计算依据；同时保留一定比例的配额准备分配给新入市者。

ETS 配额分配从时间上分为三个不同阶段：第一个阶段是从 2005 年到 2007 年，在没有太多经验可以借鉴的前提下，欧盟给第一阶段的定位就是一个学习过程，该阶段配额主要是根据企业排放量需求免费发放，仅有极少量拍卖。第二个阶段是从 2008 年到 2012 年，该阶段配额仍然以免费分配占绝大多数，但推动尝试更多的拍卖，以积累更多的拍卖经验[①]。两个阶段的排放配额都是根据各成员国在各阶段开始之前所制定的国家分配计划（NAPs）向所参加的企业分配的，每一年的配额均是同等的。第三个阶段是从 2013 年到 2020 年，该阶段以拍卖作为配额分配的主要方式，将有约一半的碳排放权配额通过拍卖进行分配，而且拍卖的比例将会逐年增加，并且每一年的排放量总量将不再一致。

ETS 配额分配方式有两种：免费发放和拍卖。

配额免费发放是第一阶段和第二阶段的主要分配方式。第三阶段虽然将以拍卖为主，对于面临碳泄露[②]（Carbon Leakage）的产业部门或分部门，排放配额仍会以免费方式发放。基本的发放程序是，首先由国家分配计划（National Allocation Plans，NAPs）确定各成员国在第一阶段（2005～2007 年）和第二阶段（2008～2012 年）给予企业的温室气体排放权配额总量。在每个阶段开始前，各成员国应决定该阶段可以分配的配额总量，以及每个排放设施可以获得的配额数量，并上报欧盟委员会批准。国家计划获批后，中央系统管理员首先将国家的总配额发放到国家配额持有账户，然后再从该账户发放至各排放设施账户。对于 2013 年开始的第三阶段，不再采用国家分配计划，而是直接在欧盟层面进行分配。

拍卖能够使市场参与人以市场价格获得配额，是最为简单、透明、经济

---

① 德国、英国、奥地利、荷兰等国分别进行了不同数量的拍卖活动，或者向欧盟通报了拍卖计划。根据世界银行 2012 年报告提供的数据，第二阶段的配额拍卖比例不足 4%。

② "碳泄露"是指一个国家碳排放减少被其他国家排放增加所抵消；实施严格碳排放政策的国家因成本提高，其生产活动会转移到碳排放政策宽松的国家，导致前者的碳减排在一定程度上被后者所抵消。碳泄露的实质是对相关产业竞争力的影响。

的配额分配方式。欧盟 1031/2010 法规就配额拍卖的时间、管理等方面进行了规定。欧盟近期将出台修改后的配额拍卖规则。该规则将确保拍卖能够在公开、透明、协调、非歧视、经济的条件下进行，整个拍卖程序具有可预见性。

（2）ETS 配额管理制度。ETS 配额管理制度涉及许可、注册、交易、总量控制、拍卖等环节。除前述有关注册与交易的内容涉及的管理制度之外，还包括以下几个方面：

首先是排放许可证管理。2003/87/EC 指令第四条规定，所有该指令要求实行强制减排的行业、行业中的企业都必须获得欧盟委员会发放的温室气体排放许可证后才能够排放，排放许可证成为获得配额的前提条件。

2003/87/EC 指令第五条规定，排放人应当向有关部门提交排放许可申请。排放许可申请应当说明的内容包括：排放设施及其相关活动，包括所使用的技术；可能引起温室气体排放的原材料和辅助材料；排放设施中的温室气体排放源；拟采取的排放监测和报告措施。此外，排放申请还应当包括非技术性的摘要。

有关部门在审查排放人申请合格后，向排放人发放排放许可证。许可证内容包括：排放人的名称和地址；对排放设施活动和排放情况的描述；满足 2003/87/EC 指令第十四条要求的监测计划。成员国可以允许排放人在不变更排放许可的情况下升级监测计划。排放人应当将所有升级后的监测计划报有关部门批准；对排放报告的要求；配额上缴义务。每个排放年度后的 4 个月内上缴配额，数量等于该设施核定后的总排放量。

其次是碳排放权配额总量控制。欧盟 2003/87/EC 指令第九条对欧盟年度配额总量控制作出了规定。绝对配额总量以欧盟委员会批准的 2008 ~ 2012 年国家分配计划为基础计算得出。并且从 2013 年起，年度配额总量应呈线性下降。经计算得出的欧盟 2013 年配额总量为 20.4 亿单位。该总量将以 1.74% 的比例（即 37435387 单位）逐年下降，直到 2020 年①。

再次是拍卖管理。欧盟 2003/87/EC 指令第十条、1031/2010 法规等对

---

① 因欧盟第二阶段配额数量过剩，再加上近期宏观经济状况不好导致配额需求下降，第三阶段初期碳市场面临较为严重的供大于求状况。基于此，欧盟委员会 2012 年 7 月通过了一项立法建议，对第三阶段年度拍卖配额数量作出了补充规定。该修改包括两个方面：一是修改 2003/87/EC 指令第 10.4 条，赋予欧盟委员会在确保市场有序运行的前提下制定和通过拍卖时间表的权力；二是相应修改 1031/2010 法规第 10.2 条，将 2013 ~ 2015 年年度配额拍卖数量减少特定数量（该数量目前尚未明确），其减少量将在 2018 ~ 2020 年拍卖量中补齐。

配额拍卖事宜作出了相应的管理规定，具体包括：

第一，拍卖比例及程序方面，成员国应当对除免费发放之外的所有配额进行拍卖，且应当遵循以下程序：88%的配额应当根据各成员国的排放量在各国进行分配；10%的配额应当用于促进共同体团结和发展；2%应当分配给特定成员国，这些成员国2005年温室气体排放量至少低于其《京都议定书》承诺排放量20%。

第二，拍卖平台选择方面，除德国、波兰、英国，欧盟其他成员国的碳排放权配额拍卖将使用统一的拍卖平台。统一拍卖平台的选择应当通过竞争性政府采购程序进行，每次被选定后最多服务期限为5年。

第三，拍卖资金用途方面，至少50%的配额拍卖资金应当用于减少温室气体排放、发展可再生能源及其他低碳技术等9个领域①。

第四，市场监测与干预方面，欧盟委员会应监测每年碳市场的表现，并向欧洲议会和欧盟理事会提交报告。报告中应包括竞价拍卖的执行、流动性和交易量。如必要，成员国应当保证任何相关信息在欧盟委员会完成报告前两个月提交给欧盟委员会。在碳市场出现功能异常、价格过度波动等情形时，欧盟委员会应当向欧洲议会和欧盟理事会提交报告并建议采取相应措施②。

3. ETS监测、报告与核定制度

欧盟温室气体排放监测统计报告制度，是欧盟及其成员国温室气体减排政策体系构建和碳减排制度创新的重要制度基础和机制保障。温室气体排放监测统计报告制度，担负着温室气体排放监管的评价和考核职能，以及创新和发展碳减排政策工具政策和制度保障功能。欧盟2003/87/EC指令第十四、十五条规定，企业在申请碳排放权配额时，需要在申请报告中制定一份详细的排放量监测计划，提供与监测程序相关的材料。其中必须要注明监测实际排放量的方法和频率，有关权威部门会对该计划进行审核，以确保其操作的可行性。此外，排放报告要经过专门的核定机构进行核定后才能上报。欧盟新近通过的601/2012、600/2012法规分别专门就监测与报告、核查与认证事宜作出了规定，将于2013年起施行。

欧盟ETS监测、报告与核定制度是欧盟碳交易支撑体系中的重要一

---

① 参见欧盟2003/87/EC指令第10.3条。
② 参见欧盟2003/87/EU指令第29条。

环。通过赋予排放人监测和报告碳排放量义务，并由中立、专业的第三方机构对实际排放量进行核定，保障了碳排放量数据的真实性和准确性，进而维护了整个碳交易市场的公平性和信用，这对碳交易市场的长远发展至关重要。

（1）ETS 监测制度。ETS 监测原则[①]包括：

第一，完整性原则。监测与排放应当涵盖所有排放源的（涉及 2003/87EC 指令附件中规定所有温室气体类型的）所有排放过程和排放活动，但应当避免双重计算；排放人应当采取适当措施避免出现报告期间的数据断档情形。

第二，方法统一性原则。排放人应当合理地保证排放数据的完整性，使用适当的监测方法确定排放量。报告中的排放数据以及相关的批露信息不应存在实质性表述错误；避免在信息选择和陈述方面存在偏见；在选择监测方法时，应当在准确性和额外成本之间进行权衡等等。

第三，一致性与可比性原则。监测和报告内容在不同时间段应当具有一致性和可比性。排放人应当使用同样的监测方法和数据集，监测方法和数据集的调整、替换应当经过有关部门批准。

第四，透明度原则。排放人应当以透明方式保管和使用监测数据（包括活动数据、参数、排放因子、氧化因子、转换因子等），以使核定人和有关部门能够得出排放数量结论。

第五，准确性原则。排放人应当保证排放结论不应当有系统性的或者明知的不准确之处；应尽可能找到并消除导致不准确的原因，努力保证计算或者测量的排放量达到准确。

第六，持续完善原则。排放人应当根据核定人报告中的建议对排放监测和报告进行完善。

根据欧盟 601/2012 法规第二十一条，实际排放量的监测可以使用以下两种方法之一或者两种方法结合使用，同时对每种监测方法都有相应的要求：

第一，基于计算的方法（Calculation-based Methodology，简称计算方法）。根据企业生产过程的不同，能产生 CO_2 排放的渠道一般可分为两种类型，最基本的一种情况是化石燃料的燃烧直接排放 CO_2，另外一种情况是一

---

① 该原则同样适用于报告制度，编者注。

些化学原料在化学反应的过程中排放 CO_2，这两种情况都应该计算在内[1]，并分别称为燃料排放和处理过程排放。根据欧盟 601/2012 法规第二十四条，标准的计算方法是用以下的公式来得出每个排放源的燃烧排放量：

燃烧排放量 = 活动数据 × 排放因子 × 氧化因子

处理过程排放量 = 活动数据 × 排放因子 × 转化因子

在利用数据计算 CO_2 排放量时，首先是要能够准确确定燃烧燃料或者其他原料的数据，这是计算的基础；其次，在燃烧的过程中，每种燃料并不能完全燃烧，需要确定燃烧或化学反应到什么样的程度；最后，对于充分燃烧的燃料或充分反应的原料，需要确定它在燃烧的过程中转化成 CO_2 排放量的比例。只有确定了这三方面的数据，才能够准确的得到 CO_2 排放量的可靠数据。欧盟 601/2012 法规对上述公式中的活动数据、排放因子、氧化因子（或转化因子）的获取过程都进行了详细的规定。

第二，基于测量的方法（Measurement – based Methodology，简称测量方法）。是指对不同的排放源，企业采用单位时间抽样的方法，使用 CO_2 排放量测量工具连续测量温室气体的浓度，然后根据相关规定对样本数据进行处理，折算成年度总排放量。

对于同一个企业的不同排放源，企业可以申请将基于测量和计算的检测方法配合使用。

排放人提交的监测计划至少应当包括[2]：①排放设施的一般信息：包括设施和相关活动的描述、监测、报告责任的执行和管理程序描述、监测计划适当性、定期评估程序描述、数据传递程序书面描述、控制措施相关程序书面描述、监测计划版本号码等等；②采用计算方式进行监测时，监测计划应包括对该方法的详细描述。包括数据输入列表、公式、数据分层情况及计算因子等等；③使用替代监测方法时，应当对该方法的适用性进行详细描述，并且应阐明分析该方法存在不确定性的程序；④采用测量方法进行监测时，监测计划应当包括对该方法及其相关程序进行详细描述、有关排放点列表、有关测量设备列表（包括其测量频率、范围和不确定性）、适用标准等等；⑤如需监测 N_2O 排放，除上述第④项内容外，监测计划还应当描述监测 N_2O

---

① 参见中国清洁发展机制基金管理中心、大连商品交易所著：《碳配额管理与交易》，经济科学出版社，2010 年，第 69 页。

② 详细内容参见欧盟 601/2012 法规附件 I。

排放的监测方法及相关程序；⑥如需监测铝业生产中的全氟化碳排放，监测计划中应当包括对监测方法以及相关程序进行的详细描述；⑦如需监测燃料中固有 CO_2 转移，监测计划中应当包括对监测方法以及相关程序进行的详细描述。

欧盟 601/2012 法规第 13 条规定，欧盟成员国可以使用标准化或者简化的监测计划，成员国可以公布监测计划模板供有关排放人采用。在批准此类监测计划时，成员国政府有关部门应当进行风险评估，以确定是否适当。这种评估在适当时也可以要求有关排放人进行。

（2）ETS 报告制度。根据欧盟 2003/87/EC 指令附件 IV 及 601/2012 法规附件 X，静止排放设施和航空排放的排放报告内容有所不同。其中静止排放设施年度报告至少应包括以下内容：①排放设施的身份特征信息。如名称、地址、排放活动类型、排放许可证号码、联系人信息、所有权人及任何母公司的名称等等；②报告核定人的地址与名称；③排放年度；④获批的有关监测计划的版本号及索引；⑤排放设施运行的变化，以及经有关部门批准后的监测计划调整；⑥所有排放源及排放源流的信息，包括总排放量、监测方法、活动数据、排放因子、氧化因子等等；⑦如采用物质平衡法监测，每个排放源流进出排放设施的物质流及碳含量等；⑧备忘信息，包括生物质用量及 CO_2 排放量等等；⑨采用测量监测方法时，报告中应包括 CO_2 测量位置、温室气体集中度等信息；⑩采用 601/2012 法规第 22 条方法监测时，报告中应当包括所有据以做出排放结论的数据；⑪出现数据断档时，断档相关原因、范围等信息；⑫报告期间内排放设施与温室气体排放相关的变化；⑬如涉及制铝行业，报告中应包括生产水平、CF_4、C_2F_6 排放因子等信息；⑭排放设施产生的废物类型，以及有关废物利用产生的排放的相关信息。

欧盟 601/2012 法规第六十七条规定了时间要求，排放报告以年度为基准。排放人应当于每年 3 月 31 日前提交核定后的排放报告。有关部门可以要求排放人提前提交，但不得早于 2 月 28 日。

（3）ETS 核定制度。欧盟 2003/87/EC 指令附件 V 规定了核查机构的资质要求，核查机构应当能够使用良好和专业的方法开展工作，与被核查人之间不应当存在利益关系。核查人还应当掌握的信息或技能包括：①2003/87/EC 的条款、欧盟委员会通过的相关标准和指引；②被核查活动的法律、规定以及形式要求；③企业每种排放源所有信息（尤其是有关数据收集、测量、计算和报告）的生成。

被核查人报告中的排放量要获得核查机构认可，必须有可靠数据和信息据以作出高度确定性的结论。这一高度确定性要求排放报告达到以下标准：①报告中的数据没有不一致之处；②数据收集依据现行的科学标准进行；③排放设施的有关记录完整而一致。

核查人的核查范围包括：①有关设施的所有排放活动；②监测体系、排放数据及相关信息的可靠性、准确性，特别是报告中的活动数据与相关的测量和计算、排放因子的选择使用、测量方法是否适当等。此外，核查人还应当检查排放设施是否在欧盟生态管理与审查制度（Community Eco-management and Audit Scheme，EMAS）下注册。

具体的核查程序包括以下环节：

①策略分析。核查机构应当审查排放设备类型及排放活动、被批准的监测计划、各个排放源的性质、复杂程度、计算因子的来源等原始信息，以及数据流控制系统与控制环境等；

②风险分析。在风险分析阶段，核查机构应当在策略分析结果的基础上，查找和分析内在风险、控制活动及其风险等因素。如果核查机构发现被核查人在其风险评估中未能发现某些内在风险和控制风险，应当告知被核查人；

③核查计划。在策略分析和风险分析阶段，核查机构应当制定核查计划。核查计划应当至少包括核查项目的性质和范围以及核查活动方式和时间、旨在检验控制活动的检验计划及相关程序、数据取样计划；

④核查活动。核查机构应当在风险分析基础上，审查被核查机构的监测计划执行情况。核查机构应当进行实质性检验，包括分析方法、数据核查、监测方法审查等等；

⑤分析方法。核查机构应当运用分析方法来确定数据的合理性和完整性。该方法大致分为三个不同阶段：首先是初始聚合数据分析，了解数据特征、复杂性和相关性；其次是实质性分析，找出可能导致结构性错误的数据点以及异常值；最终的聚合数据分析确保所有发现的错误得到解决；

⑥数据核查。核查机构应当运用详尽的数据检验手段对被核查人报告中的数据进行核查，包括检索数据的初始来源、与外部数据源进行交叉检查、重新计算等方法；

⑦核查监测方法的适用。核查机构应当检查有关机构批准的监测计划中规定的监测方法（包括其中的特定细节），是否得到正确的运用和执行；

⑧核查缺失数据处理方法。核查机构应当检查监测报告中弥补缺失数据的方法，是否适当使用；如果有关部门批准被核查人使用其他方法，核查机构也应检查这些方法适用是否得当，以及是否存档备案；

⑨不确定性评估。如601/2012法规要求被核查人证明其活动数据和计算因子达到了不确定性要求，核查机构应确认被核查人计算不确定性水平时采用数据的有效性符合监测计划中的规定；

⑩取样。在风险分析结论认为合理的情况下，核查机构可以运用取样方法对被核查人风险控制活动和程序进行检查。如核查机构发现不符合或者错误表述之处，应要求被核查人作出解释；

⑪现场核查。在核查过程中的适当时间，核查机构应当进行现场核查，以评估测量仪器和监测体系的运行、收集足够信息和证据，从而判断被核查人的报告是否存在实质性表述错误；

⑫独立审查。在向被核查人提交核查报告之前，核查机构应当将完成的内部核查报告交由独立审查人（Independent Reviewer）审查。独立审查人的审查范围应当包括内部核查报告以及600/2012法规中规定的所有内容；

⑬核查报告。基于核查过程中收集到的信息，核查机构应当向被核查人提交核查报告。报告结论应当包括合格、存在实质性错误表述、核查范围过于狭窄、不相符等四个结论之一。该报告除包括被核查人信息、核查范围、核查标准等13项内容外，还应当详细描述排放报告中存在的不符合之处和表述错误之处。

（4）ETS认证制度。基于核定人作用的重要性，欧盟ETS制度要求核定人必须获得认证（Accreditation）的前提下才能够开展核定业务。欧盟600/2012法规在2003/87/EC指令的基础上，对核定人认证与监督管理作出了更为详细的规定。这些规定主要涉及以下几个方面：

第一，认证程序。拟从事认证业务的机构应当向欧盟认证机构提出申请并准备接受评估；评估机构应当成立专门团队就每一个申请进行评估，并作出颁发认证证书的决定。

第二，核定机构监管。对于获得认证的核定人，认证机构每年应当采取相应的监督活动，以确定是否延续认证；在认证证书到期前，认证机构应当进行重新评估，以确定证书有效期是否延长；认证机构还可以在任何时间对核定人进行特别评估，以确定其满足法规要求，核定人有义务配合。

第三，行政措施。认证机构在核定人提出申请或者发生特定情形时，可以中止、撤销认证或者限制认证范围。

第四，对认证机构的相关要求。600/2012 法规对认证机构的性质、地位、职责要求、雇员资质、认证程序等亦作出了相应规定。

4. ETS 交易制度。

ETS 仅涉及交易产品的宏观定义、违法后的处罚措施以及融入其他配套法律中的金融监管规定，但对二级市场的具体产品形式（期货交易或现货交易以及供交易的标准合约的设计等）、交易场所（如场外交易还是交易所交易）仅有原则性规定，具体交易产品的设计交由市场以标准合约的方式确定，结算等具体交易制度也采用成熟的市场结算方式（如多边净额结算）。

（1）ETS 的金融监管制度。ETS 是一个迅速发展的新兴市场，监管制度能够跟市场的发展保持同步非常重要。2011 年 10 到 11 月，欧盟委员会先后通过了修改金融工具市场指令（Markets in Financial Instruments Directive, MiFID）和禁止市场滥用行为指令（Market Abuse Directive, MAD）的立法建议，提交欧洲议会和欧盟理事会讨论通过。其中涉及碳交易市场的内容包括以下几个方面：

第一，投资者保护和市场监管。欧盟委员会建议修改的法规内容包括：①新的禁止市场滥用行为指令在界定内部信息及其披露方面将纳入碳交易相关元素，内部信息披露义务将赋予市场参与人，而非排放权配额发行人；②新金融工具市场指令适用范围延伸至一级市场（配额拍卖）；③除衍生品外①，新 MiFID 规则将适用于排放权配额及 ETS 认可的排放单位（如 CERs、ERUs）。

第二，市场监管灵活性。使用自身账户买卖排放权配额的 ETS 交易方，以及提供排放权配额投资服务的类似行业协会的机构，可以在一定条件下免除新的金融工具市场指令下的义务②；如果碳市场参与人的排放量低于设定的门槛值，将免除其披露义务。披露义务的承担者主要是那些对排放权配额价格具有重要影响、存在内部交易风险的机构，实践中通常是排放量巨大的企业（如电厂）。

第三，市场透明度。在适当考虑碳排放权配额的交易工具特性和碳市场

---

① 先前的《金融工具市场指令》已经将碳排放配额的衍生品协议作为金融工具的一种纳入监管范围，编者注。

② 相关条件包括：该交易方买卖排放权配额的行为只是附属业务，即非其主要业务；该交易方不属于金融集团的一部分。

特征基础上，将有针对性地制定交易前和交易后的透明度要求。

（2）ETS 框架下的交易形式与主要交易产品。与其他金融交易一样，EU ETS 交易形式分为场内交易和场外交易，交易产品主要分为现货和期货，通常采取标准合约形式。

场内交易方面，ETS 的场内交易主要通过各种交易所完成，参与 ETS 交易的交易所有洲际交易所（ICE）的欧洲气候交易所（ECX）、欧洲能源交易所（EEX）、国际环境衍生品交易所（Bluenext）、Powernext 交易所等，其中 2012 年 2 月欧洲气候交易所市场份额超过 91%。

欧洲气候交易所（ECX）是芝加哥气候交易所（CCX）的全资子公司，为国际和欧洲二氧化碳排放交易的主要市场。欧洲气候交易所当前主要交易两类信用额：欧盟配额（EUAs）和核证减排量（CERs）。欧洲气候交易所掌握着 EUA 期货的定价权。交易所的会员共 103 家，包括了欧洲的多数能源企业，以及汇丰、花旗、德意志、高盛、摩根大通等金融机构。

国际环境衍生品交易所（BlueNext）是由纽约—泛欧证券交易集团和法国国家银行合资成立的环境权益交易所。国际环境衍生品交易所的交易品种包括二氧化碳排放权的现货和期货，是目前全世界最大的二氧化碳排放权现货交易市场，占全球二氧化碳排放权现货交易市场份额的 93%。

场外交易（OTC）迄今仍是欧盟碳排放权的主要交易形式。

（3）ETS 市场交易的结算。机构模式上，水平模式与内设结算机构模式并行，洲际气候交易所（ICE）内设清算机构；国际环境衍生品交易所将业务委托给 LCH 清算所集团。

结算方式上采取多边净额结算，由结算机构充当中央对手方。

（4）排放权配额的法律性质。应当注意的是，欧盟将碳排放权配额及其衍生品交易监管纳入金融体系，并不意味着将排放权配额进行法律定性和直接影响财务处理。也就是说，排放权配额的财务处理仍将按照现行的财务标准和规则进行。目前国际上尚未就排放权配额形成统一的财务处理规则，各国可以自行处理①。

（二）ETS 交易体系的未来趋势

欧盟在《京都议定书》的框架下制定了具有法律效力的强制减排目标，

---

① 信息来源：http://europa. eu/rapid/pressReleasesAction. do? reference = MEMO/11/719&format = HTML&aged = 0&language = EN&guiLanguage = en，最后访问于 2012 年 8 月 31 日。

其碳定价机制主要通过欧盟碳交易机制（EU ETS）平台实现。目前，欧盟的碳交易项目第二阶段即将在 2012 年底结束，并于 2013 年 1 月 1 日开始第三阶段的运行。其中，在经历了第一阶段的"学习过程"之后，第二与第三阶段皆在前期准备过程中根据前一阶段的运作经验对运作规则进行了一定的修改，进而提升体系的效力。

作为世界上第一个大规模的碳排放交易体系，在没有太多经验可以借鉴的前提下，欧盟给第一阶段（2005～2007 年）的定位就是一个学习过程。第二阶段的时期长达 5 年（2008～2012 年），恰好和《京都议定书》的有效时期吻合。两个阶段的排放配额都是根据各成员国在各阶段开始之前所制定的国家分配计划向所参加的企业分配的，每一年的配额均是同等的。

从项目开始之初，欧盟所有 25 个国家（新加入的成员国保加利亚和罗马尼亚，以及非欧盟成员国挪威、冰岛和列支敦士登从第二阶段开始参与该项目）都有参加交易的企业。超过 11500 家高耗能企业参与了该项目，包括了发电、炼油、炼焦炉、钢铁，以及生产水泥、玻璃、石灰、砖、陶瓷和造纸行业，几乎占到欧洲二氧化碳年排放量的一半。

各成员国要在每个阶段开始之前向欧盟提交下一阶段的国家计划（NAP），欧盟主要是根据碳排放交易法令中附件三的 11 个（第二阶段增加到 12 个）通用准则判断国家计划是否通过。其主要原则是确保计划中所设定的排放额与其在《京都议定书》中所认定的减排目标一致。由于碳交易只是欧盟减排方式的其中一种，因此各成员国需要在 NAP 中列出其他的可行手段和预计成效，以完成总体减排的目标。在连接指令的指导下，各成员国可以使用一定数量来自联合履行（JI）和清洁发展机制的减排认证进行减排。但是由于 NAP 在实践中的分配方法与欧盟构想有所差距，以及各国为了偏袒在本国的企业而多给配额的问题，欧盟决定从第三阶段（2013～2020 年）开始由欧盟来对配额进行统一分配。

从第三阶段开始，每一年的排放量总量将不再一致。2013 年的排放总量将会根据各国的 NAP 在第二阶段配额总量的平均值进行调整计算，并逐年减少 1.74%，届时 2020 年的排放总量将会达到欧盟"20－20－20"的目标之一（2020 年的总排放量比 1999 年减少 20%）。在第一和第二阶段，绝大部分的配额都以免费的形式向各成员国分配，只有很小的一部分是通过拍卖完成分配。但是从第三阶段开始，各成员国的企业将要参与近一半配额的竞拍（根据行业区别分配方式，比如电力行业的全部配额将会被拍卖），而且拍卖的比例将会逐年增加。也就是从第三阶段开始，各企业通过"基准线"方法学来评定各自是否需要通过拍卖获取配额。基准线是以排放最低的 10% 的企业为标准制定的，其他企业将会根据自己的排放情况，计算出拍卖或者自行减排的成本来决定较低成本的方式。

据世界银行统计，2011 年全球碳交易市场总价值为 1760 亿美元，较 2010 年增长了 11%，交易量达到了 103 亿吨 CO_2 当量，创下历史新高，其中欧盟碳排放权配额（EUA）交易量达到 79 亿吨 CO_2 当量，价值约 1480 亿美元[①]。全球碳市场 2012 年上半年已经达到 1480 亿美元[②]。

碳交易市场建立至今的迅速发展证明，建立碳市场、促进碳交易是利用经济手段实现低成本减排的有效手段。在低碳经济发展的大背景下，越来越多的国家、企业甚至个人都将参与到碳市场的交易中，通过风险转移和分担机制，在追求个体经济效益最大化的同时，实现经济与自然环境的和谐发展。国际碳交易的配额市场和项目市场在未来相当长的时间里维持迅猛增长的态势，碳市场上排放权配额的总价值必将逐年上升。

与碳市场交易量和价值量的快速增长相对应，欧盟碳交易体系的相关制度也在不断改进和完善。具体来讲，交易体系制度基础由自愿减排交易发展到强制减排交易，并且配额分配依据趋向清晰和严格；免费配额分配制度由复杂、不透明趋向简单、明了、公开；欧盟登记注册制度将在欧盟范围内趋向统一，并保留与国际减排指标的接口；碳交易制度则趋向金融化、全球化。

---

① 信息来源：世界银行《碳市场现状与趋势（2012）》，2012 年 5 月，第 9 页。

② http://www.reuters.com/article/2012/05/30/world-bank-carbon-idUSL5E8GUGBQ20120530.

第三篇

实践篇

第三篇　實務篇

国内外自愿减排交易体系实践

党的"十八大"报告首次把"美丽中国"作为未来生态文明建设的宏伟目标，把生态文明建设摆在总体布局的高度来论述。"十二五"规划也明确指出，未来五年（2011～2015年）要"逐步建立碳排放交易市场"，国家发改委已批准建立碳交易区域试点；各试点地区纷纷加强对"碳排放交易体系"的研究，成立了相应的排放权交易所，出台了相关的规划和实施方案，进行了有益的碳排放交易尝试。从目前公布的方案来看，大部分试点地区都将"抵消机制"纳入了碳排放交易体系当中。本文从市场层面入手，分析并理出国内自愿减排交易同国内即将形成的试点市场的可能链接，并通过对国际自愿减排市场的供给机制、价格形成及发展趋势的研究，描述未来国内碳市场可能的前景。

一、国内自愿减排（VER）市场的发展趋势及其与配额市场的潜在链接

分析中国的自愿减排市场，应当将其放到中国日益发展的碳市场下进行统一考虑。正如国际自愿市场中自愿减排量和强制减排量的微妙关系一样，处于碳市场发展前期的中国碳市场存在的关系也如出一辙。尽管对中国强制碳履约体系的预期可以激发买家对自愿碳信用产品的需求（这仅限于可能被履约体系认可作为抵消使用的项目和产品类型），但履约型的强制减排体系一旦建立，自愿减排体系的市场份额就会被大大压缩。因此，下面将分两部分讨论这一发展方向和容量尚不明确的市场。

（一）关于中国碳市场的政策进展

自从 2009 年 11 月国务院确定 2020 年单位 GDP 碳排放强度在 2005 年的基础上降低 40%～45% 的目标以后，尤其是 2010 年下半年至今，中国政府关于建立碳市场的政策框架越来越明确，通过碳交易等市场机制推进节能减排，已经成为国家的政策基调。现将主要的政策节点概述如下：

1. 2010 年 9 月 8 日，《国务院关于加快培育和发展战略性新兴产业的决定》要求建立和完善主要污染物和碳排放交易制度。

2. 2010 年 10 月，《中共中央关于制定国民经济和社会发展第十二个五年规划的建议》明确提出"逐步建立碳排放交易市场"。

3. 2011 年 3 月，"十二五"规划中明确提出中国将推进低碳试点项目并逐步建立碳排放交易市场，作为一种高效率的手段支持碳强度减少的承诺。

4. 2011 年 8 月，国务院发布"十二五"节能减排综合性工作方案，要求推广节能减排市场化机制，完善主要污染物排污权有偿使用和交易试点，建立健全排污权交易市场，研究制定排污权有偿使用和交易试点的指导意见；开展碳排放交易试点，建立自愿减排机制，推进碳排放权交易市场建设。

5. 2011 年 11 月，国家发改委发布《关于开展碳排放权交易试点工作的通知》，批准北京、天津、上海等 7 省市开展碳排放权交易试点工作。

6. 2012 年 3 月 28 日，为统筹部署、加快推进试点各项工作，北京市举行了碳交易试点启动仪式，成为国家发改委批准开展碳排放权交易试点工作后，7 个试点省市中首个宣布启动碳交易试点的城市。

7. 2012 年 6 月，国家发改委正式发布《温室气体自愿交易管理暂行办法》，以此保障自愿减排交易活动的有序开展，并调动全社会自觉参与碳减排活动的积极性。

8. 2012 年 8 月 16 日，上海市举行碳排放权交易试点启动仪式；9 月上旬，广东省正式发布碳排放权交易试点方案。

（二）中国碳市场的三种形态

在碳市场实践方面，目前，中国主要是根据清洁发展机制作为 CDM 项目的提供方参与到国际碳交易市场的。CDM 本质上只是一种在国际多边框架下中外买卖双方之间的单向双边交易活动，中方扮演的只不过是碳减排量卖方的角色，国内环境交易所能够扮演的主要是一个信息服务平台的角色，很难发展成为一个真正完整意义上的国内碳市场。同时随着国际社会对中国减排压力的日渐加大，以及欧盟经济衰退和碳价持续低迷，中国 CDM 项目未来的市场前景将越来越黯淡。

在 CDM 交易之外，北京环交所等机构目前正在积极开展国内自愿减排（VER）交易活动的探索和市场体系的建设，包括减排标准开发、买方市场培育等。当前国内碳市场还处于萌芽阶段，自愿交易难以成市。随着国家发改委正式颁布《温室气体自愿减排交易管理暂行办法》，将可望在这个管理办法框架下逐渐建立起规范的 VER 市场，并作为抵消机制与 7 省市试点所代表的区域强制市场衔接。

与 VER 市场建设并行启动的，还有京、津、沪、渝、粤、鄂、深等 7 省市的碳交易试点计划，这是基于地区总量的强制碳交易。目前，京、沪、粤三省市已经相继举行了碳排放权交易试点的启动仪式，7 省市都在积极研究制定试点方案，几家交易所都在开发和搭建交易平台。在国际碳市场持续低迷的今天，中国 7 省市的碳交易试点已经被普遍视为全球应对气候变化和建立碳市场的重要强心剂。尤其值得关注的是，中国 7 省市试点与美国加州总量与交易计划（AB 32）的启动几乎同步，这也是历史上中美首次在市场机制的建设方面实现同步。

（三）国内纯 VER 市场发展趋势

因缺乏市场调研，国内 2011 年的 VER 交易总量及交易金额尚无精确、全面的数据。根据 2012 年彭博社和 Ecosystem Marketplace 的调查问卷统计（中国收到了 6 个公司的回复），中国 2011 年的 VER 交易总量约为 8Mt（包含 OTC 市场），平均交易价格约为 3 美元/吨。从 2009 年开始，国际 CDM 市场面临多种困境，在利空因素下 CER 价格下滑十分剧烈，部分 CDM 项目开发处于停滞，虽然买家违约情况尚为罕见，但已有买家进行资产组合，少数买家开始清理并退出市场。CDM 市场的第一次寒冬开始到来。不论是开拓新业务的想法，还是出于避险的考虑，萧条的强制市场氛围给了国内VER 市场发展的外因和推动力。正是在这种环境下国内 VER 开发及交易开始从萌芽状态进入生长期，并逐步形成了具有一定规模的初级市场。

同 CDM 一样，国内 VER 市场也处于卖方阶段。但是近年来，企业及个人已经开始关注"碳中和"等概念并开始践行。减排量消费的多元化导致了国内 VER 市场的多元化，从以前单一的项目提供方到现在的链条服务商，市场生态环境开始变得丰富。但是也应该看到，这个市场还很小。同时，对于市场走向也存在较多观点。

一种观点认为，在中国尚不具备总量控制的条件，配额交易无从形成。因此，配额碳交易不存在，可以操作的是自愿减排量的交易，在未来几年国内碳市场的形态将以自愿减排市场为主，但是市场份额并不会很大。还有一种相近的观点认为，国内的交易量还比较有限，中国还没有真正的自愿减排交易。

对于国内自愿减排市场的前景，现在有几种不同的观点：一种认为自愿减排的目的在于减排，是企业减排努力后的量化工具，而不是建立一个可以进行反复交易的类金融产品，应该防止将这一市场盲目扩大到无序的状态；另一种观点认为，自愿市场是个过渡产品，对未来更成熟的碳市场进行的个别试点具有示范意义；还有观点认为，随着全球自愿减排市场的进一步推进，那些短期内没有强制减排义务的发展中排放大国，会成为自愿减排的新兴地区，既要看各国的政策发展也需要市场推动者的努力。同时，结合发达国家气候融资的重要内容，如清洁能源、减少毁林等，这些领域将会成为自愿减排的热点。

《中共中央关于制定国民经济和社会发展第十二个五年规划的建议》中提到的"逐步建立碳排放交易市场"的表述引起了各方关注。有分析认为，我国的自愿减排市场将作为过渡方案和实验手段之一，在国内碳交易体系运行中引入自愿减排交易平台，并在未来一段时间允许其作为国内贸易市场和国际灵活市场的重要补充而存在。考虑国内碳交易的风险、建设和运行的复杂性等现实国情，自愿减排市场机制可能会比较灵活，并有可能长期和碳排放权交易并存。目前，国内 7 省市碳交易试点的开展，自愿减排市场的走向也存在不确定性因素。

自愿减排本身就具有不同于强制减排的特性，对于产品型企业，尤其是出口企业具有天然的吸引力。与强制市场和中国核证减排量（CCER）市场相比，纯粹的 VER 市场具有吸引中国出口型企业积极参与自愿减排活动的可能性。通过自愿减排项目或活动，提升企业的社会形象，提高产品的市场竞争能力。对于中国企业在海外投资的部分产业，自愿减排活动也具有良好的效果。

（四）中国核证减排量（CCER）市场发展趋势

2012 年 6 月 13 日，国家发改委印发《温室气体自愿减排交易管理暂行办法》，办法及随后印发的文件明确了自愿减排交易的交易产品、交易场所、新方法学申请程序以及审定和核证机构资质的认定程序。办法中关键的一点即是规定了中国核证减排量（CCER）。业内人士普遍认为，办法的出台解决了国内自愿减排市场缺乏信用体系的问题。在规范国内自愿减排交易市场的同时，将会促进国内碳市场的发展，是中国碳交易体系和市场建设的重要一步。

2011 年 11 月，国家发改委发布通知明确了北京、天津、上海、广东、湖北、重庆和深圳 7 省市作为碳排放权交易的试点地区，于 2013～2015 年开展碳排放权交易试点工作，并计划在总结试点省市的经验上，于 2015 年建立全国性的碳交易市场。

目前，试点进展比较顺利，各试点单位都已启动试点工作，建立了专门的班子，编制了实施方案。北京、上海、广东等地区已经开始就碳交易建立相关制度，也建立了交易的核查机构、认证机构。虽然目前各地方案尚未公布，但市场预计各地方案中都会存在部分比例的抵消额度，以供试点企业以较低成本完成减排任务，同时也鼓励和促进未纳入试点地区或者行业的企业参与减排行动。从中国核证减排量的管理及政策上看，中国核证减排量成为各试点省市所认可的抵消额度的可能性较高，最终也可能成为全国性碳交易市场的抵消机制成分之一。

二、国际自愿减排（VER）市场的供给机制

国际自愿减排（VER）市场近几年的发展证明，自愿减排标准（VER标准）是促进自愿型市场趋于完善的重要动力之一[1]。2005 年之前碳交易总量为 7500 万吨，2005 年为 1200 万吨，2006 年为 2800 万吨，发展到 2007 年 7000 万吨，2008 年碳交易量进入快速成长期，已翻一番达到 1.23 亿吨，2009 年受到金融危机持续影响及部分地区自愿市场的萎靡，交易量为

---

① 王遥：《碳金融——全球视野与中国布局》，中国经济出版社，2010 年版。

9800 万吨。过去两年该市场出现价量反指现象，从交易量上来说，2010 年的交易量为 1.33 亿吨[①]，2011 年为 9500 万吨。如图 3－1 所示。

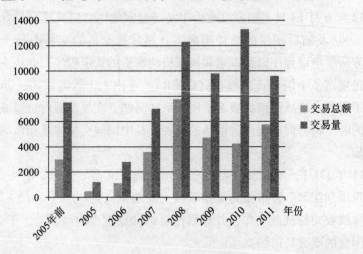

图 3－1　历年碳交易量

从交易量及交易总额的统计中可以发现，自愿碳市场的交易量处于一个起伏上升的状态，部分年份出现了反指。除了近 5 年来全球对气候变化问题重视程度的不断提高，企业践行社会责任的压力日益加大，以及非政府组织（NGO）[②] 环境报告机制的日趋完善成熟等因素外，VER 标准在实践中的不断规范化和标准化也是一个重要因素。

（一）VER 标准

国际 VER 市场在行业规范和标准化方面，已形成一套体系。对所有自愿核证减排量（VERs）的最基本要求，就是需要通过市场认可的独立第三方进行核证。据英国卓信金融（TFS Green）参与世界市场碳交易的经验，买方会提出社区参与、技术转让以及对项目所在国造成的影响等方面的要求，并且市场对"额外性"等最基本的要求都会由自愿碳标准（Voluntary

---

① 2011 年统计为 1.31 亿吨，后经修正为 1.33 亿吨。
② NGO（Non－governmental Organization），指在特定法律系统下，不被视为政府部门的协会、社团、基金会、慈善信托、非营利公司或其他法人，不以营利为目的的非政府组织。

Carbon Standard，VCS)① 之类的标准反映出来；黄金标准（Gold Standard）除了满足自愿碳标准（VCS）提出的相关要求，还能够保证利益相关方反馈及项目环保评估的可靠性。同黄金标准比起来，由非政府组织制定的气候变化和生物多样性标准（CCBS）更加倾向于项目对社区和生物多样性的评价，目前该标准多用于林业自愿市场。近年来，还有一系列新的 VER 标准开始盛行，例如由联合国气候变化框架公约（UNFCCC）指定的核证机构 TUV SUD 发布的 VER + 标准，以及在美国受到青睐的 ISO 14045。

这些 VER 标准尽管内容和要求各有不同，但其基本的作用都是切实保障环境完整性（Environmental Integrity），保证供应方与需求方的公平交易及其价格的合理性。同样是项目市场，相比 CDM 市场，VER 市场发展了一套相对简单的审批程序，但为了避免破坏市场长期发展的秩序，保证交易质量及自愿减排事业的公平公正及可持续发展，保障 VERs 的价格稳定及市场需求的平衡，VER 标准制定需遵循一系列重要原则，包括：额外性（Additionality）、可持续性（Sustainability）、可核证性（Verifiability）与可靠性（Reliability）。内容完整性角度的 VER 标准分类如表 3 – 1 所示。

表 3 – 1　　　　　　　内容完整性角度的 VER 标准分类

内容完整性	标　准
完整的碳抵消标准	联合国清洁发展机制标准（CDM）
	黄金标准（Gold Standard）
	自愿减排标准（VCS）
	自愿性核证减排标准（Standard for Verified Emission Reduction，VER + ）
	芝加哥气候交易所标准（CCX）
不完整的碳抵消标准	自愿抵消标准（Voluntary Offset Standard，VOS）
	CDM 造林与再造林项目标准（CDM A/R）
	农业、森林和其他土地利用自愿减排标准（VCS AFOLU）
	气候、社区及生物多样性标准（CCB）
	计划体内系统
	国际标准 ISO 14064 – 2
	项目核算的温室气体议定书

---

① 自愿碳标准（VCS）是由气候集团（The Climate Group）、国际碳排放交易协会（International Emission Trading Association，IETA）与世界经济论坛（World Economic Forum，WEF）所倡议的标准。

VER 核证必须保证额外性。额外性是从 CDM 市场借用过来的一个概念，指减排项目产生的减排量相对于基准线是额外的，项目只有具备额外性才有可能获得批准，基准线就是在没有 CDM 项目的情况下，最可能建设其他项目所带来的温室气体排放量。CDM 项目减少的温室气体排放量就是该项目的减排效益，自愿减排的认证可能没有 CDM 项目那么严格，但是必须保证项目的额外性。在保证减排量的基础上，VERs 比传统的 CDM 项目更强调可持续性，尤其是对当地经济和社会发展所带来的益处。而 VER 项目减排量的核证，也必须由独立第三方来进行，它既可以是 UNFCCC 指定的 CDM 项目审核单位（DOE），也可以是那些能够认证可核证减排量的机构，或者是专业的环境咨询机构。

自愿市场的项目通过可靠的注册中心来保证项目的真实可靠，从而打消买主对 VERs 可能被多次转售的顾虑。根据其内容，最新业内调研将 VER 市场的碳抵消标准分为完整标准与不完整标准两大类。完整标准即指对碳抵消项目从审核、注册到核查、认证等一系列过程均作出相应规定，包括核算标准、监测核查和核证标准、注册和执行制度三大部分，可独立使用；不完整标准则局限于某一个或某几个程序的参与，单独使用无法完成项目，须与其他标准配套①。完整标准如图 3-2 所示。

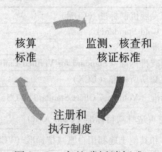

核算标准　　　监测、核查和核证标准

注册和执行制度

图 3-2　完整碳抵消标准

（二）国际主要 VER 标准及其市场份额

根据碳抵消减排参与方的反馈，2011 年度在各种现存标准中依照参与公司数量排名前三位的是：VCS（58%）、CAR（12%）、GS（12%）和其他标准（18%）。如表 3-2 所示。

① 郭日升、彭斯震：《碳市场》，科学出版社。

表 3 - 2　　　　　　　　　　　　　国际主要 VER 标准及其市场份额

	标准	市场份额
1	自愿碳标准（VCS）	58%
2	气候行动储备（CAR）	12%
3	黄金标准（GS）	12%
4	其他	18%

　　根据彭博社新能源财经公司所作的市场对各类抵消减排量看法的最新统计，抵消市场最看重的是 VER 标准的市场声誉。主要 VER 标准的市场份额如图 3 - 3 所示。

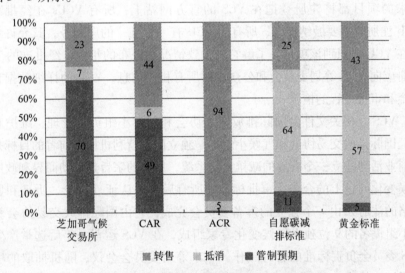

资料来源：根据生态系统市场公司和彭博新能源财经公司研究 99 个项目得出的结果。

图 3 - 3　　主要 VER 标准的分类市场份额

1. 自愿碳标准（VCS）

　　自愿碳标准（VCS）是在国际碳排放交易协会（IETA）、气候小组（CG）与世界经济论坛（WEF）联合倡议下提出的标准，引用 ISO 14064 - 2 条款，对温室气体减排项目进行量化、监测与报告，为有意愿进行温室气体减排的企业提供一个自愿减排平台。经自愿碳标准（VCS）审批的碳抵消项目可产生 VCUs，并进行交易。按照国际排放交易协会的说法，自愿碳标准（VCS）旨在提供一个可靠而简单可行的标准来提供完整的自主碳市场，确保投资者、买方和其他使用者明白，所有的项目基于独立认证产生的减排量都具有真实性、可量化、额外性和长期性。

基于自愿碳标准（VCS）产生的减排量单位为"自主碳单元"（VCU），1 个 VCU 等于 1 公吨经过注册和批准的碳减排当量。VCU 可以向市场上任何一方比如项目开发方或协调者出售或购买，最终由参加方或最终使用者交易和使用。项目注册和 VCUs 的保管由 VCS 筹划委员会负责。为了向买方、卖方和其他使用者提供充分的保障，所有拟议的减排量（VCUs）认证必须由有资格的独立第三方认证机构进行，其专家必须在国内或者业内有一定经验和水平。

交易的透明性对于信誉和公众接受度是关键性因素，VCU 要求：项目的投资人制作的项目文件和认证报告应该向大众公布，所有信誉达到 VCS 要求的项目都将注册登记在 VCS 的官方网站上；所有 VCUs 在经批准的 VCU 注册时需要缴纳押金，所有的 VCU 有一个唯一的序列号，其允许参加方在 VCU 上识别该项目，了解它的大致情况和公布的年份；经批准的 VCU 注册应向 VCU 筹划委员会和公众提供所有相关信息，VCU 的详细数据包括押金和审批过程的情况。

VCS 及相关文件由国际排放交易协会和气候小组负责管理、维护和更新。国际排放交易协会和气候小组都是独立的非营利机构，前者的目标是通过商业活动建立一个有效的减排交易系统，后者的宗旨是推动商界和政府在气候变化问题上的合作。审批标准和所有后续的认证（讨论、听证和鉴定合格的注册）由一个独立的筹备委员会完成，它由国际排放交易协会和气候小组提名的 9 位独立气候变化专家组成，在 VCS 运营一年后选举产生了 VCS 委员会负责标准的管理工作。VCS 筹划委员会会议、随机抽取的项目的听证、技术支持以及 VCS 网站的维护等活动，都由 VCS 基金资助。VCS 基金由捐赠和项目注册费自行维持，它包括 VCS 发起人提供的最初基金，以及所有经审批的 VCUs 注册的费用，这些资金的保值增值将有一个经审批的商业计划负责。

VCS 标准的作用主要体现在两个方面，一是促进应对气候变化的商业活动，二是促进 VER 交易活动。它可以帮助增加低碳产生项目，提高公众对气候变化解决办法的认识，通过鼓励、提供减排技术投资促进公司和个人转换成低碳能源系统。同时，通过减少不同项目商业价值的评价步骤，可以简化 VER 交易过程；通过提供获批准 VCU 项目的注册，可以向用户提供先进的保管与报告平台，保证透明性和防止重复计算；此外，它还能通过不同方法来设计、实施和评价项目的减排量，为其他项目和规则的建立提供经验。

2. 气候行动储备（CAR，原称 CCAR）

气候行动储备（CAR）启动于 2008 年（前身为加州气候行动注册处，CCAR），是一个针对美国碳市场的国家级抵消机制。

CAR 规定了减排项目量化的标准及验证方法，这些服务由独立第三方核查机构执行，CAR 负责监督该过程并跟踪碳信用额的流转和注销等行为。CAR 的减排单位为 CRTs。截至 2012 年 11 月，CAR 已通过 13 个项目开发纲要（Protocol）。2007 年，CCAR 同其他非政府组织（NGO）合作，成立了气候注册处，作为包括美国、加拿大和墨西哥三国的北美地区自愿减排项目登记簿。该机构工作持续到 2009 年，之后相关工作过渡到了 CAR。CAR 价格变化如图 3-4 所示。

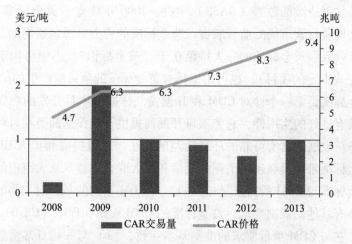

资料来源：自愿碳交易市场现状 2010。

图 3-4　CAR 价格因交货日期不同

（1）参与者和买家。CAR 的参与方和买家非常广泛，包括环境企业、金融机构、个人、非营利组织、政府机构和商业企业。截至 2011 年 1 月，CAR 签发了来自 271 个项目的 1040 万吨 CRTs，其中包括 77 个注册（已完成的核查）项目和 194 个受认可项目（有资格作为 CAR 项目）。

（2）项目类型。截至 2012 年 11 月，CAR 已通过 13 个项目开发纲要：森林（包括避免土地利用转换、优化森林管理和再造林）；美国禽畜、美国垃圾填埋、肥料（氮肥）管理、城市森林、墨西哥禽畜、墨西哥垃圾填埋、煤层气、硝酸生产、水稻种植、有机废物堆肥、有机废物消解和臭氧层消耗物质。正在进行的（截至 2011 年 11 月）其他类型的项目开发纲要包括：

农业、农田管理、墨西哥森林。

（3）项目位置。CAR 项目主要在美国，对于某些类型的项目，也可以在墨西哥。

（4）额外性要求。被法律或者法规所强制要求执行的项目是不被 CAR 所认可并签发减排量的。CAR 采用标准化绩效手段（及行业基准线）对项目的额外性进行评估。对于不同类型的项目，其方法略有区别。

3. 黄金标准（Gold Standard）

黄金标准由世界自然基金会（WWF）、南南—南北合作组织（South - South North Initiative）和国际太阳组织（Helio International）发起，管理者是成立于 2004 年的黄金标准秘书处。黄金标准秘书处的组织和实施，最初是由巴塞尔可持续能源署（BASE）主办。2006 年成立了黄金标准基金会，以便独立地履行碳市场的监管职责。黄金标准的资金来源包括捐助、发行费和特许费收入。黄金标准的一大特色在于"黄金标识"，不但可用于项目本身（已完成审定的项目），也可用于具有黄金标示的项目所产生的信用额。

黄金标准是第一个针对 CDM 和 JI 温室气体减排项目开发的独立的基准方法，具有良好的实用性，它为项目开发商提供了确保这两类项目可产生有利于可持续发展的真实可靠的环境效益的方法。通过提高和扩大 CDM 的过程，黄金标准希望提高碳抵消额的质量和扩大联合利益。从大范围的项目来看，黄金标准与 CDM 的需求是相同的，与 CDM 不同的是，对于小的项目黄金标准还有其他的规则要求。黄金标准的 CDM 规则和程序（GSv0）于 2003 年推出，它与 CDM 项目要求的准则基本一致：（1）与一切日常情景相比较的碳排放减少的额外性；（2）没有对环境不利的影响；（3）与东道国可持续发展战略一致；（4）减排的效益是真实和可测量的；（5）没有政府开发资金支持的碳抵消项目。

在 VER 市场中的自愿黄金标准（GS - VER，GSv1 版）于 2006 年 6 月推出。2006 年 7 月和 2007 年 12 月，GSv1 文件又进行了更新和明晰，所有文件在 2008 年 8 月由"黄金标准的要求"和"黄金标准工具包"整合的规则和程序（GSv2）所替代。黄金标准对项目的额外性有三方面的要求：（1）该项目在不存在 CDM 的情况下将由于资金、行政或其他障碍而无法实施；（2）该项目不属于"日常运作"的范围；（3）该项目使温室气体的排放较未实施的情况（即基准线情况）减少。

黄金标准具有完全的排他性，规定不认可其他任何资源标准。该标准接受的项目类型包括可再生能源及终端能源效率改善类项目，不包括 15MW 以上的大型水电项目，实施地点不可以是有排放限额的国家。对项目规模和起始日期，该标准未作限制，但可获得的 VERs 开始时间不得早于注册时间的两年。项目不允许直接使用官方发展援助的资金，但规定这部分资金可用于项目设计文件（PDD）开发，并可包括一种新方法学。从项目对环境与社会的影响方面看，为符合黄金标准的要求，项目必须采用从 −2（较大的消极影响且不可能减轻）到 +2（较大的积极影响）的评分体系来评估这些指标，项目若含有任何得分为 −2 指标，则不符合黄金标准的注册要求。截止到 2012 年 4 月 16 日，有 168 个新项目申请注册，已注册项目 334 个，54 个项目通过审定，99 个项目注册成功，并有 83 个项目获得签发，共有 50 个国家的 700 多个项目采用黄金标准开发。

4. 芝加哥气候交易所标准（CCX 标准）

芝加哥气候交易所（CCX）以自愿温室气体排放限额与交易计划为基础，是一个关于温室气体登记、减排及交易的商业金融系统，并且是一家在伦敦证券交易所创业板上市的公司，交易操作和管理的费用主要来自交易和抵消注册费以及会员的注册费和年费。其参与者是自愿的，不过一旦加入，它们承诺的减排目标就具有法律约束力。CCX 作为抵消项目限额与贸易计划的一部分，有一套成熟的碳抵消标准。根据规定其会员需使其减排量低于所设立的基准线，未达到目标的需通过电子交易平台向其他超额完成目标的会员购买排放配额以兑现减排承诺。通过 CCX 抵消计划产生的抵消量也可用来实现减排目标，但用于履约的抵消量不得超过要求减排量的一半。

芝加哥气候交易所标准接受的项目类型共有 8 大类：能源效率和燃料转换、可再生能源、煤矿和垃圾填埋产生沼气、农业 CH_4（如厌氧消化）、农业土壤固碳、牧场土壤固碳、林业固碳、消耗臭氧层物质。目前，大多数 CCX 标准实施的项目都在美国。自 2003 年开始实施以来，截至 2011 年 1 月，已有 137 个抵消项目产生 8400 万吨碳减排当量的信用额。为避免重复计算，芝加哥气候交易所只接受非欧盟排放交易体系成员国产生的项目。该交易所还允许部分 CDM 注册项目产生的信用额在此进行交易，这些项目需由 CCX 碳抵消委员会批准，并移除其交易中的 CERs 以接受 CCX 所给予的信用额。

5. 其他重要 VER 标准

（1）ISO 14064 标准。ISO14064/65 标准是国际标准组织（ISO）组织

45 个国家的 175 位专家制定的用于政府和企业测量和减排的标准。标准包括四部分：组织报告，用于指导组织的定量化和温室气体排放物报告（ISO 14964 第 1 部分）；项目报告，用于指导项目支持方的定量化、监测和温室气体减排的报告（ISO 14064 第 2 部分）；确认和核实，用于指导组织和项目以及温室气体减排的确认和核实（ISO 14064 第 3 部分）；确认和核实机构，指导温室气体确认或核实机构的要求（ISO 14065）。

（2）碳友好（Greenhouse Friendly）。这是澳洲政府的自愿碳抵消（Offset）项目，致力于鼓励温室气体减排，为商业机构和消费者销售和购买碳中和产品与服务提供机会。它提供两种证书：碳减排者证书和碳中和者证书。

（3）Carbon Fix 标准（CFS）。该标准于 2007 年建立，只针对林业项目，如成为 CFS 项目，需要通过 CFS 指定的第三方审计机构的证明。CFS 的操作是透明的，在线公布除了财务计算和碳核准证书价格以外所有的文件，CFS 客户可以在线从项目开发者直接购买被检定信用的 CFS，收取销售价格的 3% 作为交易手续费。

（4）自愿碳抵消标准（Voluntary Carbon Offset Standard，VOS）。该标准是 2007 年 6 月由欧洲碳投资者服务（ECIS）、巴克莱资本、荷兰银行、花旗、瑞士信贷、德意志银行和摩根士丹利等十大银行和金融机构建立的一个 VER 抵消标准。VOS 与 CDM 标准非常相近，目的在于降低自愿市场抵消额买家的交易风险。其内容基本与 CDM 和 JI 类似，但是在地理上没有限制，主要针对澳洲和美国的减排项目，但不包含 HFC－23 等工业瓦斯性项目。

（5）VER＋标准。该标准是 2007 年由项目核证机构南德意志集团（TüV SüD）开发而成，用于证明自愿碳抵消项目的碳中和与碳信用。标准以 CDM 和 JI 方法学为基础，被认为是京都标准的改进。VER＋标准与 CDM 标准相似，又存在于 CDM 项目范围之外。南德意志集团还建立了蓝色注册（Blue Registry），目标是建立一个多样性的减排核证管理和注册平台，该注册平台其他标准也可以适用，如 CCX 和自愿碳标准。

（6）气候、社区和生物多样性标准（The Climate Community and Biodiversity Standards，CCBS）。该标准是一组项目设计标准，用于评估基于土地利用的碳减排项目和它们的社区和生物多样性共同利益。该标准适用于 CDM 或自愿市场项目，并且可以在项目设计阶段为第三方确认，项目不仅具有减排作用，而且具有社区和生物多样性方面的利益。

（7）社会碳。社会碳方法学和核证计划的建立者与拥有者是巴西的非政府组织 Ecológica。其方法学以可持续生活方法为基础，重心集中于使用综合的评价方法体现社区价值和发掘人的潜力和资源，兼顾业已存在的利益关系和政治环境，从而改进项目的效率。该方法学首先应用于高质量京都议定书碳项目，也用于自愿市场项目。从 2000 年开始，在拉丁美洲该方法学已经应用于水电、燃料转换和造林项目。

（8）绿色 E 气候。绿色 E 气候在 2008 年初建立，主要为零售供应商向客户出售的用于抵消的碳信用提供核证服务，该计划要求项目经其他标准（如 CDM、黄金标准和 VCS）签发。其目标是通过独立的核实和认证，确保碳抵消产品具有额外性。

表 3-3 列示了主要 VER 标准的比较。

表 3-3　　　　　　　　　　　主要 VER 标准的比较

主要支持机构/个人	市场份额	额外性测试	第三方核证	将核证与批准过程分开	注册	项目类型	排除不利影响的高风险项目	共同利益	抵消额价格
黄金标准（GS）									
非政府环境组织（例如，WWF）	小，但正在增长	=／+	有	有	已经设计	可再生能源及终端能源效率改善类项目	是	+	VERs：€ 10~20 CERs：溢价高达 € 10
自愿减排标准 2007（VCS2007）									
市场主体（例如，IETA）	新，可能大	=	有	没有	已经设计	除了 New HFC 项目外的所有项目	不是		€ 5~15
VER +									
市场主体（例如，南德意志集团）	小，但正在增长	=	有	没有	有	除了 New HFC 项目、核能项目和大型水电项目以外的所有项目	是		€ 5~15
CCX 标准									
CCX 会员及市场主体	在美国占有很大份额		有	有	有	所有项目	不是		€ 1.2~3.1

续表

主要支持机构/个人	市场份额	额外性测试	第三方核证	将核证与批准过程分开	注册	项目类型	排除不利影响的高风险项目	共同利益	抵消额价格
自愿碳抵消标准（VOS）									
金融业及市场主体	暂时没有	=	有	没有	已经设计	除了 New HFC 项目、核能项目和大型水电项目以外的所有项目	是	=	暂时没有交易量

资料来源：世界自然基金会。

（三）VERs 的商品化

VER 减排项目的开发，使之在市场供给方面迈出了第一步，而后减排量经过商品化变成可销售的产品。VERs 的商品化过程是 VER 市场与 CDM 市场的主要差别之一。

1. VERs 的商品化过程

由于中国尚未承担量化减排义务，只是在 CDM 框架下通过开发减排项目向国外买家提供经核证的减排量，中国 CDM 行业尚未形成一个真正意义上的国内碳市场，只是在国际框架下的单向双边交易活动。因此，中外双方的 CERs 交易基本上都是项目级的，国际碳基金买下整个项目的减排量，然后拿到国际市场上拆分销售，从而完成了其商品化过程。这一过程的关键一步，是完成减排量的登记注册，获得了每吨减排量可以据以销售的序列号。

VER 则将是中国第一个真正意义上的碳市场。根据"熊猫标准"[①] 等中国自愿减排标准开发的减排量，完全在国内完成注册。VER 项目产生的减排量，在各个开发标准认可的注册机构完成注册后，就基本实现了商品化，可以拆分销售了。

北京奥运绿色出行活动所产生的自愿减排量被拆分销售，是 VER 商品化过程中的历史性一步，其经过核证的 VERs，由项目业主——中国民促会

---

① 参考附件四：熊猫标准。

拆分成了不同的部分在北京环境交易所进行销售和交易，其中 8000 多吨被天平汽车保险公司购买，用于抵消该公司成立以来产生的碳排放，实现了公司运营的碳中和。在此之前，中国减排项目所产生的减排量大都是在项目层面进行整体销售。商品化虽然只是技术上的一小步，却是市场演进的一大步，因为它首次在交易所层面将真正意义上的碳交易引入到了国内市场，同时大大降低了买家的进入门槛，拓展了潜在的买家范围。此后在环交所挂牌的所有 VERs，都实现了商品化销售，比如一个湖南水电项目产生的减排量，也同样被拆分成了几个资产包，被不同的买家购买用于实现碳中和。

商品化的 VERs 销售，仍有一些问题需要解决：一是 VER 注销和减排信用额度证书的问题。因 VER 是以吨为单位在注册机构注册和注销，且以吨为单位分配一个唯一序列号，如果拆分了销售，将如何实现及时有效的注销并给予购买者有说服力的证书？这是拆分所面临的最直接的困难。二是 VER 电子交易平台改进的问题。如以拆分单位进行销售，那么就要仔细研究如何拆分、如何差别定价、如何管理支付等问题，并且需要对现有的 VER 电子交易平台系统包括个人绿色档案进行一个大幅度的改版。三是与其他部门协调的问题。交易所内部还涉及 VER 销售和电子交易平台的若干部门是否认同以拆分方式销售 VER，以及如何与之前已经达成 VER 交易案例的客户们沟通取得谅解。

2. 证券化及其前提条件

商品化只是 VERs 被开发成交易产品的第一步，真正要实现交易规模的放量，并且吸引主流金融机构参与交易，除了通过管制预期等方式赋予其更多的价值内涵之外，实现证券化拆分将是必不可少的一次跨越。这里所说的证券化拆分不是技术意义上的，而是金融意义上的。因为从技术意义上讲，只要 VERs 登记注册成功并获得了每吨减排量的序列号，实际上就已经完成了证券化拆分，但从金融意义上讲，只有获得了证监会等金融监管部分的证券业务许可，VERs 的证券化才算真正实现，在此基础上，才可以继续开发期货乃至期权等碳金融产品，否则它仍然不过是普通意义上的商品而已。

三、VER 市场价格形成机制

VER 市场交易的出发点是"自愿"，需求方并没有强制性的购买义务，其最终的交易价格形成与强制性交易市场价格的决定机制并不完全相同。VER 市场的交易标的仍以碳抵消项目产生的碳信用额为主。从国际上已有的交易价格来看，碳信用价格表现出普遍偏低、受经济形势影响波动大的特征。2009 年全球 VER 市场的场外交易价格持续下降，从 2008 年 7.3 美元/吨下降到 6.5 美元/吨，降幅达 12%；各交易项目多方面的差异性也导致交易价格差别很大。

影响 VER 项目交易价格的因素，大致分为内部和外部两类：内部因素即与项目相关的因素，包括项目开发所使用的标准、项目类型、项目建设地点、交易量和交割日期、项目附加值等；外部因素即项目以外的因素，包括市场影响和政府影响。

（一）内部因素

1. 项目开发标准

碳抵消项目采用的项目开发标准是影响价格的最重要因素之一。越来越多的项目开发商选择利用独立的标准来开发减排项目，保证项目的额外性和提高项目的可信度，使碳信用额的价格更加理性和透明。开发标准的严格程度对于项目质量的约束和最终减排量的产生有至关重要的作用，目前被广泛应用的标准是 VCS、黄金标准、CAR 和 CCX；就标准的严格程度而言，以 CDM/JI 和黄金标准最为严格。2009 年，国际 VER 市场 93% 的买家选择经过独立标准开发的项目产生的碳信用额。在当年参与交易的碳信用额中，VCS 等三大 VER 开发标准占据了整个市场份额的 78%，其中 VCS 占 35%，CAR 占 31%，CCX 占 12%（如图 3 - 5 所示）。两年后市场情况发生了显著变化，以 VCS 为代表的工业类项目开始占据市场的半壁江山，其标准内涵也从工业衍生至农林业，尤其是以南美洲地区 REDD 项目为代表的林业，在部分国家支持下，开始成为市场上追逐的新热点。2011 年市场份额为：VCS 占 58%，GS 和 CAR 分占 12%，CCX 则只占不到 1%。

项目开发依据的标准不同最终会影响到 VERs 成交的价格。从 2009 年的表现来看，CDM/JI 机制的价格最高，2009 年的平均交易价格为 15.2 美元/吨；CCX 标准最低，2009 年的平均交易价格仅为 0.8 美元/吨（如图 3 - 6 所示）。VCS 标准是目前全球范围交易量最大的一个标准，近几年根据 VCS 标准开发的 VERs 价格呈显著上升趋势。2008 年比 2007 年高约 33%，高于 VER 市场整体价格上升幅度。

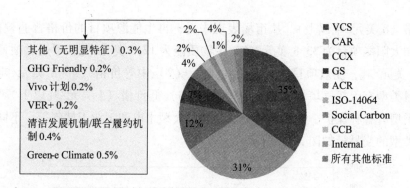

其他（无明显特征）0.3%
GHG Friendly 0.2%
Vivo 计划 0.2%
VER+ 0.2%
清洁发展机制/联合履约机制 0.4%
Green-e Climate 0.5%

图例：
■ VCS
▦ CAR
■ CCX
■ GS
▨ ACR
□ ISO-14064
▦ Social Carbon
▨ CCB
▦ Internal
■ 所有其他标准

资料来源：自愿碳交易市场现状 2010。

图 3 - 5　2009 年场外交易市场不同开发标准产生的交易量

单位：美元/吨

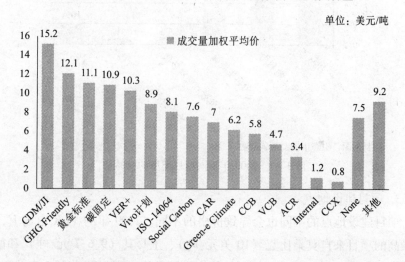

资料来源：自愿碳交易市场现状 2010。

图 3 - 6　2009 年场外交易市场不同标准开发项目的价格

2. 项目类型

无论对买方还是卖方，项目类型都是影响 VERs 价格的重要因素。从卖方角度看，项目类型不同，项目开发所购买的设备、使用的技术、项目的启动资金、运营和维修保养费用等都会有所不同，从而使项目建设成本不同，导致碳信用额开发的成本产生差异。从买方角度看，不同的项目类型能够满足不同买家的购买偏好，比如买方可能会倾向于可再生能源项目，原因是该类项目比较为外人所熟知，带来的环境效应较高等，偏好不同则会导致价格的差异。

2009 年，不同项目类型 VERs 的交易价格大致分为三个等级：（1）高价格（8 美元/吨以上）。从市场表现来看，再生能源项目的价格普遍较高，例如太阳能项目为 33.8 美元/吨，生物质能为 12.3 美元/吨，甲烷类项目为 9.6 美元/吨，能效项目为 9.2 美元/吨；（2）中等价格（4 ~ 8 美元/吨）。项目类型有天然气填埋和森林管理等；（3）低价格（4 美元/吨以下）。项目类型有森林保护、农业类、废水处理、大型水电和工业天然气等。不同项目类型的交易量如图 3 - 7 所示。

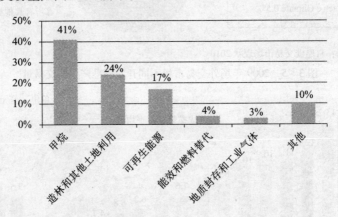

资料来源：生态市场、新碳金融。

图 3 - 7　2009 年不同项目类型的交易量

3. 项目建设地点

项目建设地点的不同也会导致价格的不同。2009 年的 VER 市场上，价格最高的项目来自莫桑比克（10 美元/吨）、土耳其（9.6 美元/吨）和德国（9.0 美元/吨）。其中，欧盟地区的价格增长最快，从 2008 年的 8.2 美元/吨上升至 2009 年的 13.9 美元/吨。而亚洲、拉美和美国地区的价格都有明显下降，如亚洲地区交易项目产生的大规模碳信用额都来自相对便宜的水电，虽然有些生物质能和能效项目产生价格较高的碳信用额，但因为其规模太小，无法拉动整个亚洲的碳信用额价格，亚洲的平均价格仅为 5.3 美元/吨。如图 3 - 8 所示。

4. 交易量和交割日期

交易量对最终成交价格也有显著影响。根据彭博新能源财经公司出版的碳金融指数的统计，总体上看，规模小于 10 万吨的项目交易价格比大于 10 万吨的项目要高出 31%。产生这一现象主要有两方面的原因：一是 VER 市场部分买家愿意为小笔 VER 交易支付高于市场的溢价，二是大笔 VER 交易

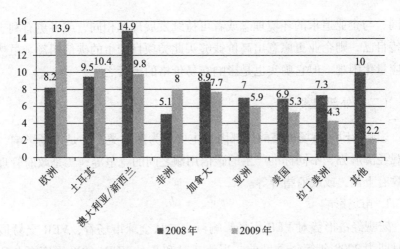

■ 2008年 ■ 2009年

资料来源：自愿碳交易市场现状 2010。

图 3-8　2008 年及 2009 年场外交易市场的地点与平均碳信用价格

目前可能存在交易难度①。

交割日期对于价格的影响反映在买家购买碳信用额的不同用途上。纯自愿碳交易市场的大部分买家更倾向于购买已经产生的碳信用额，这部分碳信用额更容易得到较高的价格。根据历史数据可以看出，2009 年市场中的纯自愿碳交易市场买家对 2008 年、2009 年交货的项目更感兴趣，因此交易价格也更高。主要是由于买家可以将这部分信用额立即用来抵消自己的排放量，买家还可以充分规避潜在的风险，例如质量得不到保证、项目资金出现问题等等。从这方面看，我国部分没有在联合国注册成功的 CDM 项目，如果能够转为 VER 项目，在价格方面是占优势的。

应对管制预期的买家则更愿意花高价购买未来产生的碳信用额，用于抵消未来必须加入的强制减排体系所要求的减排量。例如从美国远期 CAR 价格走势可以看出，加州原计划 2012 开始加入强制性减排体系，因此很多企业高价购买远期 CAR，争取从"预先行动"中获益。

5. 项目附加值

在 VER 市场中，由于大部分交易都是以项目形式开展，除了减排量，买家同时会关注开发这个项目对于当地的生态、社区、经济等方面产生的其他增值效应。对于买家而言，如果这部分附加效应与企业自身社会责任定位

---

① http：//www.chinavalue.net/Blog/324088.aspx.

相同，与企业追求的环境理念或者可持续发展理念相同，或者更有利于企业宣传自己，则企业更愿意出高价钱够买此类项目产生的碳信用额。虽然附加效应量化困难，但它确实也是影响交易价格的因素之一。

（二）外部因素

影响 VERs 市场价格的外部因素主要分为两大类：一是市场影响，例如宏观经济形势、不同标准产生的碳信用额之间的竞争等；二是政府管理，例如政府干预，或政府指导等。

1. 市场影响

宏观经济形势对 VER 市场影响巨大。从全球市场看，VER 交易最活跃的时期为 2008 年第三季度前，当年 7 月和 8 月 VERs 的平均价格上升至历史最高点 9.4 美元/吨（如图 3−9 所示）；2008 年下半年金融危机爆发后，VER 市场的交易价格和交易量大幅下降，2009 年初的平均价格下降至 5.2 美元/吨，交易量也从 2008 年底的 270 万吨下降到 90 万吨。因为 VER 市场买方的购买动机大多是基于社会责任感和对外宣传，在经济衰退的时候，企业购买 VERs 抵消自身减排的动力明显减弱，市场需求降低，价格自然也随之降低。

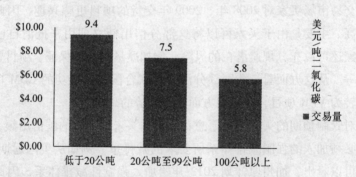

资料来源：新碳金融。

图 3−9　2008 年 7 月、8 月交易量对于价格的影响

同类产品参与竞争对 VER 市场的价格形成间接影响。目前中国 CDM 项目的发展面临瓶颈，很多 CDM 项目没有通过注册，这类项目是基于 CDM 方法学开发的（严格度目前仅次于黄金标准），在国际国内 VER 市场上均有较高的可信度。如果国内的部分此类 CDM 项目的碳信用额转为 VER 信用额，它的价格可能会明显高于使用其他标准开发的项目，例如 VCS、VER +

等，从而间接影响国内 VER 市场的交易价格。

2. 政府影响

除了市场因素之外，VERs 的价格还可能受到政府因素的很大影响。由于 VER 完全是一个人为创设的市场，它的需求很大程度上还需要被不断挖掘和创造出来，因此，来自政府的管制预期甚至某种关于强制性的暗示，都可能会对 VERs 的价格走向产生决定性的影响，因为这往往增加了 VERs 的潜在稀缺性，从而赋予了它一定的价值。大体说来，国际 VER 市场上，政府因素对 VERs 的价格影响主要有以下几种途径：

（1）配额补充。政府可以指定某些种类的碳抵消项目产生的碳信用额作为其领域内的碳交易体系的减排补充，政府对于项目类型的偏好会导致该类项目产生的碳信用额价格较高。

（2）管制预期。例如，由美国区域减排倡议（RGGI）体系产生的碳信用额在芝加哥气候交易所的交易价格 2009 年初时曾有大幅上升的趋势，因为当时国会可能通过清洁能源法案，而美国区域减排倡议的碳信用额有可能被美国全国性强制碳交易体系所认可。

（三）中国 VER 市场的价格形成机制

上述内外两种因素，在未来中国 VER 市场上也会对 VERs 的价格形成产生类似的作用。由于中国 VER 市场创立的制度环境、市场条件与国际 VER 市场有很大差异，政府因素在 VERs 的价格形成机制中可能会发挥更大的作用，成为中国 VER 市场价格形成机制的鲜明特征。

1. 项目开发标准

内部因素对价格的影响，很大程度上基于人们对 VER 项目自身减排价值的基本判断，这点中外市场其实并无二致。从项目自身的角度看，要强化未来中国 VER 项目的价值基础，项目开发标准的严谨和权威将成为重要的因素，因为这直接决定了项目的质量及其所产生的减排量的可信度。未来中国需要确定或制定一套国家级的 VER 项目开发标准，以保证碳信用额的质量。没有中国自己的 VER 项目开发标准，可能导致未来 VER 市场项目质量良莠不齐，难以形成一个具有公信力的价格基准。国家级的项目开发标准可以帮助政府制定合理的 VERs 指导价格区间，对市场发挥良好的引导作用。

开发标准可以将买家对项目类型、建设地点和项目附加值等因素的关心考虑在内。VER 主要还是一个买方市场，而买家对这些因素的关切正是这类项目社会效益、生态效益和潜在经济效益的重要体现。目前，国际国内的众多买家都在寻找背后蕴藏"好故事"的碳抵消项目，中西部地区的农业、林业、土地利用等生态补偿类项目越来越受到追捧，基于严格标准开发的这类项目，可以通过价格机制引导更多资源投入当地循环经济、生态经济发展的项目，正是利用市场机制推进节能减排和环境保护的真谛。

2. 政府因素

中国 VER 市场的建设过程中，政府的引导与推动不可或缺，而政府因素对未来 VER 市场的价格形成的影响可能也将举足轻重。这在 CDM 市场已经得到了充分的体现。如图 3 – 10 所示。

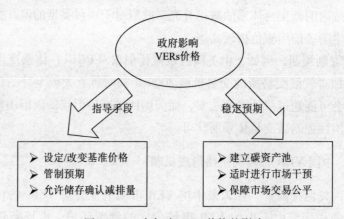

图 3 – 10　政府对 VERs 价格的影响

虽然国家发改委不确定 CERs 的价格，但《中国清洁发展机制项目运营管理办法》第 15 条规定，CERs 的交易价格须经国家清洁发展机制项目审核理事会批准。CDM 项目审查期间，中国政府将审查 CERs 的价格。如果政府认为价格太不合理，CDM 委员会将向项目业主提出价格建议。但 CERs 价格本质上仍然取决于项目及项目买卖双方，政府只在必要的情况下，为 CER 价格提供指导意见。

指导价格并不是固定的，而是定期在一定的范围内进行调整。这个范围的设定需考虑的重要因素有：技术类别、与方法学有关的风险和 CDM 项目的执行与合同条款；项目规模、地点与类型；国际碳市场的实际情况等。此外，指导价格还是鼓励和平衡不同 CDM 项目类型有效开发的间接工具。

在未来中国 VER 市场上，政府对 VERs 价格的影响主要有以下几种可能：

（1）政府对某些类型的项目（风电、太阳能、农林和土地利用等）制定基准价格。当然，这个基准价格既要涵盖项目真实的平均成本，又不能定得过高失去对市场的吸引力。

（2）政府为鼓励某些地区和某些项目的开发，也可以适当调高这些项目的指导价格，或者对这类项目的买家给予一些财税补贴。

（3）政府释放出某种管制预期的信号，例如在华北地区电力行业实施减排交易试点，同时允许中西部地区的农林减排项目作为碳抵消项目纳入该试点框架。

（4）政府允许和确认减排量被储存，一些"预先行动"的减排项目产生的减排量可以被储存。例如企业购买未在联合国注册成功的 CDM 项目，将其减排量转化为 VERs 并作为未来碳资产储备，国家可以公布政策承认这些减排量，即如果实施全国性或者区域性的强制减排计划，预先购买的碳信用额可以充当企业完成减排目标所需要的减排量。

政府还可以通过多种渠道稳定交易价格：一是设置分类项目指导价格，一方面保证国家资源的合理开发和利用，另一方面稳定项目开发的数量和质量；二是通过市场手段适当干预市场，防止出现价格暴跌，可以考虑设立碳资产池，在市场价格过高或过低的时候，通过收购或出售碳信用额稳定市场价格，维护市场交易活动的平稳有序；三是严格市场交易保障体系建设，形成有规范可依、有渠道可申诉、有监督全面参与的市场体系。

3. 内在因素

政府对价格的引导虽然至关重要，但绝非全部。归根结底，价格更多还是市场发现的结果。因此，未来中国 VER 市场的价格形成，将是在政府引导下的市场发现机制。在政府指导价格或极端环境中的价格干预措施下，未来中国 VER 市场的价格走势主要将由以下几类项目的内在因素来决定：

（1）CDM 项目前期产生的 VCUs。现阶段，中国的自愿减排项目大多数依附于 CDM 项目，因为很多 CDM 项目在开发前期和在联合国成功注册之前所产生的减排量不算项目产生的 CERs，项目开发商把该部分包装成为 VER，一般使用的标准是 VCS 标准，得到自愿减排量 VCUs。这类 VER 项目的价格大多是 CDM 项目的影子价格，根据实际项目情况和国际市场的供求关系作相应调整。

（2）未注册成功的 CDM 项目转成的 VERs。由于中国 CDM 项目前景的不确定性，中国目前拥有一批在联合国清洁发展机制执行理事会（EB）未注册成功的 CDM 项目，这类项目可以转化成为 VER 项目产生优质的 VERs，具有较高的经济和环境价值。

（3）纯自愿项目产生的 VERs。国际市场上纯自愿碳项目的开发并不多见，目前中国市场上有一类外资公司在中国开发的风电、太阳能等新能源项目，为了抵消部分项目成本则把它们开发成 VER 项目；另一类是将中国中西部地区的生态补偿项目开发成为可承认的碳抵消项目，由于国家日益关注西部地区的生态补偿问题，这类项目吸引了众多国内买家。

四、国际 VER 市场的发展趋势

2011 年国际 VER 市场交易活动出现了量价反向走势。2011 年全球自愿减排市场交易额为 5.76 亿美元，平均价格为 6.2 美元/吨，较 2010 年的平均价 6 美元/吨略微上涨。2011 年的市场交易量约有 9500 万吨，其中包含现货和期货自愿减排量合同，较之 2010 年减少了 28%。但如果扣除 2010 年一笔低价高额（5900 吨，最低 0.02 美元/吨）的交易，2011 年交易量则比 2010 年提高了 28%。

回溯过去，我们能够看出国际 VER 市场正在金融危机后逐渐恢复，但是依然不容乐观。2010 年国际 VER 市场交易活动出现了量价齐跌，造成这一现象的主要原因是 CCX 交易的萎缩：2008 年 CCX 交易量为 6900 万吨，2009 年跌 40%，仅为 4100 万吨；2008 年 CCX 交易金额为 3.07 亿美元，而2009 年仅为 5000 万美元，暴跌 83.7%。而 OTC 市场相对平稳，2009 年交易量减少了 10.5%，为 5100 万吨；交易金额减少 22.4%。

2009 年芝加哥气候交易所标准市场（CCX 市场）暴跌，原因主要有三方面：（1）CCX 的交易主体主要由自愿加入、强制减排的温室气体直接排放者构成，其买家远远少于卖家；（2）CCX 交易的主要产品是基于配额的标准化的 CFI[①]，受金融机构的影响很大；（3）VER 市场在美国已发展到相当高的水平，急需政府通过强制减排来提供公共产品进行有力支持，但美国国会的气候立法不能出台全国范围的强制减排计划，加之受金融危机冲击，作为交易主体的排放企业和交易流动性支持的金融机构倍受打击，直接造成

---

① CFI 是在自愿减排体系中基于配额交易的交易产品。

了 CCX 交易的急剧萎缩。

反观 OTC 市场，拉美交易市场稳步不前却未有明显下降，而亚洲新兴市场基于项目的交易呈现强劲的增长势头，使 OTC 市场未产生如 CCX 一样的剧烈变动。

1. 悲观（或保守）预测

悲观者（或保守者）认为，金融危机之后的全球经济复苏缓慢以及新的强制减排体系诞生艰难，使得自愿减排交易的供给和需求都受到一定打击，全球自愿碳市场在短期内难以再现 2008 年的盛况。

首先，金融危机证明了自愿减排交易体系的稳定性差于强制减排交易体系。在金融危机的影响下，全球碳商品的价格遭受重创，但相比而言自愿减排市场受到的冲击更大。以 EU ETS 下的 EUA 价格与 VCS（自愿碳标准）平台下的 VCU（自愿碳单位）价格之间的对比为例：由于全球金融危机影响，EUA 价格从 2008 年高位的 30 欧元左右降到 2009 年初的每吨二氧化碳当量最低 10 欧元以下，但却未跌破 8 欧元，降幅约为70%左右；而 VCU 价格从 7 美元/吨降到过 1 美元/吨，跌幅超过85%。因此，开发新的自愿减排项目的意愿和投资以及投机商们参与自愿碳信用产品交易的积极性都受到了较大的打击。另外，金融危机之后大部分公司采取了紧缩自由开支预算（很多自愿购买碳抵消信用的支出由此而来）的应对策略，而由于经济复苏缓慢，这个紧缩状态在一定程度上仍然维持，也影响了未来自愿减排交易的买方需求。

其次，美国的气候法案难产，全国性的强制减排体系迟迟不能推出，导致履约预期大大降低。2009 年 6 月，众议院通过的气候和能源法案（其中包括了建立全国性的碳排放总量控制与交易体系）在被参议院否决一次后目前处于冻结状况。政治上的拖沓和波折使得自愿减排交易中的提前履约买家（Pre‑compliance Buyers）和投机性买家对未来的不确定性预期增加，导致了需求受挫。履约市场和自愿市场之间的关系颇为微妙，尽管对履约体系的预期可以激发买家对自愿碳信用产品的需求（这仅限于可能被履约体系认可作为抵消使用的项目和产品类型），但履约型的强制减排体系一旦建立，自愿减排体系的市场份额又会被大大压缩。

2. 乐观（或激进）预测

乐观者（或激进者）认为，全球对气候变化逐渐达成共识、民众参与自愿减排的热情和程度提高、美澳等国的管制预期仍然存在甚至新的管制碳市场建立的预期出现，都将会给自愿碳市场注入更多活力和发展潜力，使其在未来保持稳定增长的势头。

根据生态市场和彭博新能源财经于 2010 年上半年针对超过 200 家自愿碳市场的参与实体所作的一项调查，应答者对未来自愿减排交易的预测基调偏乐观倾向：从 2010 年到 2020 年，全球自愿碳市场的交易量将以年增长率 21%（平均下来意味着这十年间每年新增 102Mt 二氧化碳当量，比 2009 年的总交易量还大）的速度稳步扩张，到 2020 年该市场的交易量将达 1200Mt 二氧化碳当量。

这个预测似乎过于乐观，但部分受访者的预测依据值得思量。例如，全社会对气候变化的认识愈深、愈强，可以看到不断有媒体追踪报道企业加入"碳中和"承诺的新动向，在一些经济发达的国家和地区，通过自愿减排交易实施碳抵消的行为正逐渐成为一种公益潮流，民众的参与热情渐渐高涨；企业也越来越认识到树立绿色、低碳的形象对于市场推广、品牌营销的重要性，因此有更多的企业将碳抵消列入社会责任履行计划和形象公关方案。注意到这些趋势，为了更好地满足社区和企业的减排需要，自愿减排交易的基础设施，如登记机构、交易所、标准等动作频繁，一方面改善或扩展其产品、服务，另一方面则寻求建立新的合作伙伴关系或战略联盟。另外，很多市场参与者对未来几年全球经济复苏和增长的大势持谨慎乐观态度，预期自愿减排交易的供给和需求将随着经济形势的好转而回升。

即使美加等国的气候立法工作一再拖延，但从州和省的层面所做的强制减排努力将会保持并继续深化、扩大。只要根源问题"气候变化"没有得到妥善解决，全球各界对这些大国政府施加的压力就不会消失。另一方面，新的区域排放交易体系出现或即将出现的信号也使全球碳市场保持了一定的兴奋度和新鲜感，例如，日本东京都总量控制与交易体系于 2010 年 4 月正式启动，中国的自愿减排交易活动管理办法的出台，加州 AB32 法案于 2013 年启动，澳大利亚和新西兰等国国内交易的开展等。

上海市碳排放交易体系
建设与碳资产评估

一、上海碳交易体系发展背景

自 2011 年 11 月，国家发展和改革委员会下发《关于开展碳排放权交易试点工作的通知》，宣布同意北京、天津、上海等 7 省市开展碳排放权交易试点，逐步建立国内碳排放交易市场。上海市碳市场建设正式进入了一个全新的发展阶段。

上海作为中国的经济中心，在应对气候变化方面面临着巨大的压力和挑战。目前上海市仍以高耗能行业的快速增长带动经济增长，虽增长速度有所放缓，但仍需消耗大量化石燃料来满足工业生产的需要。"十一五"末工业二氧化碳排放量占到全市排放总量的 57%，单位产品能耗与国际领先水平仍有一定差距。除工业外，近年来交通运输业的油类能源消费量猛增，导致其二氧化碳排放增长速率较快，"十一五"期间累计增加达 34.6%，随着国际航运中心建设的推进、居民生活质量要求的提高，"十二五"期间上海工业、交通、建筑等领域二氧化碳排放水平仍将持续保持快速增长，如仅采取现有的节能措施，将很难实现节能降碳的目标。为此上海市在"十二五"期间提出单位 GDP 二氧化碳排放下降 19% 的目标。

根据上海市的发展目标和发展要求，上海市将开展碳排放交易的基本目标定位为推动重点领域、行业或企业以成本最小化实现碳减排，不仅将注重能效、实现低碳发展、加快转变经济发展方式和区域产业结构调整确定为重要着力点，同时还进一步拓展金融市场的广度和深度，提升产权、金融衍生品市场的功能和国际化程度。

在国家发改委政策基础上，上海市政府于2012年8月召开上海市碳排放交易试点工作启动大会，全面部署试点工作，并发布了《关于本市开展碳排放交易试点工作的实施意见》，成立碳排放交易试点工作领导小组、专家委员会，明确了试点工作主管部门，建立了协同工作机制，为试点工作顺利开展提供了组织保障。

自试点工作启动以来，市发展改革委相继公布了第一批试点企业名单，建立了试点企业基本信息数据库，制定发布了《上海市温室气体排放核算与报告指南（试行）》以及9个分行业的核算方法，完成了试点企业2009～2011年碳排放初始报告的填报和盘查工作，研究制定了配额分配方案，并初步完成了交易系统、登记注册系统等支撑体系的建设工作，各项试点工作和任务正在积极落实推进中。

二、上海碳交易体系设计架构及进展

碳市场作为新兴市场，尤其对于还处于发展中的国家来说，其体系设计对市场未来能否稳定发展起着至关重要的作用。上海作为试点省市之一，在研究设计架构时，主要考虑的因素有如下几点：

1. 提升企业参与交易活动的积极性，催高碳交易市场的流动性

对于上海市碳排放交易试点来说，由于范围较小、交易主体数量有限，交易主体对交易活动、方式不熟悉，市场流动性较低。此外，近年来上海市范围内企业用能和排放需求刚性增长，交易参与者普遍对未来用能和排放增长预期一致，普遍有动机为未来新增的产能储存预留配额，这导致市场流动性低，需要加大市场的流动性及交易主体的积极性。

2. 促进价格发现

从欧洲碳市场的情况来看，由于期货具有价格发现功能，在全球碳市场体系中发挥着主导作用，因此欧洲碳市场具有一定的套期保值和风险对冲功能。而对于国内碳排放交易市场而言，试点期市场规模较小，市场形式较为简单，市场的价格发现具有一定难度。因此，在试点设计过程中需充分研究

金融机构的作用以及其他设计要点，促进价格发现。

3. 保证市场稳定，避免碳价格剧烈波动

碳价格的波动较强，甚至高于原油市场，其价格走势与原油价格类似，受到包括有政策、制度和监管因素、市场基本面、能源价格和极端天气技术指标等多种因素的影响。剧烈的价格波动带来的风险包括不确定的价格信号可能无法给企业采取减排行动带来可靠的激励，同时对于长期投资和市场信心等也有影响。对于国内刚刚建立的碳市场而言，应避免强烈的价格波动。

根据以上几点基本原则，结合行业发展基础条件、市场交易涉及要素以及考核管理方案架构等基本考虑，上海市碳排放交易机制的主要设计要素如图 3-11 所示。

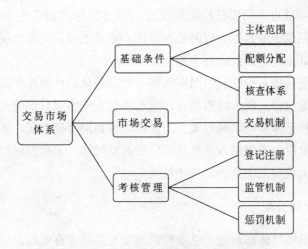

图 3-11　排放交易体系设计要素

（一）主体范围

交易体系起始时覆盖的范围是否合理将直接影响交易体系的市场运行及效果。在体系的初期阶段，多数体系所覆盖的部门较少，甚至从单一的电力部门着手，使体系更为简单。同时纳入尽可能多的管制对象，可在降低市场垄断风险的情况下，发现各企业间的减排成本差异，但仍需考虑体系的行政管理成本。

上海市在试点阶段主要考虑了行业的排放规模和强度的要素，将排放规模较大、排放强度较高、排放增速较快的行业纳入交易圈。试点企业具体纳入标准将分别按照工业行业和非工业行业制定，分别包括：

1. 工业行业：上海市行政区域内钢铁、石化、化工、有色、电力、建材、纺织、造纸、橡胶、化纤等工业行业 2010～2011 年中任何一年二氧化碳排放量为 2 万吨及以上（包括直接排放和间接排放）的重点排放企业；

2. 非工业行业：上海市行政区域内航空、港口、机场、铁路、商业、宾馆、金融等非工业行业 2010～2011 年中任何一年二氧化碳排放量为 1 万吨及以上（包括直接排放和间接排放）的重点排放企业。

纳入试点范围的"试点企业"应按规定实行碳排放报告制度，获得碳排放配额并进行管理，接受碳排放核查并按规定履行碳排放控制责任。

同时，上海市为了未来可以进一步扩大市场范围，增加交易主体数量，将 2012～2015 年中二氧化碳年排放量为 1 万吨及以上的其他企业纳入"报告圈"——在试点期间实行碳排放报告制度（简称"报告企业"），通过报告制度逐渐积累企业数据，同时使企业逐步熟悉上海碳交易市场体系，为下一阶段扩大试点范围提前做好准备。

国际碳交易体系所管制的温室气体一般都是从公认的 6 种温室气体中选择部分或全部包括。就上海市而言，基于各温室气体对总量的贡献及数据监测、报告和核证体系的难易程度，为保证市场初期平稳发展，上海市在碳排放交易初期阶段仅考虑纳入二氧化碳一种温室气体，未来根据行业发展可能考虑逐步扩大覆盖范围及管制气体种类。

（二）配额分配

为控制温室气体排放量，总量控制与交易是较为有效的市场机制。在该模式中，如何设定管制对象的排放总量、如何对配额进行分配是交易体系的重点。

交易体系的总量可根据减排目标及对管制对象排放量的预测来设定。而配额的分配方法主要分为无偿分配和有偿分配。无偿分配方法有基于历史排放水平的祖父制分配、基于排放水平的基准线分配，在历年数据较为齐全的情况下，可采用祖父制。而有偿分配主要以拍卖为主。在交易初期阶段，为减少企业抵触情绪，鼓励更多企业参与，推动交易开展，无偿分配的方法较为可行。而有偿分配则更为公平，符合"污染者付费"的原则。待交易体系较为成熟后，可逐步由拍卖取代无偿分配，对于面临排放源转移风险、贸易竞争型的管制对象可考虑给与一定的免费配额比例。

就上海试点阶段而言，根据上海市的总体部署和行业发展特点，其分配满足的基本要求主要有以下几点：

1. 满足总量目标要求

在推动上海市碳排放强度持续下降和节能减排目标实现的前提下，根据纳入试点行业发展规划及节能减排要求，确定"十二五"期末上海市及"交易圈"碳排放总量目标。

2. 尊重历史、兼顾发展

考虑到目前大多数试点行业还缺少用能标准，还不具备采用基准线进行配额分配的条件，因此试点阶段拟主要在历史排放数据的基础上进行配额分配。对于部分排放边界较清楚、数据基础较好的行业，可探索采用基准线进行分配。

3. 行业分类处理、企业基本可比、个别适度修正

纳入试点行业差异较大，结合各行业排放特点及未来发展规划，要进行分类处理，提出针对性的行业分配方法。

因此，在以上几点基本要求下，上海市的分配方法将主要以祖父制为基础，考虑企业碳排放效率、先期行动及本市减排目标等要素设计分配方案，排放配额以无偿分配为主要方式发放给排放交易主体。原则上基于 2009 ~ 2011 年试点企业二氧化碳排放水平，兼顾行业发展阶段，适度考虑合理增长和企业先期节能减排行动，按各行业配额分配方法，一次性分配试点企业 2013 ~ 2015 年各年度碳排放配额。对部分有条件的行业，可尝试按照行业基准线法则进行配额分配。

试点期间，碳排放初始配额实行免费发放，适时推行拍卖等有偿方式。同时，试点阶段暂不给新进企业分配配额，仅实行年度碳排放报告制度，待下阶段再适时纳入。其交易标的主要以政府发放的二氧化碳排放配额为主，同时允许补充经国家核证的基于项目的温室气体减排量，但是为了控制配额市场价格的稳定性，将基于项目的温室气体减排量的纳入比例进行限定，上海试点同时也在不断积极探索碳排放交易相关产品创新，为未来市场的多元化发展奠定良好基础。

（三）交易机制

就上海碳交易试点而言，试点初期需保证市场稳定性。同时，由于碳交易本身的目的是以市场化手段促进节能减排的实施，碳配额作为一种可以在市场上流通的有价商品，必然要具有其特有的商品属性。因此，在交易市场

的运作中要通过交易手段发现价格，与金融机构一起研究探索有创新性的、符合市场发展规律和未来发展趋势的创新产品来保证市场的活跃性和多元化，同时还可以有效规避由于碳价波动等因素所带来的潜在风险。

（四）监测、报告、核查体系

2013 年初，上海市正式印发了《上海市温室气体排放核算与报告指南（试行）》以及钢铁、电力、建材、有色、纺织造纸、航空、大型建筑（宾馆、商业和金融）和运输站点等 9 个上海市碳排放交易试点相关行业的温室气体排放核算方法，以指导和规范相关企业、部门和专业机构统一、科学地开展相关碳排放监测、报告、核查（MRV）和管理工作，为上海科学开展碳排放交易工作提供了重要技术支撑。

指南和行业核算方法是在充分学习和借鉴国际碳排放监测、报告、核查经验以及国家温室气体清单编制有关做法的基础上，组织专业机构、行业技术专家和部分试点企业共同研究完成。此次印发的指南和核算方法，是国内试点中正式印发的首个系统性的企业层面碳排放核算方法，为科学确定企业碳排放量提供了统一的度量衡标准，具有极强的实践价值。

同时，上海市已初步完成企业初始碳排放报告和企业碳盘查工作，建立了试点企业基本信息数据库和碳排放报告电子报送系统，完成试点企业 2009~2011 年碳排放初始报告填报工作，并完成了对上海市碳排放交易试点企业的碳盘查工作。

就 MRV 本身而言，基础数据的可监测、可报告、可核证是整个交易体系的重要支撑，其基本结构类似于财务制度，即各公司根据规定的监测要求提交自己的排放报告，由主管部门委托第三方机构进行核查，核查机构须由主管部门认证，而最终主管部门仍将组织对企业提交的碳排放报告和第三方核查机构的审核报告进行审定，并最终确定企业排放量。

（五）配套政策

自 2012 年 8 月上海市正式发布《关于本市开展碳排放交易试点工作的实施意见》（沪府发〔2012〕64 号，简称《实施意见》）并召开上海市碳排放交易试点工作启动大会以来，各项制度都在积极研究制定中。同时，上海市还在大力推进碳交易体系平台建设等其他相关工作，包括建设登记注册系统、交易系统等配套系统平台，同时在加强企业基础数据管理体系的构建等方面取得一定成果。

三、上海碳排放交易体系建设对碳资产管理的影响

（一）监测、报告、核查体系构建与碳资产管理

在建立上海市碳排放交易试点的过程中，MRV 作为体系中一个至关重要的环节对企业从事碳资产管理有很重要的影响。

企业的碳排放监测、报告和核查过程中一般涉及三类主体：企业、政府和服务机构，各自承担的基本职责包括：

1. 企业：企业是排放源的直接控制者，因此实施监测的基本责任需要由企业承担，企业负责相关原始数据的监测、统计、上报，配合核查，提供必要原始材料和情况说明等。

2. 政府：排放控制的要求由政府提出，因此政府负责对相关行为进行规范，主要包括颁布与认定相关监测的标准、方法，审定企业监测方案合规性，审定最终排放报告等。

3. 服务机构：服务机构围绕着对排放进行量化的整个过程，协助企业和政府进行相关工作，并保证自身的独立性，保障对同一碳核算过程中的不同业务之间不发生利益关联和冲突。具体工作包括协助企业进行排放监测方案的设计、排放报告撰写及核查，协助政府审定相关方案、最终报告，对相关计量设备器具进行检测、检查、认证等。

对于纳入强制交易主体的企业来说，MRV 是实现第三方核查和保证企业完成履约的必要条件；对于非强制交易的主体，也可以通过碳盘查的方式帮助企业掌握自身的碳排放情况，从而量化碳资产以便于未来开展交易或者抵押融资等操作实施。

（二）碳交易与碳资产管理

碳交易是以市场化手段促进节能减排的有效方式。在上海碳交易试点过程中，对交易主体主要以发放免费配额为主，以拍卖的方式为辅，企业可根据自身节能减排的实际情况，或者根据市场的动态进行配额的买卖以保证自身完成履约或获取差价利润，这就相当于将配额作为了企业的一种资产，企

业是否能很好地管理这部分碳资产对企业的经济发展有一定程度的影响。

在交易伊始，企业获得政府发放的配额，并根据实际需求进行买卖，同时市场还允许引入部分 CCER 作为一种补充机制纳入交易体系。在每个履约期结束后，企业须上缴与自身实际排放相当的碳排放配额，如不能提交足够的配额，应在规定期限内补交配额，并依据相关规定对其处以超额排放罚款。因此企业的碳排放量如果超过发放的配额数量就必须从市场中购买一定比例的配额或者 CCER 抵消排放量，如果企业通过节能减排等有效的手段降低排放量，从而可将剩余的配额卖出或者储存。

就上海碳交易体系发展现状与趋势而言，碳市场主要会以配额型交易为主，以项目型交易为辅；同时，为保证初期市场稳定性，减少市场风险，将主要以现货交易为主，未来随着市场逐渐发展成熟，多元化需要增大，将可能适时引入其他交易方式。

试点初期，虽然受整体政策大方向控制会尽量使市场保持稳定性，但市场可能会受经济等其他不确定原因影响，碳价格有一定程度的波动，企业对自身碳资产的良好管理和运作可以在市场上获取差额利润并完成企业履约责任。而这种在碳市场上的买卖或者投资行为同时也促进了市场的进一步发展壮大，其主要正面影响有如下几点：

1. 有利于市场流动性。投资主体进入碳市场，为市场发展提供了充分的流动性。

2. 有利于价格发现。碳市场的作用体现在通过价格发现机制使减排成本得到最优化的分担。投资主体通过雄厚的资金实力、专业的投资人员配备以及广泛的信息来源，可以理性决策进行组合投资分散风险，可以使价格发现机制更有效地发挥作用，减排成本合理分担，同时也帮助企业减轻负担，将精力投入于自身的碳排放管理上。

3. 有利于碳市场的稳定。由于碳市场作为一个新兴市场，还处于发展的初级阶段，市场规模的局限、单个排放主体资金实力薄弱、信息不对称等原因，使得市场大起大落的现象时有发生。通过注重长期利益的投资来稳定市场。

4. 有利于降低交易成本。通过规模经济的优势，降低交易成本。

因此，在碳市场中，无论是企业为履约而进行买卖还是以投资为目的的买卖都需要对碳资产进行宏观把控，同时以其商品属性创造一定的经济价值。

（三） 其他低碳融资与碳资产管理

由于碳交易的标的具有很强的商品属性，市场波动的成因比较复杂。利用市场波动往往可以赚取超额利润，也正因如此为降低市场风险，加强金融监管和碳资产管理是非常重要的。

当碳配额作为企业的一种有价资产存在时，金融机构的引入就对市场的发展甚至企业的发展有一定程度的影响。伴随碳市场的发展，一些商业银行逐步形成了商业银行碳金融业务产品包，主要包括为项目开发企业提供信贷、融资、风险管理、结算清算、资产管理等业务。企业可以通过这些金融服务（如信贷、融资等）最大限度地利用好手中的碳资产，为企业的发展提供一定程度的推进作用，同时还可以通过风险管理等对企业碳资产进行更合理的优化管理，有效控制其在碳市场交易中的风险。

随着市场的不断开发，越来越多的金融机构自愿加入到市场建设中，并不断研发与提供更符合中国特点的低碳金融产品，为企业的碳资产创造了更多产生附加价值的机会，也为碳资产管理提供了更多研究和可操作的领域范畴。

中国是一个发展中国家，碳市场作为一个新兴事物，其发展过程不可能一蹴而就。碳市场体系的建立是一个非常系统的工程，要保证各项制度建设都达到要求，也正因如此在开展全国范围的碳交易之前选取试点地区先行探索市场建立模式，为未来全国碳交易体系的开展打下坚实基础并积累丰富经验。

在市场开拓期，研究碳金融及碳资产管理相关内容具有极其重要的前瞻性作用。市场是动态发展的，这是一个不断成熟的过程，未来需要多元化的产品来活跃市场，对于碳资产的管理也逐渐得到更多企业机构的重视，随着我国碳市场的逐渐确立，碳资产管理也将在市场发展中有着越来越举足轻重的地位。

国际碳资产评估和管理的相关实践探讨

一、可持续发展的价值评估

近年来，全球越来越多的跨国公司逐渐认识到对可持续发展倡议和活动的投入不仅可以给企业带来中长期的收益，在短期也能够创造商业价值，如降低成本、控制风险、创新产品和服务等。然而，这些公司在推动全球可持续发展进程的态度上热情和挣扎并存。正确理解可持续发展活动创造的短期商业价值，尤其是评估其现金收益，并且决定各个活动优先级，是一项极具挑战的任务。目前，在中国国内，倡导绿色低碳经济的环境正在逐步形成，碳资产管理作为可持续发展活动的重要组成部分，也正在成为众多企业所面临的新挑战。

幸运的是，这一难题并非没有解决方法，而这也不是这些公司第一次面对类似的挑战，例如市场、研发和市场准入等非有形的商业活动也都存在类似的问题。和纯资本投入项目不同，可持续发展与碳资产管理活动的目的并非单纯的产生现金回报，其产生的收益多是无形和间接的，仅从现金流角度看往往是成本。降低公司商业活动的环境影响并不仅仅是为了保护地球，还能帮助公司增加客户认可度、吸引和留住人才、提升品牌形象等。因此，解决这一难题的关键在于：如何综合考量可持续发展活动的各项收益，并评估其现金价值。这对于管理层决策公司的可持续发展投入水平合适与否，或是与股东及其他利益相关方沟通公司的可持续发展表现，均具有决定性的意义。

由通用电气前首席执行官 Jack Welch 在 1981 年创造的"股东价值模型"是当前被广泛采用的评估公司商业表现的方法，这一模型的核心在于认为商业运营的目的在于最大化公司的财务表现。从评估可持续发展投入产出的角度看，这一模型则具有较大的局限性。可持续发展活动能够给公司带来的收益，例如降低对价格高度波动的化石能源的依赖，管理气候变化可能给公司运营带来的风险等，是能够提高公司的财务表现，带来真正的商业价值的，但这些价值在"股东价值模型"下很难被量化。在这样的背景下，需要对"股东价值模型"进行相应的调整和扩展，以适应评估可持续发展活动的价值主张，并且衡量其中长期的、无形的收益。

扩展"股东价值模型"以衡量可持续发展活动的财务影响可以通过两种方法：直接方法和间接方法。直接方法主要关注可持续发展活动的收益和损失，并相应进行评估。如上文所述，可持续发展活动的收益多是无形、中长期的，因此这些活动的短期财务表现往往是以成本或开销形式出现的。因此，需要将无形、中长期的收益综合纳入短、中和长期的价值评估。鉴于评估这些收益的困难程度，直接方法通过强调"可能性"来解决这个问题，即可持续发展领域的投入有多大可能性导致市场的扩展、市场占有率的提升、降低运营成本、降低风险等。这样，通过这些收益的财务价值和可能性即可计算可持续发展投入的财务表现。需要指出的是，"可能性"是很难被确定的，因此应用直接方法对可持续发展投入的估值往往是一个范围（上限和下限）。并且，在某些情形下，并没有足够多的信息和数据进行可能性的范围评估，所以直接方法并不适用于所有情况。

间接方法，同样认为可持续发展投入可以创造股东价值，但并不通过将其与收益和损失直接联系来评估。间接方法将可持续发展投入和股东价值联系的方式是应用"多属性效用分析"（MUA）。MUA 是政府机构进行公共政策决策时常用的方法，通过权衡相互竞争的、非财务的目标产生的影响进行评估。运用到可持续发展领域，可以将可持续发展投入产生的各种影响，如提升效率、降低风险、提升员工认可度、支持当地社区等，和相应的绩效指标进行比较，再权衡这些绩效指标的财务价值，以得出可持续发展投入的总体财务表现。

通过对可持续发展的价值评估进行分析，企业将能够更好地理解其投入的价值主张、更客观地评估可持续发展的财务收益、量化股东收益、公平比较不同活动、进行优先级评估、发现漏洞，以及更好地开展股东与其他利益相关方的交流。

作为全球可持续发展的一个关键议题，气候变化和温室气体减排，已经被越来越多的公司纳入其商业运营的考量范围。而国际国内近年来政策和商业领域的快速进展，也使正确评估气候变化对企业的财务影响和温室气体减排收益的需求不断提升。碳资产逐渐成为各大公司需要考量的重要资产。

因而，碳资产的评估，是可持续发展投入收益评估的一个具体方面，同样面临困难和挑战。碳资产评估的关键在于碳定价机制，例如通过碳市场或碳税，和对温室气体排放或减排量的计量。以下将简要介绍美国、欧盟、英国等发达国家及地区在碳资产评估和管理领域的实践，希望能够为国内的碳资产评估和管理提供借鉴。

二、美国、欧盟、英国等国家及地区碳交易平台下的碳资产评估和管理

（一）应对气候变化政策对碳资产管理的影响——美国实践

到目前为止，美国还没有承诺强制的减排目标。相反，作为世界上最大的温室气体排放国之一，美国应对气候变化的举措与欧盟各国相比显得非常保守。由于美国两党分制和三权独立的治理结构以及利益集团之间复杂的博弈，美国政府气候政策在联邦层面的推进始终步履维艰。但在美国各州和地方政府层面，社会和企业对于提高能效、市场机会资本化等利益诉求为地方政府的行动提供了广泛的政策和实践基础（Doran，2007[①]），使州与地区层面的气候和能源政策的制定与立法取得了显著进展。在气候与能源政策逐渐成型的大趋势下，美国的企业和商业部门也开始权衡在碳排放约束的商业环境中，保护资产和提升利润的风险与机会[②]。

[①] Kevin Doran et al., United States Climate Policy: Using Market – based Strategies to Achieve Greenhouse Gas Emission Reductions, 2007, http://www.climateactionproject.com/docs/United_ States_ Climate_ Policy. pdf.

[②] 赵行姝：“美国在气候变化问题上的政策调整与延续”，2009，http://ias.cass.cn/show/show_ project_ ls. asp? id = 100.

1. 美国联邦政府控制温室气体排放的政策背景

美国在奥巴马政府的领导下重新回到了全球应对气候变化的框架中来，2009 年美国在哥本哈根提出了不具约束力的减排目标：到 2020 年在 2005 年排放的基础上减排 17%。而随着 2009 年《清洁能源与安全法案》在参议院受挫，美国在联邦政府层面的全国性温室气体控制政策框架一直未能成型。但温室气体控制并非一个独立的环境问题，美国政府在空气污染控制、行业清洁能源推广等方面的综合性法律法规政策还是为实现减排提供了有效的基础（WRI，2010①）。在现有的联邦法律系统下，《清洁空气法》中移动源和新排放源绩效标准，以及该法案第 VI 章中减少氟氯碳化合物的规定被认为是最有助于有效实现减排的相关政策。交通部有关机动车燃油效率的规定也在相关产业部门发挥着较重要的作用（WRI，2010）。美国能源部、美国交通部和美国环境保护署是使用这些政策工具行使减排控污的主要政府部门。

（1）排放数据追踪：温室气体报告系统。美国环境保护署（EPA）在 2009 年 10 月启动了温室气体报告系统，追踪和公布全国一系列产业部门内大型污染源和供应商的排放情况。2012 年 1 月，美国环境保护署（EPA）首次通过该系统公布了 2010 年温室气体数据，包括 9 个产业部门的公共信息，涵盖直接产生排放的 29 个污染源类别和化石能源及工业气体的供应商。该系统通过美国环境保护署（EPA）自 1990 年起每年发布的《美国温室气体排放和碳汇清单》收集数据，用户可以通过设施类型、产业、位置或气体类型来对 6700 多个厂家的数据进行筛选，在"直接排放者"和"供应商"两个部分中展示②。

该系统及所提供的信息可以帮助企业追踪污染情况并识别缩减成本、减少燃料消耗和提高能效的方法，树立产业领袖，为州和地方政府的政策制定提供参考，为金融机构和投资方提供重要信息，也有助于促进保护公共健康和环境的技术创新。

（2）联邦《清洁空气法》与《新污染源排放标准》。《清洁空气法》（Clean Air Act）第 111 条授权美国环境保护署（EPA）对于特定的固定污

① WRI Report, Reducing Greenhouse Gas Emissions in the United States – Using Existing Federal Authorities and State Action, July 2010, http：//www. wri. org/publication/reducing – ghg – emissions – using – existing – federal – authorities – and – state – action.

② EPA, extracted Aug, 30, 2012, http：//www. epa. gov/climatechange/emissions/ghgrulemaking. html.

染源设定基于技术的标准，被称为《新污染源排放标准》（New Source Performance Standard, NSPS）。该标准适用于在特定污染源类别中的新型、被改进或重组的相关设施的排放，如玻璃、水泥、橡胶轮胎和毛玻璃制造等。截至2005年，有将近75种新污染排放标准被列入清单。该标准每八年按照新的技术进步更新一次，通过规定特定行业中的"最佳论证技术"来设定排放限量，由EPA负责监督并落实执法[①]。

在温室气体控制方面，《新污染源排放标准》的特定产业包括化石燃料发电厂和炼油厂，所管制的空气污染源包括温室气体、毒性化学物质，以及清洁空气法案中标明的6种重大常见空气污染物。《新污染源排放标准》鉴于潜在的缩减成本的可能，可能会在新污染源排放标准中融入污染物交易机制，包括总量控制与交易制度，来实现更高水平的减排。

（3）能源部的节能措施。美国能源部下属的能源效率与可再生能源局（Energy Efficiency and Renewable Energy, EERE）通过提高能效和清洁能源的项目来优化能源使用，减少温室气体排放。其中效果最显著的"更佳建筑节能计划"和"电器与商用设备标准计划"，通过制定耗能产品的强制性节能标准鼓励具体有效的节能技术创新，实现能效升级[②]。

（4）交通运输部的燃油经济性标准（Corporate Average Fuel Efficiency, CAFE Standards）。美国交通运输部在2010年5月实施新的汽车燃油经济性（CAFE）标准，规定在美国销售的2016款轻型车（包括轿车、SUV、皮卡及小型厢式车）平均燃油经济性由2011年款车型的27.3英里/加仑（约合每百公里8.6升），提升为35.5英里/加仑（约合每百公里6.6升），燃油经济性增幅约为30%[③]。

尾气排放占机动车温室气体排放的97%以上，而新的燃油经济性标准可以显著减少汽车尾气排放的二氧化碳，因此也被视为应对气候变化的有效方法。此标准同时为汽车制造商提供了更大的灵活性，包括在2015年车型设计中通过增加灵活的燃料选择和替代性燃料机动车设计来获得联邦所得税减免。

---

① http：//www. epa. gov/compliance/monitoring/programs/caa/newsource. html.

② http：//energymonthly. tier. org. tw/outdatecontent. asp？ReportIssue = 201203&Page = 31；http：//www. tbtmap. cn/portal/Contents/Channel_ 2125/2008/1006/40268/content_ 40268. jsf？ztid =2149.

③ 人民网，2010；http：//auto. people. com. cn/GB/173005/11420908. html，extracted Aug 30, 2012.

2. 区域性碳交易项目和减排目标简介

（1）区域性行动综述。与联邦政府层面迟缓的行动相比，美国区域性的减排政策更为活跃。各州和地区层面的排放交易机制代表了美国国内最重要的减排力量。目前在北美主要有三个区域性的总量控制与交易体系，吸引了美国23个州和加拿大4个省的参与。其中，23个州的人口和GDP接近美国全国的一半，排放的温室气体占美国总排放量的1/3。

（2）区域性碳交易项目简介。

①东北部区域温室气体倡议。东北部区域性温室气体倡议（the Northeastern Regional Greenhouse Gas Initiative，RGGI）是美国第一个温室气体的总量控制与交易体系，由东北部和中大西洋地区10个州共同参与。该体系将电力行业作为温室气体排放控制的主要部门，设定排放总额在2009年到2014年间控制在与历史排放相当的水平上，而后每年减少排放总量2.5%，从而在2018年实现较基准水平10%的减排。RGGI在2008年9月25日首次分配配额，从2009年1月开始生效，此后每季度拍卖配额一次。

②西部地区气候行动方案。西部地区气候行动方案（the Western Climate Initiative，WCI）在设计之初由美国7个州和加拿大4个省参与，经济规模占美国总体GDP的20%。西部地区气候行动方案在2008年公布了基本的项目参数，将区域内90%的温室气体排放纳入限排的框架中，因而也被视为整体经济减排的体系。该方案计划在2020年实现在2005年排放基础上15%的减排。

然而在2010年，众多积极参与该方案设计的州纷纷搁置或退出计划，仅有加州推出了交易体系的具体实施方案，并将于2013年1月1日起正式执行。根据加州空气资源委员会颁布的最终原则，加州将在2020年之前减排至1990年的水平，最终在2050年实现在1990年基础上80%的温室气体减排。

③中西部温室气体减排协定。中西部温室气体减排协定（Midwestern Greenhouse Gas Reduction Accord）是一个由美国中西部6个州（明尼苏达、威斯康星、伊利诺伊、爱荷华、密歇根和堪萨斯）的州长共同签署的地区减排协定。该协定于2007年11月15日签署，设立了中西部温室气体减排机制。根据签署参与各州的目标，设立温室气体减排目标和时间框架；开发基于市场和多个产业部门的总量控制与交易机制，以实现减排目标；设计管理系统，来实现对污染的追踪、管理和对成功实现减排的企业或实体的奖

励；采取和实施其他有助于实现减排目标的辅助措施，如低碳燃料标准和地区刺激投资机制。

美国中西部地区有众多重工业制造和农业生产部门，是整个北美地区最依赖煤作为主要能源的区域，但这里也有世界级的可再生能源资源，使该地区有机会在解决气候变化问题上发挥领导作用。

2009年6月，中西部温室气体减排协定顾问组完成了最终的征求意见稿①；2010年4月，交易的运作模式最终确定。顾问组确立的减排目标为到2020年12月31日，将所有规定污染源的排放在2005年的基础上减少20%，最终实现到2050年12月31日在2005年的基础上减排80%。

（二）气候变化政策和市场环境对公司碳资产管理的影响——美国和欧盟的企业实践

1. 美国企业应对气候变化政策的碳资产实践

（1）影响美国公司的主要气候政策。除了美国国内的政策和法规，美国的众多公司尤其是涉及跨国业务的公司，还需要受到国际性气候体系与框架的影响。表3-4对相关的公约和强制性交易机制的涉及区域、范围和目标进行了总结。

表3-4　　　　　　　影响美国公司的主要强制性碳交易机制

机制	涵盖区域	范围	目标
联合国气候变化框架公约，《京都议定书》（1997）	国际性	所有温室气体	建立灵活的碳交易机制，在国际公约下实现温室气体减排。
欧盟排放贸易体系（2005）	多国参与	碳强度高的产业，所有温室气体	支持分摊减排和《京都议定书》下的温室气体减排承诺。
区域性温室气体倡议（2009）	由东北部和中大西洋地区10个州共同参与	排放量较大的火力发电部门	在2018年实现基准水平上10%的减排。

①　http：//www.igreenlaw.com/storage/Final_ Model_ Rule1.pdf.

续表

机制	涵盖区域	范围	目标
西部地区气候行动方案/加州总量控制与交易体系（2013）	截至目前，加州推出了实施细则	碳强度高的产业，所有温室气体	加州将在 2020 年之前减排至 1990 年的水平，最终将在 2050 年实现在 1990 年基础上 80% 的温室气体减排。
中西部温室气体减排协定（2010）	美国中西部 6 个州	碳强度高的产业，所有温室气体	到 2020 年 12 月 31 日，将所有规定污染源的排放在 2005 年的基础上减少 20%，最终在 2050 年 12 月 31 日在 2005 年的基础上减排 80%。

资料来源：PwC，2009①。

（2）当前政策体系对商业运作的影响。美国的气候变化政策一直以来都在调整和延续中变化，短期内难以预见在联邦政府层面的碳交易框架形成或大幅度的减排政策出台。但另一方面，应对气候变化与清洁能源、能效提升、污染控制等其他环境问题的解决密不可分，美国环境保护署、能源部和交通部等部门在能效管理项目、清洁能源技术刺激和推广项目上的政策和规定也取得了显著的减排成果。州政府和区域性的强制性减排政策、框架和法规更让企业面临更多的经营选择和应对气候变化的风险。

目前，区域和地区性的气候政策对于业务涉及跨区域运作的企业而言带来了不利影响。尽管各州的气候政策和框架都致力于减少温室气体排放，鼓励企业通过商业运作中的创新减少对环境的影响，但实施细则和方法却千差万别，给众多业务涉及不同框架区域和全国范围的企业带来复杂、低效和高成本的问题。此外，有的企业会通过将业务或生产设施迁移到气候法规松散的州或地区，以此规避气候政策所带来的额外成本和经营调整，这也是部分州不断推迟气候法规立法和相关政策制定的原因之一。

（3）企业层面应对变化。在联邦、地方和区域以及国际性的气候变化政策和框架的综合约束下，美国的企业面临着经营管理和风险控制等多方面的挑战。尤其是在强制性的交易框架下，碳排放量较大的企业，如能源、电力、工业生产等部门的企业开始面临更多的经营和战略选择；通过采用最佳

---

① How your company can prepare to manage carbon as an asset, PwC, Nov 2009. http：//www. pwc. com/en_ US/us/energy/assets/carbon_ whitepaper. pdf.

技术和创新投入所减少的碳排放或碳排放许可正在成为企业资产的一部分。另一方面，对于碳足迹较小但可能对其他产业产生重要影响的产业，如金融和投资业等，清晰的碳资产管理战略将有助于其评估和管理投资风险，提高企业声誉。

①识别新的风险和机遇。有效碳资产管理的第一步是对新风险和机遇的准确判断和识别。气候变化带来的风险可以归结为两类：第一级别风险，指由于气候变化带来的极端天气、自然灾害等给日常商业运作活动造成的影响；第二级别风险，是指与企业可持续发展相关的法律、政策和战略风险。第二级别风险与包括管理者、消费者和雇员在内的多方紧密相关，对企业可持续战略经营的规模和范围都提出了更高的要求和更大的挑战。

美国气候风险投资者网络（INCR）2011年发布了《气候风险与机遇识别指南》，提及了识别、披露和应对气候风险和机遇的11个要点：

- 将气候变化风险和机遇纳入企业运作的综合考虑中；
- 创建一个气候风险管理小组，保证气候变化因素在高级别和系统性的决策中不被遗漏；
- 创建一个监管委员会，保证企业战略、声誉和资本投资所面临的气候风险在可控范围内；
- 建立内部控制，明确步骤，收集温室气体排放数据和其他与气候变化相关的信息；
- 测量运营、能源使用和产品能耗，创建目前的排放清单并确立基准水平；
- 计算历史和预测排放量，以了解企业的排放趋势，评估未来的监管和竞争力风险；
- 设定具体的减排目标，定期公布进展情况；
- 识别风险和机遇并评估重要性，包括物理风险、财务和承保风险、政策监管风险和机遇、立法风险、间接风险和机遇、声誉风险和排放；
- 随时将排放、风险和机遇量化；
- 具体化，详细讨论针对企业资产和运营的气候风险和机遇；
- 在评估重要性时，考虑投资者的需求。

②温室气体排放核算。整理和汇编针对企业的全面而可靠的温室气体排放清单，是企业管理碳资产、减少碳排放和制定可持续发展战略的重要基础。目前全球近2/3的财富500强公司都根据由世界资源研究所和世界可持

续发展工商理事会（WBCSD）设计的《温室气体核算体系》开发了自己的温室气体排放清单（WRI，2009[①]）。《温室气体核算体系》是为企业开发的一套国际公认的温室气体核算和报告标准，在企业、政府、非政府组织和其他团体中得到了广泛的使用。该体系还进一步制定了一系列独立而互补的标准，包括企业核算与报告标准、项目核算标准、企业价值链核算和报告标准、产品核算和报告标准。

对于能源密集型产业和高排放部门，清晰明确的温室气体排放清单有助于追踪企业的减排情况，为利益相关方提供准确的信息。而对于不直接产生显著排放但是对其他产业有重大影响的行业，比如金融部门等，温室气体排放清单有助于评估和追踪一系列产业部门、产品、服务和投资的排放情况，以充分识别与气候变化相关的潜在风险和机会，实现积极的商业和环境影响规模化。

《温室气体核算体系——企业标准》（下文简称《企业标准》）中提供了企业核算和报告排放的5个原则[②]（WRI，2010）：

● 相关性：确保公司的温室气体清单清册能适当地反映公司的温室气体排放状况，能满足公司外部和内部用户的决策需要；

● 完整性：在选定的清单边界内，记录并报告所有温室气体排放源和作业活动，披露并说明每一个剔除的排放活动；

● 一致性：使用一致性的方法，以容许进行有意义的跨期排放比较，按时间顺序透明地记录数据、清册边界、方法或其他相关系数的所有变化；

● 透明度：在可供稽核的基础上，以符合事实和前后连贯的方式阐述所有相关议题，披露所有相关假设，并适当地注明所引用的核算和计算方法的出处，及所使用数据来源；

● 精确度：确保温室气体排放的量化是采用系统的方法，不高估或低估，在可判断的范围内，尽量降低不确定性，具备充分的精确度，使资讯使用者在报告信息合理的保证下进行决策。

在核算之前，需要先定义组织边界和范围，决定哪些实体、风险项目或活动应纳入温室气体清单。《企业标准》为企业提供了两种界定范围的方法：控制法和股权比例法。如表3-5所示。

---

① WRI Report, Shally Venugopal et al. , Accounting for Risk: Conceptualizing a Robust Greenhouse Gas Inventory for Financial Institutions, Aug 2009, http://www.wri.org/publication/accounting - for - risk.

② WRI and WBCSD, GHG Protocol Corporate Standard.

表 3 - 5　　　　　　　　　　　　确定组织边界的方法

控制法		股权比例法
财务控制	运营控制	
企业对有财务控制权的温室气体排放进行核算	企业对有运营控制权活动的温室气体排放进行核算	依照经济持股比例分配温室气体排放，这是企业从运行中获得的风险和权益的延伸权益

资料来源：WRI，WBCSD，《企业标准》。

总之，在温室气体核算中，报告企业应保证能够通过该温室气体排放清单将企业商业风险最小化，并保证清单在各业务范围内的实际操作性和一致性。在清单的识别过程中，应保证利益相关方的充分参与。

2. 欧盟企业的碳资产管理实践

就碳资产对企业商业运营影响而言，欧盟碳资产的影响体现在：一方面，企业需要为按照规定的流程参与欧盟碳交易体系做好程序上的准备工作，另一方面，企业需要在会计层面做好充分准备。

（1）参与欧盟碳交易体系的流程准备。随着 2013 年临近，ETS 的各参与成员国已经开始着手第三阶段的前期工作，被归纳在碳交易体系的企业也都已经向所在成员国提交了相关的排放数据。虽然从第三阶段开始，该体系在排放配额的计算和分配方法上有了很大的变化，但是对于企业来说，基本规则并没有太大变化。

首先，企业需要在所在成员国的主管部门的网站上注册被纳入交易体系的设施；然后要向该部门提交一份配额申请和监测计划的申请书；最后，在得到了主管部门的许可后，企业需要在欧盟注册登记开设账号，用以记录未来所有会产生的交易。每一年的交易过程大致如图 3 - 12 所示。

由上述流程可以看出，监测在碳交易体系当中占有非常重要的地位。首先，在企业向监管机构申请排放配额时，需要同时制定一份下一年度的排放监控计划，而监测活动将会根据该计划从新一财年的第一天开始执行，直到最后一天才会结束，接着下一年的计划便会开始实施。因此，监测计划的质量将会直接影响到下一年排放数据的收集和质量，同时也通过完整、一致和透明的理念在碳交易中建立了诚信。

通常来说，一份监测报告包括以下元素：数据收集（生产方式、仪表读数和账单）、原材料和燃料取样、原材料和燃料样本的实验室分析、所使

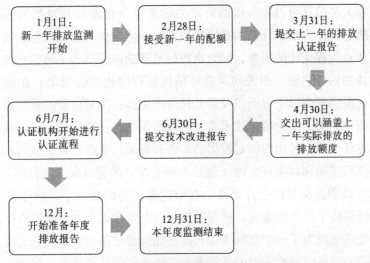

图 3 – 12 欧盟碳交易年度流程[①]

用计算方法和公式的描述、控制方法（比如数据收集中的双人原则）、数据存档（包括防止数据被篡改）、定期识别可改进的部分。

目前，共有以下 4 种主要监测方法学[②]：

①标准方法学，主要是通过活动数据和排放因子得到排放数据；

②质量平衡方法学，当产品（或废弃物）中碳的成分非常高时，标准方法学则很难计算出合适的数据，因此可以使用质量平衡的方法计算二氧化碳的排放量；

③测量方法学，专门用来测量 N_2O 的排放量，因为该方法可以避免复杂的使用材料之间的化学关系；

④综合前面所提的三种方法，根据具体情况进行合并应用。

由于每个设施的条件不同，其排放量的大小也会不一样，所需要的参数及其复杂性也会有所出入，因此使用"级"对所得到的数据质量进行级别划分（等级 1~4，等级越高质量越高）。对于排放量较小的工厂，低"级"的数据已经足够提供让人接受的性价比。

对于其他相对不是特别重要的非主要监测活动，或者是经常变化的监测

① Environment Agency (the U. K.) (2012) . European Union Emission Trading Scheme (EU ETS) – How to Comply with Your Greenhouse Gas Emissions Permit. [Available Online], http: //publications. environment – agency. gov. uk/PDF/GEHO0712BWTB – E – E. pdf Accessed 26/08/2012.

② http: //ec. europa. eu/clima/policies/ets/monitoring/docs/gd1_ guidance_ installations_ en. pdf.

元素，相关的信息可以作为辅助的"书面流程"帮助提升对相关信息的理解。虽然它不作为监测计划的必要组成部分，但是作为辅助信息它既详细地记录了所有流程变化的历史，同时也很好地帮助监管机构了解整套流程。为了保证计划的可信度，相关的风险评估控制程序也是必须的。在相关文件中，需要提到至少以下方面以及降低风险的措施：测量仪器的质量保证；用于数据流程相关活动的信息技术系统的质量保证；在数据流及其控制与管理相关的责任切割；公司内部对数据的审查和验证；更正和纠正措施；对外包活动的流程控制和对所有文件（包括不同版本）的记录保管及存档。

（2）欧盟碳交易的会计准备。在欧盟碳交易的带动下，该体系下的碳市场已经形成了相当的规模，而对于参与的企业来说，如何对碳资产进行会计上的处理也成为了一个新挑战。尤其是如何通过报表客观并毫无歧义地向利益相关方呈现碳资产的价值及其未来走势和影响日趋重要。但是在会计上如何处理"碳资产"至今没有一个国际统一的标准，而错误的匹配将会增加企业收益的波动。

虽然各企业对碳资产有不同的理解和处理方式，但是在国际排放交易协会（IETA）和普华永道2007年发布的一份问卷调查里表现出了一些趋同[①]：26家受访企业中大部分企业将初期分配的排放配额划分为无价的无形固定资产，58%的企业把交易中购得的排放配额归类为无形资产；大部分（86%）企业不对配额进行折旧处理，期间也不会对其重新估价；将近3/4的企业（73%）会根据不同情况对配额采取不同的计价方式，比如对初期欧盟免费分配的排放许可均以无价进行计量，部分企业将通过远期合同购得的部分配额以合同上的定价为准，而在交易期结束时向欧盟上交剩余的配额则以当时的现行市价为配额定价；超过一半的企业认为给予配额销售的收益应该属于销售成本的范围，23%的企业则认为计入其他营业收入更为贴切，但是当给予配额最初以无价形式记录并在稍后被售出，绝大部分的企业认为其中的收益应该在当年的报表中以全额体现。调查结果还显示，在讨论到欧盟碳交易体系中的企业将会遇到的与会计相关的问题和挑战时，64%的企业指出制定合适的会计准则所需要的时间对他们来说是最重要的一个问题，包括对其他企业对策方法的研究都需要一个漫长的过程。对41%的企业来说，

---

① http://www.accaglobal.com/content/dam/acca/global/PDF-technical/environmental-publications/rr-122-001.pdf.

处理方式的不同将会引起财务绩效和水平比较的困难。除此之外，企业所关注的问题还包括向公司高层报告和向投资者报告的具体细节问题，在没有关于收购和投资方面的统一引导下所带来的挑战，以及不同的会计方式所带来的税务上的不同影响等。

（三）英国在碳价格对政策制定和评估影响方面的相关经验

在国家层面，欧盟允许各个国家通过自身的立法机制实现各自的减排目标，英国是开展减排活动时间最长，机制最为健全的国家之一。

随着欧盟不断出台更多和环境相关的政策，而且环境政策的影响范围逐渐增大，各成员国在制定其他的法律规章或者计划大型项目时需要结合环境方面的法律规定进行综合评价的机会越来越多。碳交易对此的影响更是如此。根据英国政府的经验，如果二氧化碳的排放在所提议的政策和项目中产生一定的影响，那么碳资产价格在论证的过程中将是起到重要作用的一个环节，同时也会帮助相关部门选择出对英国社会最合适和有效的政策。但是，英国政府并没有碳定价权，因此一套可信度高和准确的定价方法便显得尤为重要。英国政府在 2007 年采用了社会碳成本的方法给碳资产估价，但在 2009 年改为了与减排目标一致的方法学。

1. 早期碳社会成本（Social Cost of Carbon）的碳价评估[1]

碳社会成本方法的基础来自于 2006 年发布的斯特恩报告，所评估的碳价称为影子碳价格（Shadow Price of Carbon，SPC）。该方法认为温室气体造成的社会成本会随着其浓度的变化而变化。因此，在浓度达到了一个相对稳定的状态时，其造成的社会成本也是恒定的。反之，从理论上来讲，在二氧化碳造成的社会成本达到了一定的水平，其浓度的水平也是可以被反推出来的。

计算碳社会成本是一个非常复杂的步骤，因为在实际操作中会涉及不同层面的不确定性，包括科学、经济、伦理等各方面因素。由此，综合评估模型（Integrated Assessment Models，IAMs）尝试通过联合所有相关的参数去计算气候变化所带来的影响，最后得出碳社会成本。

但是，在计算过程中会涉及大量复杂的模型和假定，并且要对未来作出

---

[1] Department of Energy and Climate Change (2009). Carbon Valuation Appraisal in UK Policy: A Revised Approach. Accessed 23/08/2012.

长期预测，参数的变化将会对最后的结果带来巨大的影响。其中，如何评估气候变化所造成的损害包含了诸多不确定因素。而且，气候变化的影响很难直接量化，尤其在温度上升超过2℃的情况下，会有更多的问题需要处理。因此，从实际操作的角度来说，要给出一个可信的结果是非常困难的。如果在未来有更加确凿的证据可以更好地从不同的角度了解气候变化的影响，该模型将会提供可信度更高的信息帮助决策者制定相关的政策。

2. 转为与减排目标一致（Target – Consistent）的计算方式的原因和简介

英国政府的能源和气候变化部门认识到，在碳社会成本方法下，太多的不确定性因素导致计算出来的碳价格所达到的二氧化碳浓度不一定和英国政府所设定的目标一致。因此，英国政府采取了与减排目标一致的方法给碳定价。其原理是通过边际减排成本的模型找出需要达到的减排目标和采取的手段，然后找出所对应的碳价格。

从实际情况出发，采用短期和长期两个目标会更好地开展减排工作。短期目标是指英国在《京都议定书》中承诺2008～2012年之间的排放量需要比1990年时减少12.5%。而欧盟则要求英国未被列入碳交易的行业在2020年时的排放量要比2005年减少16%；加入碳交易体系的行业已经通过排放配额的方式达到了该目的。所以，英国届时的排放量将会在1999年的基础上减少34%。由此，就短期而言，英国需要一个专门针对被列入碳交易体系行业的碳价格，而对于没有被列入碳交易体系的行业则需要分析另一个碳价。

对于交易体系来说，碳价是和配额的市价同等的，因为对于英国社会而言，减排价值的机会成本是不减少排放，所以减少排放的价值和排放许可的价值是挂钩的。同样，非交易体系下的企业，其减排的机会成本是不减少排放，因此在边际减排成本的模型中设定不同的减排方式后可以寻找出相关的减排成本。

英国的气候变化部门认为，所有行业对同一个目标进行减排并且只有一个碳价才是最低成本的选择，从长远来说，这将会成为现实。虽然国际间还没有具有法律效力的长期减排目标，但是英国已通过本国的气候变化法案决定：2050年的排放要在1990年的基础上减少80%。该目标是根据英国当时减排的情况制定的。随后，英国政府规定每五年制定一份碳预算（Carbon Budget），在预算中估计出每个阶段英国碳排放的情况，以确保2020年以及2050年目标的完成[①]。同时，英国还预测，从2030年开始，一个综合碳交

---

① 前四个碳预算（2008～2012，2013～2017，2018～2022，2023～2027）已经立法。

易体系将在全球范围内展开，因此，部分企业未纳入碳交易体系以及减排目标不一致的问题将不复存在。届时，全球将会有一个统一的碳价，相关的分析研究也会根据国际排放的预测、减排成本和减排目标进行。

这种方法将会为决策者完成减排目标带来更多的信心，因为决策者可以了解到达到减排目标的具体方法，并且是以最经济的方式实现目标。

三、国际碳资产评估和管理对国内相关实践的借鉴意义

通过对欧盟和英美国家在碳资产评估和管理领域的相关实践的介绍可以看出，碳资产评估的基础是对温室气体排放的准确计量，定价机制是难点，而碳排放配额和减排成为资产的关键则是一套有效的政策和法律措施保障。中国作为《京都议定书》的非附件一国家，当前及未来几年是建立配套政策和法律环境的关键时期，也是碳资产评估和管理发展的关键时期。如何在没有强制减排目标、缺乏明确的定价机制的现实环境下，更好地准备、开发和实践碳资产评估和管理，是国内相关行业和企业面临的重大挑战。同时，挑战和机遇是并存的，这一时期也是通过产品和服务创新，开拓市场和解决问题的黄金时期。国内通过 CDM 项目而开始的碳资产评估实践已经积累了一些经验，正在逐步开展的各省市碳交易试点和潜在的碳税也将为碳资产评估提供很好的探索和实践的机会。

挑战总是与机遇并存。碳交易及碳市场的立足点是以最优的减排成本实现温室气体减排，而碳资产评估通过货币化和定量化的方法，是保证碳市场机制有效运行的先决条件。企业可以通过在低碳领域的产品和服务创新，把握和开拓新的市场机会。目前不确定的市场和政策环境是企业充分为未来准备，占领市场先机的黄金时期，而合理评估碳资产的价值，是企业理性决策在低碳技术和减排领域投资规模和内容的重要基础。

就短期而言，在减排方面的投入会给企业带来额外的成本，但若仅通过传统的"股东价值模型"等方法核算成本收益，会忽略企业在财务表现之外的可持续发展"软实力"表现。从长期来看，对碳资产价值的评估不仅有利于企业综合判断其整体绩效状况，更能帮助企业将与环境和可持续发展相关的风险纳入投资和决策的考虑范围内，为企业提供逐步更新管理模式和可持续经营思维的机会，这同时也是企业承担社会责任的体现。正因如此，

尽管碳资产价值的评估存在诸多不确定性和问题，但全球越来越多的企业都开始坚定不移地将碳资产的价值纳入管理和运营的权衡中来。

随着政策监管的不断加强和公民社会对环境问题的关注度的不断提高，对于碳资产的合理评估将给中国企业带来多重收益：企业可以客观地对可持续发展和低碳投资行动进行理性决策和评估，全面而充分地理解通过减排行动所创造的股东价值，理性比较和权衡商业决策，识别投资组合的风险和问题。对于中国企业而言，这也是适应全球可持续发展趋势，优化自身商业模式的有利契机。

我国大型能源企业开展碳盘查的相关实践

一家典型的能源企业如何使碳资产成为企业未来发展中的一个新的增长点？企业要做的就是摸清自己的"碳家底"，开展全面的企业碳盘查工作，进而展开碳资产评估工作，从而深入了解企业所拥有的碳资产价值，为规划企业未来发展方向提供了重要数据支撑。

本文将以国内大型能源企业为案例，向读者介绍其开展碳盘查工作的背景、实施碳盘查的组织架构、碳盘查技术标准选取依据、碳盘查组织边界与排放源甄别、数据调研及核算方法报告方法、碳盘查报告结论及其对规划企业未来发展的影响等内容。期望通过该碳盘查实践案例，能够帮助准备开展碳资产评估工作的企业更深入的理解和认识碳资产，了解掌握碳资产盘查的进程与要点，以进一步发掘企业的资产价值与竞争优势。欢迎更多关心碳资产的企业能够与我们交流和探讨。

一、中海油碳盘查实践摘要

中国政府已提出了明确的温室气体排放强度目标，国家发改委也拟定了在国内开展碳市场交易的发展规划目标。开展和完成温室气体盘查工作将成为企业践行国家气候变化政策和完成国家温室气体排放工作目标最基础和最迫切的工作任务。

中国海洋石油总公司（以下简称"中国海油"或"海油"）于 2010 年

9 月启动了中国海油温室气体盘查项目工作，对中国海油 2005 年和"十一五"期间主要业务板块的温室气体排放情况进行了统计盘查，成为国内第一个按照国内温室气体排放标准完成温室气体盘查工作的大型央企。

本次盘查工作，中国海油遵循国际通用的温室气体排放原则和量化方法，结合企业实践进行了创新性的探索和应用，系统总结了中国海油各行业的温室气体排放量化方法，编制了对应中国海油不同行业的《温室气体排放统计清单》和《温室气体排放计算表单》，编写完成了中国海洋石油总公司和主要业务板块的《温室气体排放清单》和《温室气体盘查报告》。

通过本次盘查，中国海油在石油上游油气勘探开发领域、石油炼制和化工领域、化肥领域、LNG 发电领域和油田专业服务工作领域积累了丰富的温室气体盘查工作经验。结合中国海油温室气体盘查工作的情况，笔者主要介绍中国海油温室气体盘查工作的实践、方法和经验，并提出了相应的建议，希望能为国家温室气体盘查工作的开展提供企业层面的实践方法和经验，同时也为国内企业进行温室气体盘查工作提供借鉴和帮助。

二、企业开展碳盘查的背景概述

根据《"十二五"控制温室气体排放工作方案》，一方面要建立温室气体排放基础统计制度，将温室气体排放基础统计指标纳入政府统计指标体系，另一方面要加强温室气体排放核算工作，制定重点行业和重点企业温室气体排放核算指南，建立温室气体排放数据信息系统，定期编制国家和省级温室气体排放清单，做好年度核算工作，构建国家、地方、企业三级温室气体排放基础统计和核算工作体系，实行重点企业直接报送能源和温室气体排放数据制度。因此，开展和完成温室气体盘查工作将成为企业践行国家气候变化政策和完成国家温室气体排放工作目标最基础和最迫切的工作任务。作为国家最重要的大型能源企业之一，中国海油始终高度重视应对气候变化问题，不仅成立了相应的组织机构，而且还通过大力开展节能减排、积极调整产业结构等措施来予以落实。为进一步全面掌握中国海油温室气体排放现状，查找中国海油温室气体减排潜力、减排方向和重点减排领域，中国海油于 2010 年 9 月启动了中国海油温室气体盘查项目工作，对中国海油 2005 年和"十一五"期间主要业务板块的温室气体排放情况进行了统计盘查，成为国内第一个按照国内温室气体排放标准完成温室气体盘查工作的大型央企。通过这一项目的实施，中国海油不仅掌握了企业的温室气体排放总量和排放强度，也为中国海油建立温室气体排放统计、监测、考核三大体系奠定了基础，同时也为国内大型企业集团开展温室气体盘查工作积累了经验。

三、中国海油温室气体盘查实施步骤

为确保盘查项目高质量、高效率完成，盘查项目组制定了严密的工作实施计划，首先确定了项目的管理和实施机构，组织相关人员进行了温室气体盘查的培训，深入了解温室气体排放盘查工作的目的、内容、要求和实施方法；其次是通过企业基本信息的调研，确定项目的组织边界、运营边界和温室气体排放源；再次在充分收集国内外数据资料的基础上，确定各排放源的计算方法，选择排放因子，并制定活动数据收集表；最后通过统计计算，编制企业温室气体排放清单，并形成企业温室气体盘查报告。具体的工作步骤如图 3-13 所示。

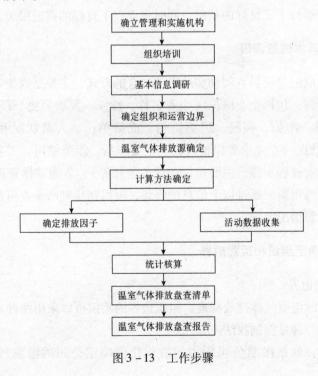

图 3-13 工作步骤

（一）确立管理和实施机构

为确保中国海油温室气体排放盘查项目的合理组织和顺利实施，在组织层面上，成立管理小组和实施小组。管理小组由中国海油计划部和质量健康安全环保部主管领导组成，负责监督指导项目的实施，并对重大问题进行决策。实施小组由中国海油计划部、质量健康安全环保部、新能源公司 CDM 项目组和中国海油节能减排监测中心相关人员组成，新能源公司 CDM 项目组作为项目的主要实施机构，全面负责本次项目的具体实施工作和汇报材料的编写。在各分公司层面上，分别成立相应的实施小组，负责与温室气体盘查工作组的联络、沟通并提供企业的基本信息、工艺流程情况和活动数据等信息。

（二）组织培训

温室气体盘查对于中国企业和员工来说，是一个全新的事物，因此在项目管理和实施机构建立后，立即组织项目相关人员进行温室气体盘查培训。通过培训，学员基本掌握了温室气体盘查的意义、概念、程序和方法，为以后工作的开展打下了良好的基础，同时也建立了良好的沟通渠道。

（三）基本信息调研

调研采取的是资料查阅和实地走访结合的方式，主要是收集各所属单位基本情况资料，包括企业概况（企业名称、性质、发展简史、厂址、规模、产品、产量、产值、利税、组织结构、成员单位、人员状况和发展规划等）、生产状况（企业主要原辅材料、主要产品、能源使用、工艺原理、主要反应方程、流程步骤、主要指标和设备条件等）、节能减排管理信息和能源审计报告等资料。通过以上信息的收集，可以初步判断企业可能存在的温室气体排放源情况。

（四）确定组织和运营边界

1. 组织边界

按照国际温室气体排放标准，组织边界的确定可以采用两种方法，一种是股权法，一种是控制权法。

股权法：就是按照公司所占的股权比例确定公司的温室气体排放量

比例。

控制权法：分为两种，一种是运营控制权，一种是财务控制权。运营控制权是指公司拥有提出和执行某条生产线的作业、环境、健康、安全政策的权利。财务控制权是指公司拥有执行某条生产线的财务政策，则具有财务控制权。如果公司拥有某条生产线的控制权，则在公司报告中需要100%报告这条生产线的温室气体排放量，否则可以不予统计和报告。

企业可以采用上述两种方法或其中之一进行温室气体盘查。由于石油企业内部错综复杂的组织关系使得其温室气体排放的统计变得非常棘手。考虑到中国海油及下属企业的实际情况，结合活动数据的可得性、国家层面上排放指标的分配、交易惯例和公司对环境政策的决定权等因素，中国海油的盘查采用了控制权法进行统计。

2. 运营边界

为了更好地对温室气体进行管理，将温室气体排放分为直接温室气体排放、能源间接温室气体排放和其他温室气体排放。

范围一：直接温室气体排放，指排放是来自于公司拥有或控制的排放源。

范围二：能源间接温室气体排放，指来自于公司外购电力、蒸汽和热水所产生的温室气体排放。外购电力或热力定义为买进或输入至公司组织边界内的电力或热力，其实际排放实体是发生在生产电力或热力的设施上。

范围三：其他间接温室气体排放，指除外购电力和热力外，排放是公司作业的结果，但是排放源不为报告公司拥有或者控制。如外购原材料的采挖及生产、员工的上下班通勤等产生的排放。

运营边界的确定就是对公司的温室气体排放按照上述类型进行分类，同时确定对哪种类型的温室气体排放进行量化和报告，中国海油的温室气体排放气体包括 CO_2、CH_4 和 N_2O。

按照国际温室气体盘查的惯例并参照国际石油企业的温室气体盘查情况，中国海油本次盘查对范围一和范围二的温室气体排放进行报告。

（五）温室气体排放源识别

本着完整性的原则，根据掌握的生产活动信息，中国海油各板块的温室气体排放源包括：直接温室气体排放源（燃烧排放源、工艺排放源、逸散排放源）和能源间接温室气体排放源（外购电力和外购热力）。

1. 燃烧排放源

燃烧排放源是指燃料燃烧装置，包括固定燃烧排放源、移动燃烧排放源和火炬燃烧排放源。固定燃烧排放源指的是固定的燃烧装置如锅炉、加热炉、熔炉、内燃机、焚烧炉以及热/催化氧化器等。移动燃烧排放源指的是移动运输工具，如驳船、轮船、火车、货运卡车、飞机和其他交通工具。火炬燃烧排放源是指日常生产运行、混乱状态或者紧急情况下为处理烃类产物的燃烧装置。燃烧排放源中排放的温室气体主要是二氧化碳。

2. 工艺排放源

工艺排放源是指工艺生产过程中产生的排放。对于石油石化行业来说，主要的工艺排放源有：催化剂再生排放源、制氢工艺排放（制氢、合成氨、甲醇、尿素）、焦化装置燃烧、乙二醇脱水、氧化沥青、酸性气体处理和放空排放。其中，放空排放中的温室气体类型主要为甲烷，而其他工艺温室气体排放以二氧化碳为主。另外，油气企业可能会涉及硝酸和己内酰胺的生产、石灰石煅烧、泡花碱生产等，其过程中也会有相应的温室气体排放。

3. 逸散排放源

逸散排放源主要包括设备泄露和厌氧废水处理排放。设备泄露指的是来自于接头设备如法兰、阀门的逃逸气体，其主要气体类型为甲烷。厌氧废水处理排放指的是油气行业中的有机废水在厌氧条件下处理过程中产生的甲烷排放。

4. 能源间接排放源

能源间接排放源指的输入公司的电力/热力在生产过程中所导致的温室气体排放，其排放的温室气体类型主要为二氧化碳。

（六）量化方法确定

温室气体排放量的量化方法可以分为实测法、物料平衡法、排放因子方法等等。实测法顾名思义就是实际测量排放的温室气体的量；物料平衡法的出发点为原料（燃料）碳在使用过程中的一个守恒；排放因子方法主要是使用经验数据计算。以上三种方法，从准确性上来说，如果测量仪器精度符合要求，实测法是最准确的，其次是物料平衡法，再次是排放因子法。

本次盘查参考的主要标准和规范包括：

（1）ISO 14064 - 1：2006 的《温室气体——第一部分：组织层面量化和报告温室气体排放和清除的详细规范》；

（2）《温室气体议定书——公司盘查和报告标准（修订版）》；

（3）《2006 政府间气候变化专门委员会（IPCC）国家温室气体清单指南》；

（4）《石油行业温室气体排放报告指导方针》；

（5）《油气行业温室气体排放方法学纲要（2009）》。

以上标准和规范均为目前国际社会公认的、接受度最高的和普遍运用的适用于温室气体排放统计的标准和规范，具有可靠性、权威性和普适性。中国海油本次盘查工作严格参照上述国际认可的标准进行，既符合国际标准的通用要求，也考虑了海油行业的实际情况。

下面针对中国海油系统内几种重要的排放源，说明其通常的计算方法：

1. 燃烧排放源

对于燃烧排放源，通常采用的量化方法为物料平衡法和排放因子法，其核算公式分别为：

$$E_c = \sum (F_i \times C_i \times OXD_i) \times 44/12$$

$$E_c = \sum (F_i \times NCV_i \times EF_i)$$

其中：E_c：燃烧排放源导致的温室气体排放；F_i：燃烧排放源使用的某种类型燃料的消耗量；C_i：该种燃料的碳含量；OXD_i：该种燃料的氧化率，一般取 100%；NCV_i：该种燃料的热值；EF_i：该种燃料的单位热值二氧化碳排放因子。

2. 催化剂再生工艺排放源

石化行业中的很多工艺过程需要使用催化剂，而催化剂在使用过程中会发生结焦现象，导致催化剂失去活性。催化剂再生过程就是通过烧焦去除催化剂表面附着的焦炭，从而恢复催化剂的活性。对于催化剂再生工艺排放源，通用的方法就是采用物料平衡法计算。核算公式为：

$$E_a = \sum (F_i \times C_i) \times 44/12$$

其中：E_a：催化剂再生排放源导致的温室气体排放；F_i：某套催化装置的催化剂烧焦量；C_i：该套催化装置焦炭中碳含量，一般取 100%。

3. 制氢工艺排放源

石化行业通常通过加氢来改善油的品质，制氢是石化行业中不可或缺的一个工艺过程。生产氢气的原料通常是天然气或者炼厂干气，其中含有的碳会变成二氧化碳脱出。制氢装置产生的二氧化碳可能会经过进一步加工以做他用，如生产尿素或者甲醇，或者直接排放到大气中。制氢工艺排放源是一个综合概念，既指单纯的制氢工艺，也指进一步的合成氨、甲醇和尿素工艺，其量化通常采用物料平衡法。核算公式为：

$$E_h = \left[\sum (M_i \times M_{ci}) - \sum (P_i \times M_{pi}) \right] \times 44/12$$

其中：E_h：制氢工艺排放源导致的温室气体排放；M_i：某种原料的消耗量；M_{ci}：该种原料的碳含量；P_i：某种产品的生产量；M_{pi}：该种产品的碳含量。

4. 放空工艺排放源

石油石化行业中的放空排放源大概可以分为三类：储存油品的储罐中会有一些气体从油中释放出来导致的放空、石油开采过程中的冷放空和设备大修过程中的设备放空。对于放空排放源，通用的方法是采用物料平衡法计算。核算公式为：

$$E_v = \sum (F_i \times C_{CO_2} + F_i \times C_{CH_4} \times 21)$$

其中：E_v：放空工艺排放源导致的温室气体排放；E_v：放空气体量；C_{CO_2}：放空气体中二氧化碳含量；C_{CH_4}：放空气体中甲烷含量。

5. 能源间接排放源

能源间接排放源排放量的计算一般采用排放因子的方法。核算公式为：

$$E_{in} = \sum (F_i \times EF_i)$$

其中：E_{in}：能源间接排放源导致的温室气体排放；F_i：企业消耗的电力或者热力的数量；EF_i：单位电力或者热力的二氧化碳排放因子。

通常，企业的电力采购于电网，其排放因子由国家发改委定期公布。而企业采购的热力的排放因子由企业采购热力的单位通过计算提供。

量化方法的确定往往取决于活动数据的收集情况，可能会有多类的活动数据对应多种的计算方法，但基本的原则是要选择能保证盘查结果最准确的计算方法。

（七）排放因子选择及原则

排放因子通常来自于政府、企业、相关机构公开发表的报告、科研文献或者专家学者的建议，其选择通常根据企业的实际情况，本次盘查选用的排放因子和参数的主要来源有：《中国能源统计年鉴》、国家发改委公布的《中国区域电网基准排放因子》、《IPCC 2006 清单指南》和《油气行业温室气体排放方法学纲要（2009）》、CDM 方法学 AM0058 等。

中国海油的盘查按照"优先企业自身经验数值、其次国内或行业数值、最后国际通用数值"的原则进行，力求盘查结果的准确性。

（八）企业基本信息及活动数据收集

项目组编写了适用不同企业的《基本信息及活动数据收集表单》，收集的信息主要分为两类：一是企业的基本信息，包括企业的基本情况、股权情况、工艺流程、生产经营情况和财务信息等；二是盘查需要的活动数据，根据选择的量化方法，对不同排放源的活动数据进行收集，其中主要包括原料（燃料、电力、热力）消耗量、原料（燃料）碳含量、产品产量、产品碳含量等多类数据。

（九）温室气体排放量的统计计算

针对不同成员单位，项目组分别编制了不同成员单位的《温室气体排放统计和计算表》用于统计计算。

统计计算是在 Excel 表中进行的，基于需要，项目组编订了多套不同的计算表格，用于不同的具体行业板块。每套表格都由三部分组成：活动数据部分、排放因子部分和计算结果部分。只要在相应位置输入活动数据，通过公式就可以自动对计算方法和排放因子进行选择，得出结果。

在计算中对 CH_4 和 N_2O 的排放量均按国际标准进行了 CO_2 当量折算。

在统计计算中，中国海油不仅计算了总公司和各业务板块的温室气体排放总量，同时也计算了总公司和各业务板块温室气体排放强度。

（十）编制温室气体排放清单

温室气体排放清单其实是统计表格中的一种形式，主要内容就是排放源和排放源所对应的排放量。

根据最终的盘查统计结果，编写完成了 2005～2010 年《中国海油和各成员单位温室气体排放清单》，共计 600 多份。

（十一）编制温室气体排放盘查报告

温室气体排放盘查报告的形式和内容可以根据目的和对象的不同而不同，可以是基于温室气体排放管理的内部报告，可以是基于企业社会环境责任发布的外部报告，也可以是基于温室气体盘查方法的工作手册等。

为适应不同的目标使用者，项目组最终完成的盘查报告分3类9份：

第一类是对应中国海油领导层和管理层阅读的，侧重对中国海油全系统温室气体排放数据的统计和分析，对温室气体盘查的后续工作和中国海油未来碳资产管理工作提出了比较具体的操作建议。

第二类是对应外部专家和未来审定工作需要的，主要内容是在盘查的技术、标准、应用等层面进行更深入的展开，适用于未来专家评审和外部的审定。

第三类是关于各业务板块层面的报告，其主要内容和形式类似于报总公司的报告。此类报告共7份，对应本次盘查的7个板块。

四、盘查结果分析及应用

盘查项目涉及中国海油上中下游板块100多家公司，通过统计发现：

1. 从排放总量分析，海油的上游开采和中下游炼化、化学、天然气发电等行业板块的排放量大，而专业服务公司板块的排放量小。

2. 从相对排放强度看，中下游炼化、化学、天然气发电等行业板块的相对排放强度远远高于上游的油气勘探、开采和油田专业服务公司。

3. 从排放源分析，固定燃烧排放源所占的比重最大，工艺排放和能源间接排放次之，逸散排放基本可以忽略。

摸清和掌握温室气体排放家底只是企业温室气体盘查的第一步或基础工作，更有必要的是企业应认真地总结和分析自己的温室气体排放状况，以满足国家要求的温室气体排放约束性目标为前提，合理地制定企业的中长期发展规划并做好相关碳资产管理工作，提升企业的低碳竞争力，以适应低碳经济的发展需要。

五、经验总结

中国海油的温室气体盘查具备以下特点：

1. 旗下公司业务范围宽广，涵盖上游油气勘探开发、下游炼油、石化及盐化工、沥青、化肥、油田专业服务、发电等多个行业的多项业务；

2. 系统内股权关系复杂；

3. 时间跨度长，2005～2010 年；

4. 生产及工艺流程复杂，排放源多；

5. 参照了国际多种盘查标准；

6. 计算方法、排放因子和参数多样化；

7. 活动数据量大，计算量大。

为保证盘查工作的标准、质量和进度，中国海油在项目实施阶段有针对性地采用了一些方法和手段以保证盘查工作的顺利完成，主要经验如下：

1. 首先要建立强有力的温室气体盘查组织机构

领导重视、组织得力是盘查工作顺利开展和完成的重要保障。中国海油的温室气体盘查工作由主管副总经理部署，总公司计划部和健康安全环保部联合立项，新能源公司的专业技术团队实施完成。

企业应自上而下成立一个专门的强有力的温室气体盘查组织机构，组织机构的大小可以根据企业规模大小来确定。大型企业组织机构可以设为两层：总公司层面设置项目管理小组、项目总体实施小组；各二级公司（行业板块）层面设置项目具体管理组织机构。管理小组的负责人最好是企业的主管领导，以便保证项目实施的力度和质量。

2. 做好温室气体盘查培训工作

为有效推动盘查工作的顺利开展，中国海油盘查前先组织对各板块业务人员进行了温室气体排放 ISO 14064 - 1 标准培训。通过培训，使相关人员了解温室气体盘查工作的基本标准、内容和方法，并在培训过程中重点结合案例分析和各企业的生产和工艺情况对其主要排放源进行了初步的分析和确认，为后续温室气体盘查工作的顺利开展奠定了良好的基础。另一方面，通过培训使得项目实施团队和各基层单位相关业务人员建立了良好的沟通机制。

3. 良好的节能减排工作基础是项目完成的保障

影响盘查统计进度和结果的一个重要因素是活动数据的收集，活动数据的真实、准确、完整和一致极为重要，不仅影响到计算统计结果的完成，也将直接影响到盘查结果的准确性和报告及分析建议的正确性。

海油盘查涉及的面广且期间时间跨度大，因此对相关活动数据的收集和统计要求极高，由于海油有良好的节能减排工作基础，绝大多数活动数据都能获得，对盘查工作是一个有利的保障。

4. 组织边界的确定

国际标准并没有规定采用何种方法来确定公司的组织边界，所以公司在进行温室气体盘查的时候，如果条件允许，可以同时采用两种方法计算温室气体排放量，最后根据不同的盘查目的和要求选取适合的方法。

5. 排放源的确定

排放源的确定在满足基本完整性要求的条件下要遵循"抓大放小"的原则。根据对收集的企业生产和运营情况的信息分析，海油行业中的主要排放源为固定燃烧排放源、火炬燃烧排放源、伴生气放空排放源、制氢工艺排放源、催化剂再生排放源和能源间接排放源，占总排放量的99%以上，而且这些排放源的活动水平数据容易收集，可以给予更高的关注。而其他排放源如设备逸散排放源、储罐放空排放源、设备放空排放源、酸性气体处理排放源等所占的比例较小，而且通常无任何监测设备，活动水平数据难于收集，可以适当忽略，但是在报告中要给予不确定性说明或设置门槛适当排除。

6. 计算方法和排放因子评价的选择

在计算方法上，尽量采用准确性较高的实测法或者物料平衡法，最后采用排放因子法。具体的方法选择是根据各企业所能提供的活动数据的情况，采用保守性的原则最终确定不同排放源的计算方法和排放因子，努力做到既兼顾国际标准又结合企业实际。

7. 做好质量管理和质量控制

质量管理和控制是项目组盘查工作中最为核心也最为重要的一个工作环节。通过有效的质量管理和控制手段确保统计结果的准确性或降低其不确定性是项目组的一项重要工作内容。统计结果的准确性将直接影响到：（1）盘查结果的准确性；（2）分析结论和建议的正确性；（3）企业未来温室气体排放目标制定的合理性和可行性；（4）为企业在满足国家约束性的温室气体排放强度指标的条件下制定合理的公司发展战略规划和目标提供科学的决策依据的指导性和支持性；（5）满足未来的MRV（可测量、可报告、可核查）要求。

盘查要努力做到"源头控制、全程把关"。从活动数据的收集、统计，到排放量的计算、分析，再到盘查报告的编制，整个过程中都坚持"审核和复核"，首先是直接负责人的自我审核，然后是项目经理责任复核，在审核的时候对同一公司的多年数据之间、同类公司的数据之间以及国内数据与国际数据之间都要进行比较，对发现的异常数据进行进一步核证处理。

我国碳资产评估的相关实践

一、我国碳资产评估实践概述

我国碳资产评估领域的实践包括管理和业务两个方面，管理领域的实践主要是中国资产评估协会和中国清洁发展基金管理中心等单位在碳资产评估领域的探索工作。我国碳资产评估业务实践与全球碳交易市场的特点，以及我国碳减排政策的制定、实施进程关系密切。

（一）碳资产评估领域的管理实践探索

鉴于碳资产评估的迫切需求，中国资产评估协会和中国清洁发展基金管理中心等相关单位已经开始碳资产评估领域管理实践的探索。

2012年4月10日，中国清洁发展基金管理中心与中国资产评估协会联合举办了"碳资产评估——实践与展望"座谈会，双方一致认为，要秉承创新理念，搭建合作平台，利用各自专业优势、机构能力和行业影响力，与各方机构共同推进碳资产评估的市场培育、能力建设、行业管理和国际合作，为财政部门支持国内碳市场发展探索新的手段。中国资产评估协会副会长兼秘书长刘萍在会议上指出，碳资产将成为企业重视的新型资产，碳资产评估既具有一般资产、无形资产和企业价值评估的有关共性，在评估对象的界定、评估方法选择、评估参数的确定、评估结论的使用等方面又具有一定的特殊性。为了真正了解碳资产评估的特殊性，针对这一业务工作的特点，需要建立和完善与碳资产评估相关的技术标准和管理机制。刘秘书长提出，中国资产评估协会将与中国清洁发展机制基金管理中心加强合作，通过优势互补，共同探索碳资产评估的市场开发、业务建设、管理模式和后续培训等一系列工作，全力打造碳资产评估的服务链条。

近年来，中国资产评估协会为了加强资产评估理论研究，开展了一系列理论研究推进工作，建立了一支由行业首席专家和特约研究员组成的研究队伍，开展了一系列与相关监管部门、院校和机构的合作研究。目前，中国资产评估协会已经开始进行碳资产评估方面的专项课题研究，以期为碳资产评估领域的发展夯实理论基础，并将其作为碳资产评估领域管理实践中重要的一环，从而为探索碳资产评估的市场开发、业务建设、管理模式和后续培训等一系列服务链条走出坚实的第一步！

（二）CDM 项目的评估实践

《京都议定书》允许发达国家通过向发展中国家的减排项目提供资金和转让技术，来"购买"温室气体减排额度，这一机制被称为清洁发展机制（CDM）。从国际社会来看，CDM 与中国等发展中国家的关系最为密切。中国作为《京都议定书》中的非附件一国家，虽然暂时不承担减排责任，但清洁发展机制会给中国带来数十亿元的融资机会，大大降低企业开发项目的融资风险。为了不断加强在气候公约及其议定书框架内的国际合作，中国积极参与 CDM 项目。2004 年 6 月 30 日开始实施《清洁发展机制项目运行管理暂行办法》，2005 年 10 月 12 日又进行修订，2007 年 11 月成立了国家清洁发展机制基金，以促进 CDM 项目开展。

截至 2012 年 8 月 31 日，中国的 CDM 注册项目为 2279 个、签发量为 5.98 亿吨，分别占全世界的 50.13%、60.10%，中国通过 CDM 机制从国际上累计获得的资金超过 200 亿元人民币[①]。

目前 CDM 项目的评估实践主要是在非化石能源行业，包括水电、新能源（如地热、核电等）和可再生能源（如太阳能、风能和生物质能等）。

（三）国内碳排放权项目的评估实践

中国早在 20 世纪 80 年代就对市场化节能减排进行了积极的探索，主要经历了以下几个阶段：

---

① 数据来源：中国清洁发展机制网。

1. 实施排污许可证制度及排污权交易试点

中国自 1988 年就开始试点并逐步推广排污许可证制度。1990～1994年，国家环保总局在 16 个重点城市进行了大气污染物排放许可证制度的试点，在 6 个重点城市（包头、太原、贵阳、柳州、平顶山、开远）进行了大气排污权交易试点。1993 年国家环保局开始在包头等 6 市试行二氧化硫和烟尘的排污权交易政策。1996 年 8 月，国务院发布《关于环境保护若干问题的决定》，正式提出全国主要污染物排放总量控制计划，对烟尘、二氧化硫等 12 种污染物实行总量控制。1998 年 1 月，国务院发布了《国务院关于酸雨控制区和二氧化硫污染控制区有关问题的批复》（国函 [1998] 5号），1998 年 4 月，国家环境保护总局会同有关部门，以环发 [1998] 6 号文件向全国公布了两控区的具体范围。这些制度和政策支持为中国实施排污权交易提供了基本条件。

2. 广泛开展与国外合作研究和示范

1999 年 4 月，国家环保总局与美国环保局签署了关于在中国运用市场机制减少二氧化硫排放的可行性研究的合作协议，确定了江苏省南通市与辽宁省本溪市为该项目的试点城市。2001 年 9 月该项目取得初步进展，在江苏省南通市实现了中国首例二氧化硫排污权的成功交易。

同时，我国加大立法研究。2000 年 9 月，《大气污染防治法》第三次修订稿开始执行。2001 年 10 月 13 日，《太原市二氧化硫排污交易管理办法》发布，由美国未来资源研究所和中国环境科学院共同承担的亚行贷款项目的赠款项目二氧化硫排污交易制度在太原市试行，项目制定出值得推广的排污权交易体制框架。2002 年国家环境保护总局与美国环境保护协会一起，在山东省、山西省、江苏省、河南省、上海市、天津市、柳州市以及华能集团公司开展推动中国二氧化硫排放总量控制及排放权交易政策实施的研究项目（简称 4 +3 +1 项目）。2002 年 10 月，在 "4 +3 +1" 示范工作中，江苏省环保厅与江苏省经济贸易厅共同制定了《江苏省电力行业二氧化硫排污权交易管理暂行办法》，第一次建立了省级排污权交易的执行依据。同年 12 月，江苏省太仓市的太仓港环保发电有限公司与南京下关电厂进行了中国首例交易双方跨行政区的二氧化硫排污权交易。2005 年 12 月，排污交易被写入《国务院关于落实科学发展观加强环境保护的决定》（国发 [2005] 39号），明确了 "有条件的地区和单位可实行二氧化硫等排污权交易"。

3. 各地纷纷建立市场化节能减排服务平台

自 2007 年 11 月 1 日中国首个排污权交易中心在浙江嘉兴挂牌成立以来，目前中国已有 12 个省市申请开展排污交易试点。京津沪三地先后成立排污权交易所，财政部、环境保护部拟启动江苏省太湖流域主要水污染物排放权交易试点。

目前国内碳资产评估主要集中在二氧化硫排放权交易项目上，与上述我国节能减排探索相吻合。目前我国碳资产评估项目数量较少，在于我国企业还是以自愿节能减排、自愿交易为主。我国碳排放难题主要集中在钢铁、化工、冶金、建筑、物流等领域，这些是碳排放大户，不过这些排放大户鲜有去交易所做配额交易的，也很少有自愿减排的。从自愿减排市场来看，中国主要存在三类需求：首先是跨国公司，基于要与总部的企业社会责任原则同步，他们通常在中国通过自愿减排市场实现自己的可持续发展原则；其次是那些位于全球产业链条上的中国制造企业，基于产业链条的管理，西方的企业会要求中国的制造企业提供自己的碳足迹报告，以作为这些企业完整的可持续发展的产业链的一部分；最后，也是最具有增长潜力的中国本土企业，出于提升自身全球竞争力目的，越来越多的中国本土企业通过加入自愿减排市场来实现企业的社会责任。

二、碳资产评估方法的探索

排放权资产虽然是一种前所未有的、崭新的资产形态，但只要符合资产的属性，则对其估值就符合国际通行的资产评估途径，即成本途径、收益途径、市场途径。原则上说，在资料可以充分获取的条件下每一种方法都可以是恰当的，但无论哪一种方法，都有特定的只有在排放权资产评估中才会涉及的参数体系。

从成本途径说，对资产的估值一般是从重置的角度考虑，包括复原重置及更新重置，无论哪种重置都是有明确投入的"情景再现"。温室气体本是正常生产中的有害"副产品"，并不可能有积极的"情景再现"，因此，排放权由资源到资产的变化并不完全符合关于其"凝结人类无差别劳动"的劳动价值论，更多是一种制度安排。但从供需角度说，该资源是有限的，对企业的价值贡献虽然是不可或缺的，但也可以通过其他替代途径实现。可以设想，从排放权的需求方考虑，可以通过购买排放权以符合环保要求从而获得企业继续生产的条件，也可以通过设备转换、技术改进等减少排放量，从而让自己符合环保要求以获得继续正常生产的条件。可以认为，通过设备转换、技术改进减排手段获得同等权利的投入是购置排放权的一种机会成本，对为减排而进行的投入进行重置的结果可以认为是排放权资产评估的成本途径。但很多行业都是可能产生温室气体排放的，为实现同样的减排目标而进行的投入在各行业是不同的，对于环境保护而言，不同来源的温室气体，当它被排放到大气中时对环境的危害都是"同质的"、"无差别的"，如何对不同行业的"同质""无差别"影响进行统一的机会成本衡量是评估师需要关注的问题。

从收益途径说，由于符合环保要求的排放权在企业生产中是有"一票否决"权的，拥有一定的排放权就意味着拥有进行生产进而获得收益的机会，因此，如同技术、资金、管理一样，排放权资产也成为生产的要素之一，对企业生产未来收益予以折现的价值中就包含着排放权资产的贡献。但如同在收益中对其他要素的贡献程度需要恰当衡量一样，如何恰当衡量排放权资产在企业生产经营中的价值贡献程度，是需要定性分析与定量衡量相结合的。例如对于不同行业、不同地区、企业的不同生产阶段等，碳资产的重要性程度是不同的。假设当我们采用层次分析法（AHP）对其价值贡献程度予以分析时，准则层应如何设计，指标层应包含哪些因素，指标层的打分体系应如何设计，这些都对评估师提出了挑战。

从市场途径来说，市场上关于排放权的交易包括一级市场上的，也包括二级市场上的，可选的案例数量并不少，但案例之间差异性很大。这种差异取决于各方面，例如交易时间较早的案例，由于当时市场对该类资产价值的认识还不到位，很多人并未意识到其未来的重要性，因此一般交易价格较低；再比如经济欠发达的地区，排放权资产对企业价值贡献的绝对值及相对值都可能较小，交易价格一般也低于经济发达地区。另外，经济欠发达地区经济发展起步晚，对环境的破坏还不是很严重，温室气体环境容量还相对较大，整体可对企业提供的资源相对丰富，这也导致经济欠发达地区一般交易价格较低。排放权交易价格也与当地的现有产业结构及未来产业结构规划有关，较为合理的产业结构条件下对环境的"单位破坏力"的边际收益较高，反之则是较低的。理论上，温室气体在大气中是流动的，但其流动性是相对的，某地区上空的大气污染程度与本地区的经济生产基本是正相关的。就该特点而言，排放权资产有点类同于房产或土地，区域性特征明显，这种区域性特征表现为地质地理、经济地理、政策地理等。因此，在市场法评估碳资产的过程中，如何确定一套完备的、科学的修正体系是重中之重的问题。

常规的资产评估由于发展时间较长、业内投入研究较多，其评估体系相对完善。碳资产的评估在根源上与常规资产评估是一脉相承的，在具体细节上如何更加科学、更加有针对性则是评估行业面临的具有重大挑战性的问题。

从上述描述可知，国内资产评估机构和碳资产管理公司等专业机构在碳资产评估业务实践方面，主要集中在清洁能源机制项目和二氧化硫排放权项目两方面，下面结合具体案例进行介绍。

三、风电企业股权转让涉及 CDM 项目的评估案例①

（一）基本情况

SX 风电有限公司股东拟转让其持有的该公司股权，在采用收益法评估企业股权价值时，企业的收入除了发电收入外，还有一项收入来自于 CDM 项目。

1. 清洁发展机制简述

根据《京都议定书》（以下简称《议定书》）规定，工业国家必须在第一个承诺期使影响并导致气候变暖的 6 种温室气体的总排放量比 1990 年减少 5.2%，而在此期间，发展中国家不承担减排义务。为便于统计，以 CO_2 作为基本统计口径，其他气体以不同的比值折算成 CO_2 的数量。

在发达国家，每减排一吨 CO_2 平均成本在 100 美元以上，而发展中国家平均减排成本只有几美元至几十美元。因此，发达国家可以通过提供资金和技术的方式，与发展中国家开展项目合作，将项目实现的 CERs 用于履行其在《议定书》中的承诺，而发展中国家可以借助这一机制获得资金和技术，双方可实现互利双赢。

2. 清洁发展机制的未来

《议定书》的参与方目前承诺的减排目标仅适用于第一承诺期，截止日

---

① 本案例由中联资产评估集团有限公司提供。

期为 2012 年 12 月 31 日。而最近一次的坎昆气候谈判形成的《坎昆协议》未指明《京都议定书》谈判的未来，没有给出完成第二承诺期的时间表。对备受关注的"快速启动资金"、"气候基金"，《坎昆协议》有了原则性共识，但依然存在多种选项。但是，《坎昆协议》中表示同意《京都议定书》工作小组应尽早完成第二承诺期的谈判工作，以确保在第一承诺期和第二承诺期之间不出现空当。

虽然 2012 年以后 CDM 项目的实施存在一定的不确定性，但是节能减排势在必行。本次评估本着科学、谨慎的态度，对 SX 风电 CDM 项目进行分析，并按照相关依据对项目可能产生的收入、成本进行估算。

（二）评估技术思路

在对评估目的、评估对象、评估范围、评估对象的权属性质和价值属性分析的基础上，对评估所涉及的经济行为，根据国家有关规定以及《资产评估准则——企业价值》，确定按照收益途径、采用现金流折现方法（DCF）预测 SX 风电有限公司的股东全部权益（净资产）价值。基本模型为：

$$E = P + C - D$$

式中，E：评估对象的股东全部权益价值；P：评估对象的经营性资产价值；C：评估对象基准日存在的溢余或非经营性资产（负债）的价值；D：评估对象付息债务价值。

其中，评估对象的经营性资产价值计算公式为：

$$P = \sum_{i=1}^{n} \frac{R_i}{(1 + r)^i}$$

式中，R_i：评估对象未来第 i 年的预期收益（自由现金流量）；r：折现率；n：评估对象的未来经营期，本次评估根据基准日发电机组的尚可使用年限确定。

预期收益包括发电收入和 CDM 项目带来的其他收入。本案例主要是介绍 CDM 项目带来的其他收入的测算方式与过程。

（三）评估过程

1. 收入

SX 风电一期项目在联合国 CDM 执行理事会注册，二期项目已经在联合国 CDM 执行理事会公示，等待最终的注册。从注册的 CDM 项目设计文档（Clean Development Mechanism Project Design Document Form）中获取减排量的计算公式如下：

$$BE_y = EG_{PJ,y} \times EF_{grid,CM,y} \tag{3.1}$$

其中，BE_y：年基准线减排量；$EG_{PJ,y}$：年 CDM 项目网上净供电量；$EF_{grid,CM,y}$：参照最新一期的 "Tool to calculate the emission factor for an electricity system" 计算二氧化碳减排量。

$$EF_{grid,CM,y} = 0.75 \times EF_{grid,OM,y} + 0.25 \times EF_{grid,BM,y} \tag{3.2}$$

根据国家发展改革委气候司发布的《2010 中国区域电网基准线排放因子》数据显示，华北地区的 $EF_{grid,OM,y}$ 为 0.9914，$EF_{grid,BM,y}$ 为 0.7495。将数据代入式（3.2）可得，$EF_{grid,CM,y}$ 为 0.9309。

根据国家发改委 [发改气候（2010）2346 号] 文件，同意公司向麦格理银行转让该项目产生的温室气体减排量，转让总量不超过 18 万吨 CO_2 当量，每吨 CO_2 当量转让价格不低于 10.5 欧元。

2. 成本

本次评估按照风电行业一般 CDM 项目所需承担成本费用进行预测，具体成本如下：

（1）EB 管理费：提交联合国以美元计价的费用，采用累进制收取，减排量在 1.5 万吨以下的按 0.1USD/吨 CO_2；在 1.5 万吨以上部分按 0.2USD/吨 CO_2 计算；预测结果见表 3–6。

（2）CDM 手续费：联合国按收入总额的 2% 收取；

（3）财政部 CDM 基金：根据《中国清洁发展机制项目运行管理办法》规定，按转让总额的 2% 收取；

（4）DOE 核查费：按《LRQA 服务协议》规定 SX 风电一期项目的核查费为 30 万元/年，2011 年在第 4 季度收取。2012 年后，由于第二期同时投入运营，核查费为 60 万元/年。

（5）咨询费：按《CDM 项目开发咨询服务合同》规定，SX 风电一期项目每年收费 13 万元，2011 年在第 4 季度收取。2012 年后，一、二期同时运营，咨询费为 26 万元/年。

3. 税收

依照《关于中国清洁发展机制基金及清洁发展机制项目实施企业有关企业所得税政策问题的通知》财税 [2009] 30 号，SX 风电有限公司不享受优惠政策。预测结果见表 3－6。

表 3－6　　　　　　　　SX 风电有限公司其他业务预测

项目	序号	单位	计算式	2011 年第 4 季	2012 年	2013 年	2014 年	2015 年
SXCDM 项目供电量	1	千千瓦时		57460.99	256717.39	256717.39	256717.39	256717.39
减排因子	2	$tCO_2/MW \cdot h$		0.93	0.93	0.93	0.93	0.93
CO_2 减排量	3	万吨	$3 = 1 \times 2$	5.35	23.90	23.90	23.90	23.90
转让单价	4	元/tCO_2		95.65	95.65	95.65	95.65	95.65
其他业务收入	5	万元	$5 = 3 \times 4$	511.63	2285.81	2285.81	2285.81	2285.81
其他业务成本	6	万元	$6 = 7 + 8 + 9 + 10 + 11$	69.41	207.35	207.35	207.35	207.35
EB 管理费	7	万元		5.94	29.92	29.92	29.92	29.92
CDM 手续费	8	万元		10.23	45.72	45.72	45.72	45.72
财政部 CDM 基金费	9	万元		10.23	45.72	45.72	45.72	45.72
DOE 核查费	10	万元		30.00	60.00	60.00	60.00	60.00
咨询费	11	万元		13.00	26.00	26.00	26.00	26.00
其他业务净现金流	12	万元	$12 = 6 - 5$	442.22	2078.46	2078.46	2078.46	2078.46

（四）案例分析

目前中国企业通过 CDM 参与到全球碳市场中，其具体有两种交易模式：二氧化碳换资金、二氧化碳换技术。

所谓"二氧化碳换资金"，通俗地说就是，国内企业投资有利于减少温室气体排放的工业项目，将减少的二氧化碳排放量，经联合国气候组织核实之后，可以出售给发达国家。

所谓"二氧化碳换技术"，通俗地说就是，国内企业缺乏某项关键技术，发达国家愿意无偿提供相关技术，但条件是，因技术改善而减少的二氧化碳排放额度，经联合国气候组织核实之后无偿让渡给外资方。

本案例属"二氧化碳换资金"项目，换取的资金作为风电企业的其他收入。在计算其他收入时，主要参数有经论证的减排额度 CERs、价格和受益期限。

1. 减排额度 CERs 的核实

CDM 项目一旦进入运作阶段，项目参与者就要准备一个监测报告以估算项目产生的 CERs，并提交给一个经国际组织承认、购买双方同意的经营实体（DOE）申请核实。如果在 15 天之内任何一个项目参与者或三个以上执行理事会成员没有要求重新审查该项目，执行理事会将指令 CDM 登记处签发 CERs。

2. 价格

CERs 的价格主要受非附件一各国减排成本和 CDM 实施率的影响。一般都是签约双方根据当时 CERs 市场价格确定。

3. 受益期限

联合国气候框架公约缔约方在关于 CDM 项目基准线确定方面没有明确的规定，协议中只是提到 CDM 项目基准线的确定可以采用以下方式：（1）历史的或现有的排放数据；（2）考虑投资障碍后经济效益好的技术的排放水平；（3）过去 5 年中类似项目中最好的 20% 的平均排放水平。

对可获得的减排抵消额 CERs 的获得时间期限，协议中规定可以采取以下两种方式：（1）最多 7 年，可以延长两次，但项目的基准线需要重新调整；（2）最多 10 年，不能延长。

协议中对 CDM 项目对 CERs 获得时间期限的规定并不是基于科学论证的结果，而是基于各缔约方的政治谈判确定的，对 CDM 项目基准线的确定方法仍然没有定论。

四、SO_2 排污权有偿使用金的基准价评估案例[①]

（一）基本情况

KK 市人民政府公告第 N 号《KK 市二氧化硫排污权有偿使用和交易管理的办法》自 M 年 12 月 1 日起施行，办法规定：

本办法实施前已依法成立的排污单位（以下统称"老污染源"）通过补

---

① 本案例由中和资产评估有限公司提供。

交排污权有偿使用金的办法取得排污权。老污染源已取得的排污指标可无偿使用至 M1 年 12 月 31 日。

本办法实施后，凡新建、改建、扩建和技术改造的建设项目和新设立的排污单位（以下统称"新污染源"），通过向环境保护行政主管部门申购并缴纳排污权有偿使用金或者进行排污权交易取得排污权。

排污单位二氧化硫（SO_2）排污权有偿使用金按照以下方法核定：

SO_2 排污权有偿使用金（元）＝ SO_2 基准价（元/吨）× 核定（申购）的排放量（吨）× 地区系数

排污权有偿使用金设定和基准价的核定，由市发改委会同市财政局、市环境保护局拟定，并按法定程序报经批准后执行。新污染源和老污染源采用不同基准价。

SO_2 排污权交易应当在满足环境质量要求和 SO_2 排放总量控制的前提下，取得市环境保护行政主管部门确认后，在本市指定的排污权交易机构对依法取得的 SO_2 许可排放量进行公开交易。

M2 年 7 月 15 日，KK 市人民政府以《委托交易书》的形式，委托 KK 市 ABC 有限责任公司作为 KK 市 SO_2 排污权卖方的交易主体。KK 市 ABC 有限责任公司委托评估公司对 SO_2 排污权有偿使用金的基准价进行评估，通过国资委备案后实施。

本次委托评估的对象为 KK 市范围 SO_2 排污权。具体指"在排污许可证核定的总量内，排污单位按照国家或者政府规定的排放标准向环境直接或者间接排放 SO_2 的权利。"有偿取得的 SO_2 排污权，可进行排污权交易，也可提出申请由政府回购。

（二）评估技术思路

成本法、收益法和市场法是评估的三种基本方法。

成本法从重置角度对资产的价值进行评估，前提假设是资产的现时重置成本反映了资产的价值，市场化充分的资产，成本与价值之间存在合理的关系，比较适于成本法评估。本次评估的 SO_2 排污权无明确的形成成本，其价值来源于政府行政调控，故不适用于成本法评估。

市场法是以现实市场上的参照物来评价评估对象的现行公平市场价值，它具有评估数据直接来源于市场，评估结果有较强的市场参考性特点。

评估公式如下：

$$V_{pi} = V_{xi} \times a \times b \times c \times d \times e \times f \times \cdots$$

V_{xi} 代表可比实例的成交价格，a、b、c、d、e、f 指各种调整因素。

目前国内可从公开的网络查找到 SO_2 排污权价格，但差别较大，从 1000 元/吨到 21600 元/吨，均有成交案例。且相关价格未能明确定义，各地环境、行业、政策之间的差异无法进行调整，故实际不具备采用市场法的条件。

收益法通过将资产的未来收益折现评估资产的价值，强调资产的未来预期盈利能力，从资产经营者的角度反映资产价值，易于为投资方所接受。收益法要求未来的收益可以预测，可以用货币衡量，未来的风险可以量化。

本次受托对 SO_2 排污权进行评估，评估人员同委托方就相关问题进行了讨论，认为设立 SO_2 排污权的目的是以市场化方式逐步达到减排作用，交易价格应更接近于社会补偿成本，其价值更应该反映污染的治理投资。

以此理解收益法，可以认为政府拍卖新污染源排放权，所得资金类似为治理 SO_2 设立的基金，而为此支付治理成本，相当于每年的年金。则将治理成本资本化，就反映了 SO_2 排污权的价值。

基于以上分析，本次评估采用 SO_2 处理成本资本化的方法确定 SO_2 排污权价值，具体公式如下：

$$P = \frac{A}{r}$$

式中，P：二氧化硫排污权价值；A：二氧化硫的吨处理平均社会成本；r：折现率。

（三）评估过程

1. 处理成本资料来源

N 年 KK 市环境保护局以 H 号文件《关于开展排污权有偿使用金基准价核定成本调查工作的通知》组织了对 KK 市各企业排污权有偿使用基金核定成本调查。在此基础上 KK 市环境科学研究院、KK 高科环境保护科技有限责任公司形成了"KK 市二氧化硫排污权有偿使用金基准价测算调查报告"。

报告中列举了调查可获得的 7 家企业 SO_2 治理成本，并附相关调查表，报告形成结论，依据成本及 KK 市经济发展水平，建议新污染源 SO_2 排污权有偿使用金基准价为 18000 元/吨。

2. 确定的治理成本

评估人员围绕"KK 市二氧化硫排污权有偿使用金基准价测算调查报

告"对相关企业进行了访谈,明确了相关参数的含义,将治理成本定义为为处理每吨 SO_2 所付出的治污成本。

治理成本 = 排污设施运行成本（人工、料、机）÷ 年处理量

年处理量 = 废气处理量 × 废气含 SO_2 浓度（进口）

各家企业治理成本如表 3 - 7 所示。

表 3 - 7　　　　　　　　　各家企业治理成本

公司名称	治理成本
XX 股份有限公司冶炼加工总厂	454. 70
YY 有限责任公司	622. 42
WW 发电有限公司	800. 58
EE 化肥有限责任公司	654. 56
RR 股份有限公司炼铁厂	1353. 51
TT 卷烟厂	4559. 17
平均值	1407. 49

从上表可以看出不同企业、不同行业之间成本存在偏差,从 KK 市主要 SO_2 污染源分析,主要的企业为发电厂和炼铁厂,三家类似公司的平均值为 870 元/吨,而烟草公司治理成本较高为 4559 元/吨,拉平下来各家企业平均值为 1407. 49 元/吨。评估人员认为算术平均值更能体现 SO_2 排污的治理成本,一是因为本次对应的经济行为是促进减排,对环保的要求更高,且在现时水平下,处理微量 SO_2 的成本比高浓度 SO_2 高,较低的个别企业成本可能不能反映未来的需要,而简单平均数更突出大数（烟草公司平均治理成本的影响）,也更能反映治理成本趋势;二是算术平均治理成本为 1407. 49 元/吨,更接近目前排污费水平（1. 263 元/KG）,即另一种形式的政府批准的治理成本。所以本次评估采用了直接算术平均治理成本 1407. 49 元/吨。

3. 折现率的确定

折现率采用类似行业的加权平均资本成本,考虑一定的无形资产个别风险加以确定,国际上普遍应用的估算投资资本成本的办法包括 WACC 等,WACC 模型的公式表示如下:

$$WACC = K_e \times \frac{E}{D + E} + K_d \times (1 - t) \times \frac{D}{D + E}$$

式中, K_e:权益资本成本;E:权益资本的市场价值;D:债务资本的市场价值; K_d:债务资本成本;t:所得税率。

（1）运用 CAPM 模型计算权益资本成本。计算权益资本成本时，我们采用资本资产定价模型（CAPM）。CAPM 模型是普遍应用的估算投资者收益以及股权资本成本的办法。CAPM 模型可用下列数学公式表示：

$E（R_i）= R_f + β × ERP + R_{ip}$

式中，$E（R_i）$：排污权折现率；R_f：无风险回报率；β：贝塔系数；ERP：股权风险溢价；R_{ip}：与排污权特有因素相关的个别风险。

①R_f的确定。本次评估采用的数据为评估基准日距到期日 5 年以上的长期国债的年到期收益率的平均值，经过汇总计算取值为 3.37%（数据来源：wind 网）。

②ERP 的确定。一般来讲，股权风险溢价是投资者所取得的风险补偿额相对于风险投资额的比率，该回报率超出在无风险证券投资上应得的回报率。目前在我国，通常采用证券市场上的公开资料来研究，通过计算市场期望报酬率与无风险报酬率的差来确定。

市场期望报酬率的确定：在本次评估中，我们借助 Wind 资讯的数据系统，采用上证 180 指数和深证 100 指数中的成分股投资收益的指标来进行分析，年收益率的计算分别采用算术平均值和几何平均值两种计算方法，对两市成分股的投资收益情况从 1999 年 12 月 31 日至 2009 年 12 月 31 进行分析计算，得出各年度平均的市场风险报酬率。

确定 1999~2009 各年度的无风险报酬率：本次评估采用 1999~2009 各年度年末距到期日 5 年以上的中长期国债的到期收益率的平均值作为长期市场预期回报率。

按照算术平均和几何平均两种方法分别计算 1999 年 12 月 31 日至 2009 年 12 月 31 日期间每年的市场风险溢价，并进行平均，得到两组平均值：

算术平均市场风险溢价：17.67%

几何平均市场风险溢价：7.69%

由于几何平均值可以更好地表述收益率的增长情况，因此我们采用几何平均值计算的 7.69% 作为股权资本期望回报率。

③确定可比公司相对于股票市场风险系数 β（见表 3-8）。我们首先收集了多家环保类行业上市公司的资料；经过筛选选取在业务内容、资产负债率等方面与委估公司相近的 4 家上市公司作为可比公司，查阅取得每家可比公司在距评估基准日 60 个月期间的采用周指标计算归集的相对于沪深两市（采用沪深 300 指数）的风险系数 β，并计算剔除每家可比公司财务杠杆后的 β 系数（数据来源：wind 网），计算其平均值作为被评估企业的无财务杠

杆β，具体公式如下：

$$无财务杠杆\ \beta = \frac{有财务杠杆\ \beta}{1 + \dfrac{D}{E} \times (1 - t)}$$

根据按行业资产平均值为权数的资产负债率为目标财务结构进行调整，确定适用于被评估对象的β系数。计算公式为：

$$有财务杠杆\ \beta = 无财务杠杆\ \beta \times [1 + (1 - t)(D/E)]$$

表3-8　　　　　　　　被评估对象的β系数计算表

序号	股票代码	公司名称	负息负债（D）	债权比例	股权公平市场价值（E）(2)	股权比例	有财务杠杆β	无财务杠杆β
1	000551. SZ	创元科技	54586. 33	15. 32%	301651. 78	84. 68%	0. 9345	0. 8135
2	000939. SZ	凯迪电力	338578. 13	36. 59%	586706. 73	63. 41%	1. 1682	0. 8101
3	600388. SH	龙净环保	3311. 41	0. 53%	625236. 30	99. 47%	0. 6743	0. 6714
4	600526. SH	菲达环保	66050. 08	20. 21%	260820. 00	79. 79%	0. 6899	0. 5885
5	平均值							0. 7209
6	被评估企业		115631. 49	20. 68%	443603. 70	79. 32%		0. 86

④特别风险溢价R_{ip}的确定，考虑了以下因素：

《KK市二氧化硫排污权有偿使用和交易管理的办法》规定了"二氧化硫（SO_2）排污权通过缴纳排污权有偿使用金或进行排污权交易两种方式取得。排污单位应当在取得二氧化硫（SO_2）排污权后，按照确定的的排污总量指标达标排放"。该办法同时规定，有偿取得的SO_2排污权，可进行排污权交易，也可提出申请由政府回购。

评估人员认为随着社会经济的发展，未来环保监管力度加强，SO_2排污权将呈现紧缺状况，价值随时间而上升，而SO_2排污权风险最主要的特殊风险是政策风险。

评估人员综合各种因素后确定个别风险为1%。

⑤折现率的确定：

$$\begin{aligned}
E(R_i) &= R_f + \beta \times ERP + R_{ip} \\
&= 3.37\% + 0.86 \times 7.69\% + 1\% \\
&= 11\%
\end{aligned}$$

（2）运用WACC模型计算加权平均资本成本。在WACC分析过程中，评估人员采用了下列步骤：

①目标资本结构。本次计算加权平均资本成本，根据按行业资产平均值为权数的资产负债率为目标财务结构进行调整。

②债务资本成本（K_e）的确定。债务资本成本采用目标公司债务的加权平均利率5.31%。

③所得税率（t）的确定。所得税率采用目标公司适用的法定税率25%。

根据以上分析计算，我们确定用于本次评估的投资资本回报率，即加权平均资本成本为9.55%。

4. SO_2排污权评估结果

将以上参数代入公司二氧化硫（SO_2）排污权评估结果为：

$$P = \frac{A}{r}$$

$$= 1407.49 \div 9.55\%$$

$$= 15000 \ 元/吨 \ （取整）$$

（四）案例分析

本案例是采用收益法对政府部门确定排污权有偿使用金进行评估。案例中对未采用成本法和市场法评估的理由进行了说明，具有一定的参考意义。本案例在采用收益法评估时，对于收益的确定方式是一个亮点。评估人员从设立 SO_2 排污权的目的是以市场化方式逐步达到减排作用入手进行分析，认为交易价格应更接近于社会补偿成本，其价值更应该反映污染的治理投资。据此，政府拍卖新污染源排放权，所得资金类似为治理 SO_2 设立的基金，而为此支付治理成本，相当于每年的年金。在确定治理成本时，是通过调查多家企业的实际数据后得出的。假想如果没有政府部门参与，在缺少产业统计数据时，将面临收益法也不适用的困境。

五、以 SO_2 排放权融资项目评估案例[①]

（一）基本情况

项目委托方为山东某醇业有限公司，位于山东省潍坊市的昌邑市滨海经

---

① 本案例由北京中天华资产评估有限责任公司提供。

济开发区，是山东半岛蓝色经济开发区、胶东半岛高端产业聚集区及黄河三角洲高效生态经济区。

委托方属于化工行业，生产产品主要为丁辛醇系列，生产过程中必不可少的设备是大型锅炉，而锅炉的二氧化硫排放是国家节能减排的范围。因此，公司要生产就必须首先取得二氧化硫的排放权。

委托方自2008年注册成立以来，就着手二氧化硫排放权的申请等有关手续，于2009年取得了二氧化硫排放权总量943.72吨/年。二氧化硫排放权的获取，为委托方拓宽了融资渠道，而委托方也恰好需要融资。对于许多外来投资者而言，他们虽然认可二氧化硫排放权的价值，但如何确定其价值却是困扰委托方及其投资方的主要问题。

我国当前的二氧化硫排放权制度为由国家环境保护部下达到各省，各省对新上项目中确定需二氧化硫排放权的，通过节能减排各项措施在总量控制的情况下进行调配。同时，我国"十二五"规划中对节能减排的要求是二氧化硫等有害气体的排放要逐年减少，因此，全国各地对二氧化硫排放权正在逐步由无偿取得改为有偿购买。如图3-14所示。

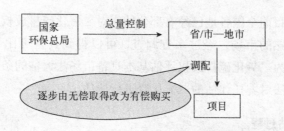

图3-14　我国二氧化硫排放权制度流程

本项目所处山东省潍坊市也于2010年12月1日由山东省潍坊市环境保护局、潍坊市财政局、潍坊市物价局下发潍环发［2010］175号《关于印发潍坊市排污权有偿使用与交易暂行办法的通知》，根据该规定，"自2011年1月1日起，凡新建、改建、扩建的建设项目和新设立的排污工业企业（以下统称'新污染源'），必须通过向环保部门申购或向其他排污单位购买的办法取得排污权。"

基于以上原因，委托方所委托评估机构对其二氧化硫排放权的价值进行了评估，以作为该公司对外融资的参考。

（二）评估技术思路

项目实施后，围绕评估方法选择展开了讨论。

1. 成本法

委托方所拥有的二氧化硫排放权在 2010 年 12 月 31 日以前取得，属于无偿取得。从该二氧化硫排放权的特点看，它是企业正常经营所必不可少的"要件"，但该"要件"条件的形成不是因为凝结了人类无差别劳动，而是因为政策改变，将资源资本化，以目前对排放权的研究成果，评估中暂无法将该资本化的资源予以"再建"，也就是说从重置的角度对排放权进行评估的条件还不成熟。因此，最后放弃以成本途径进行排放权评估。

2. 收益法

从该二氧化硫排放权的特点看，它是企业正常经营所必不可少的"通行证"，但该"通行证"在企业的生产经营中贡献多少份额、带来多少可量化的直接或间接收益尚缺少可靠的研究。因此，本次评估未采用收益途径评估。

3. 市场法

据了解，目前全国各地已经有部分城市对二氧化硫排放权进行拍卖，基本形成比较成熟的市场，经过多方调查，可以得到具备可比条件的参考案例。经分析认为二氧化硫排放权评估基本具备市场法评估的条件，因此初步确定采用市场法对委托评估的二氧化硫进行评估。

（三）评估过程

市场法适用的条件是在具备可比案例的基础上，对可比案例确定恰当的修正指标、制定恰当的修正体系，最终进行适宜的修正。排放权的资产化是经济发展到一定阶段的制度安排的产物，在不同经济发展阶段、不同经济发展程度的区域所表现出的价格是不同的。从这一点上说，排放权资产类同于房地产资产，虽然是标准化产品，但因为所处区域的供需关系不同，而影响其价格的表现。因此，本项目的重点及难点在于可比案例的选取及修正体系的建立。

1. 交易案例的选取

由于二氧化硫排放权的拍卖在我国起步较晚，只有部分城市进行了试点，交易案例不仅少，而且分散全国各地市。为此，评估中将案例选择区域扩大至全国，从几十个交易资料中重点筛选出以下交易案例：

（1）山东省。2009年12月17日，山东省淄博市淄川区通过实行砖瓦产业"二氧化硫排放权"公开拍卖，有58家企业参加"二氧化硫排放权"竞拍，9家企业最终分别以最低10万元、最高37万元的价格拍得"二氧化硫排放权"。

2010年12月17日，山东海龙（000677）股份有限公司、潍坊裕亿化工有限公司和中信银行潍坊分行相关负责人，分别在《排污权交易合同》和《排污权抵押贷款合同》上签字，潍坊市售出排污权的第一单。在签约仪式上，作为潍坊市排污权抵押贷款定点银行的中信银行潍坊分行，给予山东海龙股份有限公司的贷款授信额度为8000万元，第一笔贷款投放额度为1000万元。

（2）山西省。2009年12月31日，山西的3家电力企业与国网能源开发有限公司签订了二氧化硫排污交易合同，涉及二氧化硫排放量1.4万吨，交易金额近9000万元。

（3）陕西省。2010年6月5日，陕西延长石油（集团）有限责任公司以每吨4200元、总额483万元的价格成功竞拍得1150吨二氧化硫排污权。

2010年9月27日，陕西省排污权交易中心举行二次二氧化硫排污权竞买交易竞买会，90分钟内，参与竞拍的22家企业中共19家企业竞得4251.64吨二氧化硫的排放权，总成交额2061.0561万元。最高单价达到每吨5100元，刷新首次竞买会的最高单价。其中，神华神东直接空冷超临界燃煤发电机组项目，以每吨5100元的价格，购买了1015吨的二氧化硫排放权。

（4）重庆市。2011年3月7日，重庆市环保局发布消息，自2010年12月开始，全市已进行主要污染物排放权交易14次，成交总额达200.75万元。在这14笔交易中，每吨二氧化硫的价格为1.02万元或0.9万元，

（5）武汉市。2007年6月29日，硚口区汉正街都市工业园3家新入园企业，从硚口区某轧钢厂购得排放4.9吨二氧化硫的指标，每吨二氧化硫购买价1万元。这是武汉市首例排污权交易。

（6）哈尔滨市。自2009年9月开始推行二氧化硫排污交易至今，已有24家企业通过交易平台购买了146.7吨排放指标，涉及金额约206万元，平均交易价14000元/吨。

（7）杭州市。2009年4月，杭州产权交易所的二号拍卖大厅，二氧化

硫排放权进行公开拍卖，杭州市杭联热电有限公司以每吨 2 万元购买了 302 吨的二氧化硫排放指标，成交额 604 万元。

案例选取区域如图 3 - 15 所示。

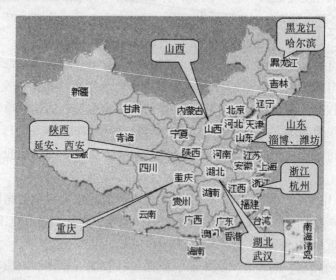

图 3 - 15　案例选取区域

可以看出，案例选取区域都是人口相对稠密、经济相对发达的地区，环境容量相近，但由于各地存在产业结构不同、一次性交易量大小不同、所交易排放权持续期间不同等差异，导致单位容量的排放权交易价格在各地仍相差较大。

评估人员在比较以上因素并充分了解各案例交易背景的基础上，最后确定山东本地、重庆、陕西三地的三个案例作为可比案例。

2. 修订指标及其参数的确定

考虑到各省市的二氧化硫排放量指标因经济发展状况、产业类型等因素是各不相同的，因此首选地区因素。影响地区因素的包括产业结构及经济发展情况（例如人均 GDP）；评估基准日为资产评估报告的主要要素，因此选择交易时间因素；以此类推，还有使用年限因素、交易情况（公拍、内拍、流拍等）因素以及其他因素。修正因素的选择见表 3 - 9。

在确定修正指标的基础上确定修正参数，得出评估对象相对于三个案例的修正价格，并以加权平均的方式确定最终评估值。

表3-9 修正因素选择

修正因素		修正指标	修正值（略）
地区因素件	产业结构	重点行业单位产品能耗等指标	
	经济发展状况	人均 GDP 指标	
交易时间因素			
使用年限因素		排放权使用时间	
交易情况因素		公拍、内拍、流拍等	
其他因素		可选择人均碳排放指标，碳生产力等	

（四）案例分析

本案例是采用市场法对排污权价值进行评估。市场法评估的关键因素是要有一定数量的可比案例，建立可比因素修正体系和修正标准。本案例的贡献在于建立了一套修正体系，为市场法评估提供了一个参考体系。至于因素选择是否恰当，修正值是否合理，有待评估界进一步探讨完善。毕竟在市场中交易案例逐渐增多的情况下，市场法估值结果更容易被市场参与方认可。

六、热电企业富余 SO_2 排放权交易价值评估案例[①]

（一）基本情况

杭州市人民政府于 2007 年 8 月 25 日发布了节能减排的重要实施纲要——杭政函［2007］159 号《市政府关于加强污染减排工作的实施意见》，要求 2010 年前，完成市热电厂脱硫改造工程，力争热电厂脱硫效率提高到 90% 以上，新建热电厂脱硫效率必须达到 90% 以上。同时提出，依法获得排污指标和排污许可证的燃煤企业，通过削减产能、清洁生产和脱硫改造等措施削减 SO_2 排放量的，经环保部门核准，其富余指标可以依法有偿转让。要逐步培育环保市场，鼓励专业机构投资脱硫，参与排污权交易。

根据上述条款及杭州市低碳经济规划，A 热电集团有限公司于 2009 年完成了燃煤热电企业锅炉脱硫改造，锅炉的脱硫率由原来的 70% 提升至 90% 以上，公司排放的污染物大大减少，其排放指标出现了较大的余量。在环保部门的鼓励及经济利益的驱动之下，A 热电集团有限公司拟交易富余的

---

① 本案例由坤元资产评估有限公司提供。

SO$_2$排放权，故委托评估机构对该排放权进行评估。

根据2008年12月26日杭州市人民政府办公厅杭政办函［2008］433号《关于印发杭州市主要污染物排放权交易实施细则（试行）的通知》相关规定，"排污企业对SO$_2$或化学需氧量（COD）采取污染防治措施，经市环保局核准认定，在核定设计条件下稳定达标排放并实现总量削减目标的，所余排污配额的20%用于生产波动情况下满足自身达标需求和总量控制要求，其余80%排污配额可在杭交所平台进行交易"。

公司脱硫改造完成已一年，各项污染物排放指标稳定，根据杭州市B区环境保护监测站测定的各月SO$_2$排放量结合年排放时间（全年无休，24小时排放），测定年SO$_2$排放总量为262.8吨。根据浙江省环境保护局浙环建［2004］N号《关于A热电有限公司热电项目环境影响报告书审查意见的函》及浙环建［2005］M号《关于A热电有限公司扩建项目环境影响报告书审批意见的函》的相关下放指标，公司取得的原始SO$_2$年排放总量指标为777.21吨。因此，富余排放指标为514.41吨，扣除用于生产波动情况下满足自身达标需求的20%控制指标，尚余可用于交易的排放指标为411.53吨。

本次评估对象为A热电有限公司富余的411.53吨SO$_2$排放权。

（二）评估技术思路

本次评估时，市场存在同类可供参照的交易案例，市场法较能客观反映评估对象在评估时点的市场价值，易于为交易各方所理解，故本次评估选用市场法进行评估。

市场法是指在掌握与被评估对象相同或相似的参照物的市场价格的基础上，以评估对象为基准对比分析参照物并将两者的差异量化，然后在参照物市场价格的基础上作出调整和修正，确定待估排放权评估价值的评估方法。基本公式为：

$V = P \times O \times (1 - p) \times (1 - Q)$

$P = P' \times A \times B \times C$

式中，V：待估排放权评估值；P：待估排放权市场单价；P'：可比实例价格；A：交易时间修正系数；B：交易情况修正系数；C：个别因素修正系数；O：交易权数量；P：佣金比例；Q：上缴财政专项账户款项比例。

（三）评估过程

1. 排放权市场单价的确定

182

根据杭州市污染物排放权交易政策，因主要污染物的削减成本、出（受）让方所在地环境质量和总量控制目标以及市场情况等因素存在差异，由杭州市物价局会同市环保局确定主要污染物配额交易市场参考价。据杭州市主要污染物排放权交易工作领导办公室 2009 年 3 月出版的《杭州市排污权交易资料汇编》统计，截至 2009 年 3 月，杭州市 SO_2 排污权市场交易参考价为 2 万元每吨（各行业交易单价基本一致），2009 年 3 月前基本以参考价成交；另据评估人员通过对搜集的基准日前后杭州市及周边城市（全国首批试点城市——嘉兴等） SO_2 排放权交易案例（交易单价基本均为 2 万元每吨）分析，各交易案例的交易情况及个别因素等与待估对象均较为接近，无需进行因素修正，故确定待估的 SO_2 排放权单价为 2 万元每吨。

2. 佣金及上缴财政专项账户比例的确定

根据杭州市政府《关于印发杭州市主要污染物排放权交易实施细则（试行）的通知》规定，无偿分配取得的 SO_2 或化学需氧量（COD）排污配额，其交易所得收入的 70% 上缴企业所在地财政的主要污染物排放权交易专项账户。因公司 SO_2 配额为无偿分配取得，故交易所得的 70% 需上缴。

根据杭州市污染物排放权唯一的交易平台——杭州产权交易所有限责任公司的交易佣金收费方式，排放权佣金由交易双方各以成交价的 5% 进行支付。

3. 评估值的确定

待估排放权评估值 V = 排放权单价 P × 数量 O × (1 - 佣金比例 P) × (1 - 上缴财政专项账户比例 Q)

具体评估过程见表 3 - 10。

表 3 - 10　　　　　　　　评估过程表

待估资产	配额数量（吨/年）	需用数量（吨/年）	富余数量（吨/年）	可交易数量 A（吨/年）	评估过程及数据（元）				
					交易单价 B	佣金比例 C	扣除佣金交易总价 D = (A × B × (1 - C)	上缴专项账户 E = D × 70%	评估值（D - E）
SO2 排放权	777.21	262.8	514.41	411.53	20000.00	5%	7819070	5473349	2345700（取整至百元）

本次评估对象的评估价值为 2345721.00 元。

(四) 案例分析

本案例与前一案例一样，是采用市场法对排污权价值进行评估，但修正因素的选取角度不同。本案例选取了三个方面进行修正：交易时间、交易情况和个别因素，相对于前一案例要简单一些，因为案例均来自于当地或周边相似地区的交易案例，差异较小。本案例也说明，在已建有排放权交易市场的地区，如果能通过交易竞价确定价值，相应评估可直接采取市场价格。

碳资产评估在金融
领域的实践探讨

碳金融是指服务于旨在减少温室气体排放的各种金融制度安排和金融交易活动，主要包括碳排放权及其衍生品的交易和投资、低碳项目开发的投融资以及其他相关的金融中介活动，产品包括购/售碳代理、CDM 项目融资、账户监管、碳资产质押、碳交易结算、碳交付保函、碳资产开发咨询等。可见，碳金融的内涵和外延都极为丰富，然而其核心要素则是对碳资产的有效评估，这是碳金融相较传统金融业务的最大不同，同时也是碳金融业务开展的最大挑战。

本部分主要讨论了碳资产评估在金融产品和服务中的具体实践，在对我国目前碳金融业务现状的简单描述后，详细介绍了我国首个专门以碳资产为质押品的金融产品——兴业银行碳资产质押授信业务，特别从该业务的特点、流程以及风险把控等多个方面，论述兴业银行如何实现以金融手段应对气候变化问题这一金融创新，强调将碳资产作为融资的重要考量因素，设计融资方案或以碳资产质押作为担保方式，为企业提供融资支持，对企业发展、国内碳交易市场的形成与完善以及金融创新、丰富金融产品体系等方面的巨大推动作用。

最后，为具体说明碳资产在金融领域的评估方法和流程，本部分分享了兴业银行首笔碳资产质押授信业务，演示了具体实践中兴业银行如何根据其自主开发的基于产量预测和风险折价模型的碳资产评估工具评估碳资产价值，为企业盘活未来碳资产，进而有力支持项目的建设和运行。

一、国内外碳金融业务概览

碳资产的金融属性使得其能够成为交易的对象，围绕碳资产，国际各主要交易所开始提供排放权/减排额度的现货、期货等多种交易产品。可以说，碳排放权交易本质上是一种金融交易，金融机构在其中扮演着关键角色。

（一）国际碳金融产品介绍

国际金融机构参与碳排放交易市场的经验和产品更为丰富、成熟，对于发展、完善我国的碳金融将有重要的参考意义。国际金融机构参与国际碳交易的方式，除了传统的信贷支持外，还根据碳资产和碳交易的特征，结合债券、票据、信托、基金、理财产品、远期、期货、结构性产品等金融产品内容，推出多种碳金融产品[①]。

1. 根据 CDM 项目的不同阶段提供全方位的配套服务

法国巴黎银行在项目及《京都议定书》的不同阶段提供各类碳信贷服务：在项目意向阶段初期，与项目业主签订碳资产承购合同；在项目实施阶段，提供项目信贷及出口信贷解决方案；为登记的清洁发展机制或联合履约项目提供预筹资金解决方案（即基于未来碳信用销售收益的金融贷款）；在项目的任何阶段的承购及衍生品解决方案，让项目业主可以管理他们的碳资产的价格风险。

2. 结合碳交易、碳资产特点，实现传统金融产品创新发展

（1）与碳减排相关的贷款。一些国际金融机构对于能够实现碳减排的项目提供特殊贷款，如对于符合低碳相关标准的房屋购买提供绿色房屋按揭贷款，这些贷款较传统贷款，往往"具有优惠的贷款利率、现金返还、免手续费、更高的贷款额度、更长的贷款年限等条件"。

（2）碳基金。由于碳减排项目注册、碳减排量的核准认证都需要经过

---

① 以下关于国际碳金融产品的介绍主要参考：相关银行的社会责任或者可持续发展报告；联合国环境规划署金融倡议机构：《绿色金融产品和服务——北美金融业近期发展趋势及未来的机遇》，http://www.unepfi.org/fileadmin/documents/greenprods_01.pdf；刘华、郭凯：《国外碳金融产品的发展趋势与特点》，载于《银行家》2010 年 9 期；王增武、袁增霆："推进碳金融工具的创新发展"，载于《中国经济报告》2010 第 1 期等文章。

较为繁琐的程序，加之碳减排量的交易往往涉及不同国家的不同主体，交易主体之间信息不对称所造成的履约风险加大，专门从事碳交易、碳投资的碳基金应运而生。通过碳基金，降低了交易成本，最终买家不必亲自进行碳减排项目的开发或者寻找卖方，便可将资金分散在不同的项目里，从而降低将资金仅投向某个特定项目而可能存在的风险；卖家不必同最终买家直接谈判，无需花过多精力去调查最终买家的履约能力。1999 年世界银行建立的原型碳基金成为最早的碳基金，此后，一些国家、金融机构、非政府组织等纷纷推出各类碳基金，主要内容是以入股、信贷等方式投资碳减排项目、购买碳减排量，有的碳基金还会对相关国家或机构在应对气候变化、碳减排方面的政策和技术研究提供资助。

（3）碳信托。2001 年，英国成立了碳信托有限公司，累计投入 3.8 亿英镑，主要用于促进研究开发、加速技术商业化和投资孵化器[1]。住友信托银行针对企业需要购买数量较少的排放权的需求，设计了排放权信托方案，将排放权转化为信托受益权，出售给客户，从而满足这些公司对于小规模排放权的需求。此外，住友信托银行针对日本公司从国外的公司购买排放权时，由于对排放权交易申请的批准需要一定的时间，这种货款支付与排放权交付的时间差问题而产生履约风险，专门提供了以信托功能为基础的服务（Trust to Emission Rights Settlement Funds），具体内容包括：作为受托人的住友信托银行要确保在信托账户中买家（委托人）所支付的资金的安全和真实；在确保排放权转移交付给买家（受益人）后，根据买家的指示向卖家支付货款。

（4）碳债券。金融机构发行的债券收益与碳排放权挂钩，有些挂钩的是现货价格（无交付风险），有些挂钩的是原始减排单位价格（包含交付风险），有的则与特定项目的交付量挂钩[2]。

（5）碳金融理财产品。金融机构发行的碳金融理财产品与证券交易所上市的环保概念股票、气候交易所的二氧化碳排放权期货合约、世界级权威机构的水资源和可再生能源指数以及气候变化环保指数等挂钩，这类产品主要包括碳信用证交付保证、风险对冲和与碳信用证价格联动等新型金融产品，从而分享碳减排成果[3]。

---

① 王伟炫："构建我国碳金融发展体系的探讨"，载于《金融会计》2011 年第 3 期。
② 曾刚："国际碳交易市场上的金融机构"，载于《当代金融家》2009 年第 9 期。
③ 中国银行广东省分行课题组：《碳金融发展与商业银行的践行策略》，载于《银行家》2010 年第 9 期。

（6）碳托管服务。国际一些金融机构根据客户在碳交易市场中的需求，提供托管、保管碳信用、管理其注册账户以及与其他各方的结算交易等服务。2005 年，法国储蓄与信贷银行及交易平台 Powernext 推出了一个结构特殊的碳现货市场"Powernext Carbon"。Powernext 提供持续的交易平台，而法国储蓄与信贷银行代表客户管理注册及银行账户，并保证按照付款体系进行产品交付。FortisTrust Services 提供管理协议来管理多个欧盟排放交易体系的注册账户及/或允许二氧化碳排放权和减排单位的卖家进行注册托管。①

3. 为客户提供碳交易风险管理工具

在 CDM 交易中，CER 的足额交付存在项目风险、交付风险、监管风险等不确定因素，直接影响到碳卖家 CER 的售价，同时也会压低 CER 价格从而不利于项目的开展。对此，金融机构提供 CER 交付量履约保证、特定事件发生的保险，有助于帮助碳卖家增强议价能力，获得较高的 CER 售价，同时增强了碳买家的交易信心。

此外，在较为完善的碳交易市场，金融机构还根据碳减排量标准化的特性，以其为标的，设计碳远期、碳期货、碳期权、等碳金融衍生品，从而为客户实现套期保值、风险控制②。

4. 研发碳排放计算方法、量化气候变化的经济成本，评估客户 GHG 排放表现

（1）碳足迹计算标准。目前，国际标准化组织（ISO）已经开始考虑制作一个国际性标准来计算碳足迹。瑞穗金融集团开始提升其碳足迹意识，并帮助客户创造指导纲领，来发展特定的碳足迹项目。除此之外，瑞穗金融集团还制定出了自己的碳计算方法学，计算与项目融资相关的二氧化碳减排量衡量其提供融资支持的项目所造成的环境负担和环境保护两方面效果。发电厂项目（矿物燃料和风力发电等可再生能源均包含在内）是瑞穗金融集团的碳计算首先进行的目标项目。瑞穗金融集团通过两个指标，评估自身通过融资支持项目而对环境改善的间接贡献，一个是二氧化碳年排放量或"环境负担"，另一个是二氧化碳年减排量，预设的基准线按照火力发电厂排放的二氧化碳量来设定，也可称为"环保效果"。

---

① 联合国环境规划署金融倡议机构：《绿色金融产品和服务——北美金融业近期发展趋势及未来的机遇》，http://www.unepfi.org/fileadmin/documents/greenprods_ 01.pdf。

② 更多关于碳金融衍生品的介绍，详见王伟炫："构建我国碳金融发展体系的探讨"，载于《金融会计》2011 年第 3 期。

（2）温室气体排放经济成本的量化。摩根大通银行在与电力行业的项目交易中，对温室气体排放的经济成本进行计算，并将它们纳入交易的经济分析中。用这种方式能够内化碳成本，由此可能会改变投资决策。摩根大通银行可依据成本分析比较的结果，鼓励客户使用可再生能源技术。巴克莱银行也十分重视气候风险的管理，其与研究机构合作，研究正在出现的气候变化风险，提升其专业评估气候变化因素能够带来怎样的经济和业务风险的能力。而且，巴克莱银行还将未来的碳成本算入其贷款决定。例如，在美国借贷给电力公司时，巴克莱银行就将预计的碳成本纳入其经济模型中。除电力行业的项目融资交易外，巴克莱银行还准备将这个模型适用于一般的公司借贷业务。

（3）评估客户温室气体排放表现。美国银行设计了以"排放率"（Emission Rates）为单位的计算方式，即温室气体排放表现是由每一产量产出单位的排放率来展现，以求最精确地展现客户（特别是公共事务公司，例如电力、水务、交通等公司）的排放绩效，它将一些与公司环境决策无关的事务的外部影响降到最低。例如，天气的变化：春冬季节温度的变化导致用电量以及整个排放量的增加；需求的上升：人口和经济活动的增加导致用电量需求的增加，其必须由当地的电力企业通过生产或者电力购买方能满足；并购和资产剥离：当一家公司生产能力提高，要求额外的电力，温室气体排放就会明显上升；储存损耗：当一家公司从其他电力生产商那里购买电力，这能够降低该公司的温室气体排放，但却将排放转移到现在提供电力的公司那里。

（二）国内碳金融业务概览

CDM 是现阶段我国参与国际温室气体排放市场交易的主要方式。虽然我国的 CDM 一级市场较为成熟，但充当的角色主要为 CDM 项目的卖方，市场模式较为单一，配套的碳金融服务体系也处于起步阶段。因为碳资产这种非传统意义的资产的价值难以评估，其价值的实现方式也较传统资产有所不同，具有新的不确定性，这些都使得金融机构对于碳资产"望而却步"。目前，国内商业银行的绿色金融实践更多集中在绿色信贷政策的贯彻和落实、节能减排项目融资的创新与推广等方面，而具体到碳金融领域，仅有兴业银行、上海浦东发展银行等少数几家银行专门针对碳资产推出特定的金融产品。

1. 为 CDM 项目提供贷款支持

国内许多银行一般是从减排角度开始关注并为 CDM 项目提供信贷支持，这与之前的节能减排项目融资区别不大，只是融资的项目具有减排功效的同时注册为 CDM 项目。

不过，目前国内一些银行已经针对 CDM 项目将会产生碳减排指标的收益，而在节能减排贷款项目基础上有所创新，例如兴业银行节能减排项目贷款的"CDM 项下融资模式"，其创新之处是将碳减排指标交易收益作为贷款的还款来源之一。由于这类项目的主要收入除了主营业务收入（例如发电项目的电力销售收入）外，还有通过 CDM 碳减排指标销售而获得的收入，对此，银行更注重项目产生的综合现金流，突破原有注重实物抵押等担保限制，降低了小企业融资门槛。例如，兴业银行推出的"碳资产质押贷款"进一步承认了碳减排量的资产价值，允许企业以其 CDM 项目项下形成的碳资产作为融资质押物；上海浦东发展银行作为东海海上风电项目银团贷款的牵头行和代理行，促成银团与项目签署了 CDM 应收账款质押合同，将该项目 CDM 项下的所有核证减排量（CERs）转让收入全部质押给银团，实现了 CDM 融资与传统银团业务结合。但通过对比贷款额度与项目 CER 预期收益不难发现，两者数值相差悬殊，CDM 应收账款对银团贷款业务影响甚小，该笔业务宣传效应大于实质内容。

2. 围绕碳交易提供相关金融产品和交易咨询服务，搭建 CDM 项目交易平台

过去，我国的 CDM 项目业主往往通过与国外机构联系进行碳交易。然而，由于交易双方在 CDM 领域专业能力、交易经验和市场信息等方面相差较大，我国 CDM 项目业主往往处于不利地位。对此，我国国内金融机构充分利用其渠道优势和网络资源，为客户提供相关交易咨询服务，在这一领域的专业能力和业务优势日益趋显，例如帮助客户申请 CDM 项目注册、寻找 CDM 国际买家、参与谈判，从而促成 CDM 交易成功完成。

很多银行纷纷推出相关服务。兴业银行推出多个与碳减排相关的特色金融产品，包括项目履约保函、碳交付担保、购碳代理等，其在 2009 年 7 月开具了国内首张碳交付保函；该行担任账户管理行，为中国首笔自愿减排量交易提供了交易结算和资金存管服务；发行国内首张低碳信用卡，将减排指标引入到个人消费领域；已经成功促成十余个 CDM 项目签署碳减排量销售协议（ERPA），其中已近一半的项目获得联合国注册。另外，国家开发银

行、农业银行、上海浦东发展银行等也相继推出了类似的交易咨询服务。

但是，总体而言，由于政策环境、交易场所、交易平台等因素所限，我国国内的碳金融产品如碳证券、碳期货、碳基金等产品仍有待开发。在我国商业银行的碳金融探索实践中，特别值得注意的是，兴业银行针对 CDM 项目开发的具体流程，结合碳排放权交易的特点，率先在国内推出综合的金融服务方案，开发了碳资产质押授信业务等一系列产品。

二、碳资产质押授信业务的主要内容

碳资产质押授信业务是以企业自身拥有的 CDM 项下形成的未来碳资产作为质押的授信业务，其中，CER 作为一种全新的抵押资产被银行所接受是碳金融领域质的突破。项目业主可以将未来的碳资产产生的现金流作为还款来源向银行申请贷款，也可以在银行给予的授信额度的基础上开具保函、信用证等贸易金融产品。

碳资产质押授信业务在帮助企业盘活"碳排放权"这一资产，缓解中小企业担保难、融资难问题的同时，也为国内企业提供专业咨询服务，帮助国内企业规避国际碳交易风险，也促进国内银行业金融机构进一步参与碳市场，推动国内碳金融市场建设。

（一）业务特色

1. 规范业务，制度先行。为促使碳资产质押授信业务的顺利开展，兴业银行制定了碳资产质押授信业务管理办法、操作规程、营销指引等一整套制度，明确规定了业务的操作流程、总分行的具体职责，并建立总分支三级联动营销。兴业银行总行可持续金融部专注于碳金融产品开发与市场推广，配备了多年从事碳交易的资深碳金融产品经理，负责行业研究、产品设计和营销指导；各家分行配备节能减排专职产品经理，负责对支行客户经理的培训和营销指导。

2. 降低风险，细化要求。兴业银行根据碳资产质押授信业务的特有风险，细化了对借款人、碳资产本身以及国外买方的条件要求，其中包括将业务的范围限定在我国已获得联合国 CDM 执行理事会注册的项目，借款人的信用评级需达到一定标准，项目审批手续完备等。

3. 考虑需求，灵活设置。考虑到碳资产的实现会受审批时效、项目的运营与监测等因素的影响，以及企业因此而产生的融资需求和还款能力，碳资产质押授信业务会根据项目的运行、减排量产出等具体情况灵活设置还款期和贷款额度，从而有效缓解企业的还款压力。

（二）业务流程

在具体业务实施中，碳金融产品经理首先会根据客户的具体情况，并在普通贷款申请需要的信息材料之外，了解搜集 CDM 项目开发过程中的相关材料文件，对申请人的基本情况及其资信状况、CDM 项目概况等内容进行调查核实，制定实施方案提交兴业银行总行可持续金融部。兴业银行总行可持续金融部利用自身开发的一套评估工具，评估碳资产价值、买家信用等重要因素，并将碳减排量销售协议（ERPA）提交行内外法律专家进行法律审查。信用审查审批部门根据可持续金融部出具的评估和审查意见，对贷款申请进行分析审查。待信用审查审批部门形成最终的审批意见之后，兴业银行与企业签订专门为碳资产质押授信业务制定的合同，并在相关条件满足后，发放贷款。

考虑到 CDM 项目的持续运行和监测直接影响到碳资产的价值，兴业银行在制度规定和实际操作中都着重强调碳资产质押授信业务贷后管理工作的重要性，要求对 CDM 的运行、CER 的监测签发进行全流程跟踪，特别关注 CDM 项目的建设和投产情况、了解项目的每次 CER 核证和签发情况等，并针对可能对贷款收回产生不利影响的各种情况，事先准备相应的防范和处理措施，确保在开展业务的同时，风险得到有效的控制。

（三）实质突破

鉴于 CDM 项目开发流程长，技术门槛高，未来收入受技术、政治等各类因素影响较大等特点，如何对碳资产价值进行合理评估始终是金融机构开发新产品的关键点。经过长期的摸索，兴业银行自主开发了碳资产评估工具，主要是基于产量预测和风险折价模型等综合手段，量化系统风险，实现对碳资产价值的有效评估。

评估碳资产价值，进而确定授信额度，需要综合考虑 CER 的预计产出量、碳减排量销售协议（ERPA）能否正常履行和交易价格是否会波动等几方面问题，其风险相应体现在 CER 产出、法律和商务等几个方面。

1. CER 产出风险。CER 产出量的多少直接决定了 CDM 项目未来可能产生的碳资产价值，而 CER 与一般的交易标的不同，具有特定性，一旦产量不足以交付，就很难找到同等替代品来交付履约。除了传统的项目在建设运营过程中可能存在的风险之外，CDM 项目需要经过审批、注册、签发等诸多流程，其中各个阶段都存在影响 CER 产出量的因素，如注册或签发时间延误，项目实际产量与预期不符，监测过程不完善导致减排量不合格从而不能获得完整签发等。

对此，兴业银行专门成立了碳资产评估工具研发团队，通过引进 CDM 领域专业团队，掌握 CDM 项目运作模式和成熟、主流的低碳/减碳技术，并与碳减排领域的咨询公司和专家学者建立合作关系，及时获取技术动态。碳资产评估工具也是基于前期的专业能力和业务经验的提高与积累研发而成的。与此同时，在业务操作过程中，也要求信用业务经办机构及时跟踪申请人 CDM 项目执行、监测和签发等程序，若项目情况与申请评估时发生变化，将及时申请重新评估并调整授信额度。

2. 法律风险。CDM 项目中，国内企业收益的最终实现取决于《减排量购买协议》（ERPA）的履行。因此，ERPA 条款的设定，如对项目实施机构设置的履约条件、履约义务、履约期限等要素是否公平、合理，特别是在违约责任、价格波动风险分配等方面的约定是否公平；有无对项目实施机构设置过多的限制性条件；或对国外买方设置过于宽泛的免责条件等，均需要熟悉国外法律并了解碳交易市场规则的专业法律人员进行审核把关，以确保申请人能够按时、按约收回款项。

3. 商务风险。国外买方的履约能力和信用度直接决定了项目实施方的最终收益，因此在办理业务时，兴业银行会对国外买方进行尽职调查，选择安全性较高的国外买方，如发达国家政府、金融机构、大型能源企业和碳基金等机构或企业，以降低商务风险。

三、碳资产质押授信业务的意义

以碳资产质押的担保方式为企业提供融资支持，不仅能够帮助企业盘活碳资产，而且能够引导企业参与碳市场、重视碳资产价值，有助于推动碳市场的建设，促进金融创新。

（一）拓宽企业融资渠道，缓解中小企业融资担保难的问题

由于 CDM 项目申报过程冗长、规则复杂、审批效率低下等原因，企业实际获得转让碳资产的收益是在项目建设完成、开始运营且碳减排量实质产生后很长一段时间之后，而在这期间，项目建设及初期运营维护都迫切需要大量的资金投入。因此，从某种角度来说，CDM 虽然实现了发达国家和发展中国家的双赢，为发达国家和发展中国家共同应对气候变化起到了重要作用，但往往无法对具体的减排项目在初期建设和运行方面提供资金支持的问题起到实质性帮助。

面对 CDM 项目中企业的融资需求，兴业银行专门开发的碳资产质押授信业务，以项目未来的碳资产做质押向企业提供融资支持，用于 CDM 项目的建设、运营和管理，从而减少了 CDM 繁冗的审批流程对项目正常运行的影响，帮助企业盘活未来的碳资产，缓解企业的燃眉之急，也真正体现了 CDM 对发展中国家和企业的价值和意义。

（二）引导企业重视碳资产，帮助企业参与国内碳交易市场和排污权交易市场做好准备

虽然在国际碳市场中，碳资产具有财产的属性，但在国内对于企业而言，碳资产除了到期出售获得收益之外，似乎别无其他功用，不能实际使用，无法自由转让，也难以像应收账款那样被金融机构接受，作为担保物帮助企业获得融资。因此，CDM 项目产生的碳资产转让收益往往被企业认为是主营业务之外的一笔"额外"收入，没有付出过多的成本，而且在价值实现方面也与传统意义的财产相去甚远，企业会很容易忽视对碳资产的管理，对参与国内外碳市场的积极性不大。

在碳资产质押授信业务中，企业通过碳资产质押获得融资，认识到碳资产的价值。特别是对于一些中小型 CDM 项目，企业的销售收入一般会被抵押用于获得项目贷款，虽然拥有碳资产，但又往往因资产自身的不确定性，难以获得银行认可。碳资产质押授信业务能够无需其他担保，仅以碳资产质押便可获得融资，这无疑使企业意识到碳资产真正作为一种资产的可行性和重要性，促使企业重视碳资产的管理。

更为重要的是，透过 CDM 产生的碳资产，企业将逐渐意识到国内碳排放交易市场中的碳减排量也将是能够给其带来价值的资产，既能够供自身使

用，也能够通过实施低成本减排措施获得多余的额度来出售获利，抑或因减排成本较高而选择购买额度来降低履行减排义务的成本，也能以此作为担保物获得银行融资，这将极大地鼓励企业积极参与碳市场。

（三）通过金融创新推动碳排放交易市场的建设

虽然目前碳资产质押授信业务限于以 CDM 项目产生的碳减排量作为质押物，但对于国内碳排放交易，所运用的理念是一样的，都是将温室气体的排放权/减排量视为财产，通过特定的评估工具，了解、评估排放权/减排量的价值，并以此为基础，在排放权/减排量上设定质押，作为融资的担保。兴业银行开发的碳金融产品不仅降低企业履行减排义务的压力，有利于企业参与交易，而且对于市场的健康成长也发挥着十分重要的作用。价格发现是市场机制在效率和成本方面的优势所在，也是衡量市场成功的重要标志。理想的碳价格应能够捕捉并反应企业和企业间的减排边际成本，通过有效的价格信号促使企业在使用配额和采取减排措施之间作出恰当的决策。兴业银行开发的碳资产评估工具打开了市场参与者的思路，帮助排放权价格在一级市场的有效形成，这将是排放权/减排量在二级市场价格形成的基础与前提。

此外，碳金融将是碳排放交易市场逐渐发展、成熟过程中必不可少的重要因素。若今后碳排放交易市场允许金融机构参与市场、直接投资能够产生排放权的项目（如 CDM 项目）、直接买卖排放权，特别是碳资产作为制度规定的产物，具有金融衍生品所需要的标准化，适合成为期货、期权等金融产品的设计对象，碳金融产品体系将会十分丰富。而碳金融的发展一方面能够给市场带来更大的流动性，完善价格形成机制；同时多样化的金融产品能够为市场参与者提供获利或避险的工具，通过丰富市场参与者的进入与退出渠道而推动市场成熟；另一方面通过金融杠杆作用，吸引更多的社会资金投入到节能减排、环境保护等可能产生碳资产的领域中，这也是市场机制在筹集资金方面重要功能的体现，能够极大地促进低碳事业的发展。

（四）促进金融创新性

碳资产质押授信业务最大的难点在于如何评估未来碳资产的价值，兴业银行研发碳资产评估工具实现了对碳资产价值的有效评估，突破风险量化困局。解决了碳资产定价问题，也就解决了阻止众多银行涉足碳金融领域的最为主要的"拦路虎"，在能够确定碳资产的价值之后，银行就可以将碳资产与传统的投融资产品相结合，形成信贷产品、碳衍生品、理财产品等。更为丰富的碳金融产品的种类和内容，完善的碳金融服务体系，将会帮助企业通过碳金融产品来降低价格波动、碳减排量不足履约等风险。

四、兴业银行首笔碳资产质押授信业务案例分享

兴业银行首笔碳资产质押授信业务于 2011 年 4 月于福州成功落地，为某小型水电项目提供融资支持。该水电站项目的 CDM 开发早在 2010 年 6 月已经获得了联合国的注册，预计年减排量为 43603 吨 CER。根据与国外买方签署的减排量购买协议，企业每年将获得一笔售碳收入，收入金额取决于项目每年实际产生的减排量数额。

经前期调查了解到，每年的 1~5 月是枯水期，水电站发电量减少，公司收入减少。同时，一方面，碳减排量尚未签发，企业尚未获得售碳收入；另一方面，企业面临水电站修缮资金需求，现金流紧张。针对企业的融资需求，兴业银行立即启动总分支三级联动营销机制，在项目资料收集、客户信息反馈、国外买家沟通和专业指导上形成了快速高效的沟通和反馈机制，并专门赴水电站现场进行考察，与国外买方沟通，核实交易的真实性等情况。

具体到该项目的碳资产评估，兴业银行主要从碳减排量产出评估、碳资产价值评估、碳减排量买家信用评估以及减排量购买协议条款法律审查等多个方面着手考量。

首先，了解同类 CDM 项目的相关风险，并结合项目自身特点，综合进行评估。通过碳资产评估工具以及同类型项目的监测报告，兴业银行了解并分析得出我国当时已开发 CDM 的同类水电项目在注册、实际投产运行、减排量产出以及签发情况和成功比例，并专门就该项目的运行和监测情况进行现场尽职调查。最终结合同类项目的相关风险分析和尽职调查结果，对该项目的减排量产出风险和签发风险进行了评估。

其次，评估减排量购买协议的相关条款。碳减排量产出和签发仅是碳资产形成的前提条件，要充分评估碳资产的价值，还需分析能够决定碳资产价值的其它关键因素，例如对减排量购买协议的条款进行评估，避免项目业主可能担负不合理的合同义务，并分析计算项目因同时为 CDM 项目而可能产生的费用成本，以便进行全面的成本收益分析。

此外，兴业银行还特别对国际 CDM 政策及市场动态进行分析和预测，并了解买家在联合国 CDM 的项目开发及付费、股东背景等情况，评估买家的信用风险，从而降低影响碳资产价值最终实现的政策风险和交易对手风险。

在经过仔细审慎的前期调查和评估分析，兴业银行最终决定以水电项目未来的应收账款（售碳收入）作为质押担保，为项目业主设计了具有针对性的授信方案，并视项目实际减排量签发和项目运营情况，持续优化授信方案。同时，兴业银行还利用其在专业能力、法律、财务及谈判等方面的优势，帮助业主实现更合理的减排量交易协议，对减排量购买协议条款中不完善之处提出了专业意见，碳交易双方就该意见对碳减排量销售协议（ER-PA）进行修改，保证了减排量购买协议的切实履行，规避了潜在的法律纠纷，为企业把控风险。

第四篇

展望与建议篇

我国发展碳资产经济的意义和建议

气候变化，使人类面临生存和发展的巨大挑战作为国际社会日益关注的焦点，人们在寻求限制温室气体排放的共识之时，也发现了碳资产承载着巨大的经济意义。限制温室气体的存量对人类的生存是非常重要的，同时在生存中求发展对人类来说也具有非常重要的意义。目前，全世界发达国家已经建立或正在建立各自的碳排放交易体系，未来碳排放权资产化的趋势势不可挡，发展包括碳排放权交易、碳资产质押、碳资产评估等经济活动在内的碳资产经济势在必行。

一、发展碳资产经济的意义

我国是发展中国家，正处于经济快速发展时期，同时也面临生存与发展的矛盾问题，即处于发展和环境、资源、气候的深刻矛盾之中。

改革开放以来，我国国民经济取得前所未有的发展，经济总量已超过日本成为世界第二经济大国，但是我国经济增长质量不高，主要依靠增加生产要素的投入来扩大生产规模，促进经济增长，高污染、高排放、高能源消耗、低劳动保护是我国工业化进程中的主要特征。近年来，我国加快从粗放型增长向集约型增长的转型和升级，使经济增长建立在提高人口素质、节约利用资源、减少环境污染、注重质量效益的基础上，从而保持我国经济社会的可持续发展。在经济发展的过程中，我国也意识到了环境问题对人类生存的重要性。目前，仅用命令控制型手段进行环境保护，并未达到预期的效果，因此，寻找其他调控手段控制经济发展对环境的影响迫在眉睫。

就国际经济发展而言，全球进入低碳经济时代，世界主要碳排放大国纷纷建立碳交易体系，以期在未来的谈判或交易中获得主动权，并根据其自身利益主导相关规则的制定。我国是发展中国家，并不承担减排义务，但是2008 年世界金融危机爆发以来，中国经济快速复苏和发展使世界各国瞩目，国际社会呼吁并要求中国在气候问题中承担更多责任。欧美等国对于全球碳排放要承担更多的历史责任，未来有可能采用日益严厉的减排措施，其国内企业的经营成本也将随之提高，同时有可能将这些成本转嫁给包括中国在内的发展中国家，并且碳排放的标准和价格是由欧美发达国家决定的，因此，我国企业在未来的国际竞争力必然受到巨大冲击。

从近几年国际碳减排的情况来看，中国作为发展中国家未被纳入强制减排计划，而是通过清洁发展机制（CDM）参与了全球碳减排和交易活动，并且在全球 CDM 核证减排成交量居于第一位，但是仍处于全球整个碳交易产业链的最低端，中国创造的核证减排量廉价出售给发达国家，而发达国家通过金融机构将其设计、开发成为价格较高的碳金融产品或衍生品进行交易，赚取更高的利益。由此看来，中国是碳排放交易大国，但其交易仅局限于 CDM 项目市场，且没有定价权，而碳排放配额市场在中国尚未启动，碳金融也才刚刚起步。可以说，碳资产经济在中国尚未全面发展，还有待相关管理部门、中介服务机构以及相关企业共同努力推动。希望通过发展碳资产经济来调控环境污染，从而形成控制环境污染与推动经济发展相互促进、相互制约的良性循环的发展模式。通过这种发展模式，不仅可以改善人类的生存环境，同时开拓了人类社会经济发展的又一新领域。

二、关于发展碳资产经济的相关建议

为了发展我国的碳资产经济，建立符合中国国情并且高效、透明、完善的碳交易体系，需要分析发展碳资产经济的内外部条件，从而为政府发展碳资产经济提供参考建议。

（一）社会经济基础

碳资产经济的社会经济基础源于"低碳经济"的发展。"低碳经济"这一概念最早正式在政府文件中出现是 2003 年英国能源白皮书——《我们能源的未来：创建低碳经济》。低碳经济以低能耗、低排放、低污染为基础，其实质是提高能源利用效率和创建清洁能源结构，核心是技术创新、制度创新和发展观的改变。随后低碳经济政策在巴厘岛路线图中被进一步肯定和推广。在此背景下，世界各国特别是欧美等国开始大力推进以高能效、低排放为核心的低碳革命，着力发展低碳技术，并对产业、能源、技术、贸易等政策进行重大调整。

我国目前处于加速工业化、城市化进程之中，经济社会的发展需要能源驱动。我国的能源结构一直呈现高碳结构。2009 年，化石能源占中国整体能源结构的 92.7%，其中高碳排放的煤炭占了 68.8%，石油占 21.2%。电力中，水电比例只有 20% 左右，"高碳"的火电比例高达 77% 以上。同时，大规模的基础设施建设、工业化、城市化、人民生活小康化等社会经济发展都对能源提出巨大的需求。另一方面，由于市场总体上呈现卖方市场特征，所以企业主动发展低碳技术与产品创新的意识较差。这些情况造成了中国经济发展呈现高能源需求和高碳特征，从而面临着资源枯竭、环境污染、生态恶化的严峻挑战。

在国际社会致力于发展低碳经济，本国生态环境受经济发展破坏的双重压力下，发展低碳经济是我国经济发展的必然选择。

从社会经济环境基础的角度来看，发展低碳经济意味着能源结构的调整、产业结构的升级以及技术的革新，是中国走向可持续发展道路的重要途径，也是中国发展碳资产经济的社会经济基础。再者，在社会认知层面上，政府需要加大宣传力度，深化人们对低碳经济的认识，积极营造大众关注环境和社会经济可持续发展的社会氛围，从而进一步夯实碳资产经济发展的社会基础。

（二）技术基础

20 世纪 70 年代以来，大量研究和实践证实了技术进步是解决环境问题的重要途径。联合国政府间气候变化专门委员会（IPCC）在《排放情景特别报告》和《第三次评估报告》中强调：在解决未来温室气体减排和气候变化的问题上，技术进步是最重要的决定因素，其作用超过其他所有驱动因素之和。技术进步对改进能源消费方式、提高能源使用效率、减轻环境压力、减少二氧化碳等温室气体排放、减缓全球气候变化，都将起到不可替代的作用。目前，欧盟、美国、日本等碳排放大国都将低碳技术研究与开发作为增强竞争力、提升低碳经济时代话语权的重要措施。而碳排放交易体系是促进碳资产经济的技术推广和应用的媒介，赋予企业节能减排技术的选择权，同时进一步激励拥有先进技术、减排能力强的企业。

我国低碳经济的技术水平落后、能耗偏高，同时，我国减排潜力也是最大的。目前，就我国工业节能减排的现状来看，企业节能减排的意识较差，节能减排管理和技术都相对落后。据中国科学院调查表明，我国主体能源为煤炭，该行业整体耗能水平较高，洁净煤技术和国外差距较大，高频率发电技术依赖进口；电力方面，电网损耗较大，电力系统的安全性、稳定性存在问题；风电总体技术及关键设备多依赖国外，等等。这些调查结果说明了我国的减排技术还不够成熟。虽然减排成本高是世界性问题，但是对于国内企业来说，初始投资和运行成本高，且收益甚小，会减弱其在国内和国际上的竞争力，因此企业在节能减排方面的意识和行动都欠缺。

低碳技术的创新能力，在很大程度上决定了一个国家是否能顺利实现低碳经济发展。低碳技术是低碳经济发展的动力和核心，国家应该通过政策导向提高企业的节能减排意识，以及节能减排的技术和管理能力，同时组织力量开展有关低碳经济关键技术的科技攻关，并制定长远的发展规划，优先开发新型、高效的低碳技术，鼓励企业积极投入低碳技术的研究开发、设备制造和低碳能源的生产，从而为发展低碳经济提供技术支持，同时也夯实碳资产经济的技术基础。

（三）制度基础

碳资产经济发展的制度基础源于国家对低碳经济的制度支持。发展低碳经济是以改善气候环境为出发点和落脚点，制定低碳经济发展战略是发展低碳经济的框架和目标，宣传提倡低碳经济的发展模式、建立碳资产交易机制等问题是发展低碳经济过程中的重要环节，而有关发展低碳经济方面的制度建设是使低碳经济得以有序推进和实施的重要保障。

国际上较早提倡和发展低碳经济的国家，如英国、美国，都将发展低碳经济提升到国家战略的高度，并配套出台或完善相关的法律法规。例如，英国 2009 年正式发布了《英国低碳转换计划》的文件，从国家战略高度推行"低碳经济"，商业和交通等部门也分别公布了一系列配套方案，比如《英国可再生能源战略》、《英国低碳工业战略》和《低碳交通战略》。2008 年，英国颁布实施的《气候变化法案》使英国成为世界上第一个为减少温室气体排放、适应气候变化而建立具有法律约束性长期框架的国家；2009 年，宣布了具有法律约束力的碳预算，成为世界上第一个公布碳预算的国家①。而美国十分重视以法律法规引导清洁能源、可再生能源的发展，如 1990 年实施的《清洁空气法》、2005 年的《能源政策法》，2009 年推动气候立法，众议院通过了《清洁能源安全法案》（ACES），通过一系列法律法规的颁布为美国低碳经济发展提供了较为完善的法律支持②。

与发达国家相比，我国在低碳经济方面发展较晚。近年来，我国积极推进节能减排、建设环境友好型社会的建设，但是相比之下在发展和实施低碳经济方面缺乏力度。2011 年国务院印发的《"十二五"控制温室气体排放工作方案》表明我国已经制定了具有"国家战略高度"的低碳经济发展战略。同时，需要建立一整套整合的、与之相匹配的、具有威慑力的政府监管制度方面的法律法规，来保障低碳经济发展战略有序推进，并长期有效实施。发展低碳经济涉及环境、商业、交通、能源、金融等领域，同时也涉及国家发展改革委员会、环境保护部、财政部等多个政府部门，应该由一个部门牵头统筹规划建设，从而协调该项事务的相关事项、分配各部门的职能、制定治理环境污染、交易机制等相关法律法规，并组织各相关部门进行碳资产会计、碳资产评估、碳盘查、碳金融等方面的标准化、规范化建设，规范企业、中介服务机构、环境交易所等参与碳资产经济活动的相关单位的行为，为碳资产经济发展打下坚实的制度基础。

三、利用碳资产评估的发展支持和促进低碳经济的发展

自 1989 年资产评估产生以来，经过 20 多年的发展，资产评估已成为我国经济发展中不可或缺的专业服务行业以及许多重大经济活动的基础，如企业改制、资产重组、中外合作、产权交易等，今后资产评估行业将在绿色低碳经济领域中发挥更大的作用。

发展碳资产经济不仅改善人类的生存环境，同时在生存中谋求发展，对

---

① 王树华、范玮、孙克强："低碳经济发展的若干问题"，《江苏纺织》，2009 第 11 期。
② 王树华、范玮、孙克强："低碳经济发展的若干问题"，《江苏纺织》，2009 第 11 期。

于我国社会经济的发展具有重要意义。但是追求低能耗、低污染、低排放为基础的低碳经济时代将对企业自身生产经营模式带来前所未有的冲击，而碳资产将成为企业的新型资产，这都将引起企业价值结构的变化。因此，资产评估行业将通过对碳资产经济领域的深入调查和研究，不断对碳资产涉及的相关领域进行探索。碳资产在某些方面与传统的一般资产、无形资产等具有相似性，但是在评估中个别细节问题上又存在一定的特殊性。由此，资产评估行业将运用自身的专业优势，通过调查、研究或开发碳资产评估体系，发挥其价值尺度的作用从而保障企业的相关权益。通过碳资产评估的发展，资产评估行业将为支持和促进低碳经济发展保驾护航。

我国碳交易体系建设方面的政策建议

随着低碳经济的发展趋势日趋显著，世界主要发达国家都已经建立或正在着手建立各自的碳排放交易体系。中国目前在《京都议定书》下被归属为自愿减排国家，但是随着中国社会经济的发展，不久也将进入强制性减排国家的行列。因此，我国已经着手建立碳排放交易体系，以适应目前和未来低碳经济的发展需求，就此提出几点建议。

一、建立全国统一的碳交易市场体系

目前，碳排放权是一种已经被广泛认可的资产，并已衍生出相关金融产品，国家碳交易市场的竞争本质上是碳金融市场的竞争。碳排放的商品化日益明显，并在世界大宗商品交易市场中占有越来越重要的位置。因此，碳交易体系不仅要满足当前的交易需求，也应该考虑碳交易的未来发展趋势，建立较为完善的碳交易体系，满足各个层次、各类投资者的需求。各相关政府部门之间需要相互协调，建立全国统一的碳交易市场体系，避免多头领导、各自为政的现象产生。

中国碳交易市场体系的设计，首要工作是划分政府、企业与市场的职能。碳交易的产生始于政府的强制减排。政府、企业与市场的关系应该是政府引导市场，市场调控企业，政府运用行政调节手段作为市场机制这一资源配置基础性手段的重要补充，从而为调动企业参与市场交易活动的积极性，以及发挥市场主体作用提供制度环境。在碳交易市场建立与完善的过程中，应逐步实现行政力量向市场力量让位的过渡。

同时，碳交易市场只有通过行之有效的监管才能保证市场机制的平稳有效运行。美国杨百翰大学公共政策教授布吕纳提出了碳交易市场运行的关键：（1）能够反映经济承受能力的排放标准；（2）存在有效的主管机构和手段对碳交易市场实施监测；（3）对碳排放的持续准确的核查①。由此可见，碳交易市场的建立与运行离不开政府的监督和管理，政府应当指定专门机构，如财政部中国清洁发展机制基金管理中心等低碳经济发展管理部门，负责对碳交易市场实行专业、严格的监测和管理。

二、构建完善的碳排放交易的法律体系

碳交易制度的核心在于降低或消除碳排放造成的负外部性。根据对发达国家碳交易市场的分析，以立法手段定义碳排放的权利属性并进行权利责任配置，是建立碳排放交易市场最为重要的制度前提。依托于《京都议定书》，全球的清洁发展机制项目才得以良性运转。欧盟碳市场是目前国际公认的最大的碳市场，它是基于欧盟颁布的《温室气体排放配额交易指令》而逐步壮大发展起来的。中国在 2002 年颁布了《中华人民共和国清洁生产法》，从而在立法层面对国内诸多行业设定了碳排放的限制标准，之后也颁布了一些清洁发展机制项目的法律法规，但是还未建立完善的碳排放交易的法律体系。因此，我国需借鉴欧美国家碳排放交易立法的成功经验，在已有法律法规的基础上，构建完善的碳排放交易的法律体系，通过立法手段对温室气体总体减排目标、减排主体范围、原始配额分配、交易规则、监测核证方法、交易双方的权利义务与法律责任等内容作出明确规定，为中国碳排放交易市场的建立和良好运行提供法律依据。

---

① Bryner G C, Carbon Markets: Reducing Greenhouse Gas Emissions Through Emissions Trading [J]. Tulane Environmental Law Journal, 2004 (3): 25.

三、建立完善的碳排放监测体系和人才培训机制

准确核算企业、行业和地区的碳排放量是开展碳交易的前提。世界各国都将碳减排的监测和报告制度作为整个交易制度运行的核心，对检测额和计算排放的方法进行了详细的规定，并建立了碳排放信息披露制度。我国应借鉴国际经验，建立一个可测量、可报告、可核查的碳排放监测体系。

目前，我国在职业资格认证中还没有与碳盘查相关的人才培训计划。因此，应该考虑推出相应的职业资格认证，使碳盘查工作在人才储备方面能够得到保障，同时也促进该项工作的发展。

四、企业应当为参与碳交易市场做好充分准备

为了适应低碳经济发展，更好地参与碳交易市场，中国企业，尤其是大型能源企业，首先应当根据自身的温室气体排放特点，着手建立符合自身需求的温室气体排放统计、监测、考核体系，同时加强对相关业务人员温室气体排放管理和业务知识的培训工作，以便碳盘查工作的开展实施。

其次，由于行业或企业生产性质的差异或工艺水平的差异，整体或不同业务板块的温室气体减排潜力和空间各有不同。合理的减排额度或强度减排目标的确定有利于企业获得良好的业务发展空间，企业可以根据自身的状况，积极与国家主管部门沟通，争取获得合理的减排额度或强度减排目标，大型企业内部也应考虑其内部排放指标的分配，按照"整体达标，区别对待"的原则对不同业务版块合理分配减排目标。

碳资产评估发展前景展望及发展建议

基于中国碳交易市场的日渐兴起和逐步扩大以及碳资产交易的不断拓展和日趋频繁，对碳资产评估的需求也将越来越迫切。中国资产评估行业如何更好地发挥专业优势，服务于节能减排、低碳经济和可持续发展，是行业面临的重大课题。就此提出相关建议。

一、设立碳资产评估管理平台

我国碳资产评估行业刚刚起步，相应的评估管理制度和评估的技术准则还未建立起来。为规范市场发展，避免执业行为的随意性，提高执业水平，使评估结果得到社会的公认，建议成立中国资产评估协会碳资产评估管理平台（碳资产评估专委会），在中国资产评估协会的统一管理和财政部中国清洁发展机制基金管理中心等部门的指导下，开展对碳资产评估的理论、方法和政策的研究与信息交流，推动我国碳资产评估事业健康发展。

二、增强碳资产评估师的培训和人才建设

由于碳资产评估要求很强的专业和技术基础，建议建立碳资产评估师培训制度。在业务技术方面，以财政部中国清洁发展机制基金管理中心作为依

托，同时由中国资产评估协会实行行业统一管理。碳资产评估专委会负责组织编写碳资产评估专业科目考试的教材和考试大纲，开展碳资产评估的培训教育，培训种子选手，开展岗前和后续教育。

三、建立完善的碳资产评估标准和制度

碳资产评估专委会负责组织碳资产评估方面的专业人员，根据国内外已有碳评估实践和经验，起草《碳资产评估指导意见》，时机成熟时上升为《碳资产评估准则》，建立科学的碳资产价值评估标准体系。

四、建立碳交易案例历史数据库，适时发布价格指数

碳资产交易案例历史数据库是评估工具的重要组成部分。为使碳资产评估具有公信力，更好地服务于碳资产的交易、融资、衍生品开发以及碳税征收、财政补贴等政策制定，同时助力碳资产评估的发展和壮大，建议碳资产评估专委会建立碳交易案例数据库，并在条件成熟时研究发布碳资产价格指数。

五、针对碳资产相关产业的评估方法进行研究

（一）合同能源管理

与碳资产相关的合同能源管理，是发达国家普遍推行的、运用市场手段促进节能的一种服务机制，其实质就是以减少的能源费用来支付节能项目全部成本的节能业务方式。据不完全统计，截止到2011年底，全国从事节能服务业务的公司数量将近3900家，节能服务产业产值首次突破1000亿元人民币，达到1250.26亿元，比2010年同期增长49.5%。其中合同能源管理项目投资额在2010年287亿元的基础上增长到412.43亿元，增加了43.45%，预计到2015年，产业规模将突破3000亿元，其中合同能源管理项目产值有望达到1500亿元，合

同能源管理行业有望迎来快速增长①。通过设立投融资平台，将节能服务公司未来的服务收益进行转让，以获得流动资金开展新的合同能源管理项目。合同能源管理项目的评估方法需要提前进行探索。

（二）产业投资基金

规模化发展节能服务产业需要巨大的资金投入。"十一五"期间节能服务产业拉动社会投资累计超过 1800 亿元，但在目前信贷紧缩的大环境下，由于行业集中度低、企业盈利基数普遍偏小、单一客户依赖节能服务企业等原因，我国节能服务产业融资难问题依然显著，融资手段也十分有限。

中国环境科学学会科技与产业发展工作委员会发布数据称，目前我国现有节能服务公司以自有资金为主，占全部投资的 65.2%；其次是银行信贷，占全部投资的 28.1%。近年来，民间资本和租赁业务开始进入节能服务市场，但所占份额极小，分别占全部投资的 4.2% 和 3.5%。

因此，在满足金融机构风险控制的要求下，加快推出适合节能服务产业的融资工具，对我国节能服务行业的发展具有十分重要的意义。

根据产业发展周期理论，一项产业的发展分为初创期、发展期、成熟期、持续期以及衰退期。处于不同发展阶段的产业，其融资模式各不相同。"十二五"时期，节能服务产业进入规模化发展期，产业投资基金将成为其非常重要的融资手段。

节能服务产业投资基金的投资必须通过再次出售而回收，其退出方式主要有三种：一是境内外上市。目前，我国股市已经开设了主板、中小企业板和创业板，符合要求的企业可以在国内市场上市退出。除此之外，还可以通过境外交易所上市退出。二是场外股权交易市场。各地产权交易所的设立为节能服务产业投资基金提供了宽泛的退出渠道。三是兼并收购。近年来，随着一系列并购法律、法规及规范性文件，如《上市公司收购管理办法》、《商业银行并购贷款风险管理指引》等颁布实施，企业并购行为的市场化程度不断提高，并购市场也日益扩大，增加了退出方式的灵活性和吸引力。

无论选择哪种退出方式，都涉及投资基金的核心问题，价格如何确定。目前评估还缺少相应的操作办法和评估实践，亟需提前进行研究。

---

① 2012 年 1 月 9 日，国家发改委资源节约和环境保护司副司长谢极在"2011 节能服务产业峰会"上提到上述内容。

加强碳资产会计处理，
促进资产评估工作开展

为了资产评估更好地在碳资产公允价值计量等方面发挥积极作用，应当首先对碳资产的会计处理予以规范，根据国外碳交易发达国家在会计处理方面的研究借鉴，提出一些建议。

一、加快建设我国碳会计理论与实务

发达国家碳会计的研究较早，目前在碳会计理论和方法上已有经验可循。以 IET、CDM 等交易为例，与国际会计准则理事会（IASB）、财务会计准则委员会（FASB）等发布的一系列渐成体系的碳会计财务规范相比，我国还处于规范零散的起步阶段，理论与实务差距较大。因此，必须吸收和借鉴碳会计的理论与实践经验，加快实现碳会计体系与国际会计准则理事会（IASB）/财务会计准则委员会（FASB）的逐步趋同，为我国碳会计的体系构建奠定相关基础。

为了推进碳资产评估工作的发展，我国必须培育碳资产评估所需的公允价值准则规范和市场环境。着眼于准则体系的前瞻性，结合现实国情，积极研究与碳会计规范相关的配套准则，提高各个准则的系统性和协调性，提高准则的明晰性与操作性，加快我国碳会计理论与实务的发展。

二、引入碳会计信息披露与规范

  碳会计的发展离不开碳会计信息披露与规范，因此环保部门应对上市公司的碳会计信息披露作出技术性基础规定，例如，确定污染行业名录、协助国家立法机关建立和健全环境审核制度、明确规定上市公司应披露的主要污染指标数据、在审计机构对上市公司进行环境审计时提供理论支持等。财政部门在制定会计法规、准则时，应参考环保部门的规定及资源管理部门提供的相关数据将环境问题纳入会计法规。公司的会计部门则应按照国家会计法规、准则的规定，准确及时地对外披露本公司的碳会计信息并接受环保部门、金融监管部门和社会审计机构审核。总之，要更好地进行碳会计信息的监管与披露，各部门必须既要做好自己的本职工作，又要通力合作，共同努力。

三、发挥碳审计的监督作用

  经过审计的碳资产信息更具有决策价值。环境审计中的碳审计是对碳会计资料作出证据搜集及分析，以评估企业碳状况，然后就资料及一般公认准则之间的相关程度作出结论及报告，同时关注碳排放等信息披露情况。碳审计监督要逐步将审计范围从传统的财务审计领域扩展到土地资源和森林资源、矿产资源、大气污染防治、生态环境建设、土壤污染防治、固体废弃物等审计领域。通过碳审计对碳会计信息的确认、计量、评估及其披露予以核实，提高各公司的低碳环保意识，督促和引导全社会都来关心、重视低碳问题。

碳金融的发展空间

本部分首先根据目前国内外气候变化政策及温室气体减排交易市场的基本情况，分析了国内外碳排放交易市场的发展趋势，认为国内外碳排放交易市场仍将获得不断的发展。碳金融作为碳排放交易市场不可或缺的组成部分，将发挥重要作用。为充分了解碳金融业务的丰富内容，本部分系统介绍了当前国际金融机构在碳金融领域的探索成果，在此基础上，结合我国目前政策、市场环境及发展需求，就我国碳金融的发展完善提出一些建议。

一、国内外碳排放交易市场的发展趋势

2012 年后的国际气候制度仍处于谈判阶段，加之金融危机、经济疲软以及欧盟碳市场的碳配额过剩等因素导致 CDM 市场、欧盟碳市场接连受挫，碳配额价格暴跌。然而，我们仍需看到，将碳配额视为碳资产进行交易的市场机制作为应对气候变化的重要手段，在实现温室气体有效减排、降低减排成本、通过价格信号引导经济低碳发展等方面已经体现出行政强制等其他方式所无法比拟的优势，并获得多数国家的认可。而且除欧盟外，美国、澳大利亚等发达国家也纷纷提出了具体的减排目标，出台相关气候法案，并着手建立其国内温室气体减排市场。澳大利亚甚至与欧盟达成协议，于 2015 年实现双方碳排放交易体系的对接。这表明未来温室气体减排交易市场仍将继续存在，并且发展空间巨大。

具体到中国国内，我国"十二五"规划纲要中明确提到要"逐步建立碳排放交易市场"。2011 年国家发展和改革委员会印发了《关于开展碳排放

权交易试点工作的通知》（发改办气候〔2011〕2601号），确定将在北京、上海、天津、重庆、广东、湖北、深圳等7省市开展碳排放权交易试点。目前各试点地区已经陆续启动包括平台建设、方案制定、建立监测体系等工作，并将按照要求于2013年开展碳排放权交易。随着国内碳市场的逐渐形成，碳资产将不仅局限于CDM项下的碳减排量，还包括国内碳市场中的碳排放配额，其整体规模、交易量、参与企业的数量等方面都不容小觑。

在研究国际温室气体减排市场中，我们发现金融机构的参与和金融产品的应用对于这类市场的迅速发展起到了巨大作用，可以说金融工具是以市场机制的方式解决气候变化问题的主要推手。随着国内外不断发展的碳排放交易市场，碳金融所能够发挥的作用也将更为重要，也将会有更大的发展空间。

二、国内碳金融发展建议

（一）碳金融产品与服务发展方向

我国银行一方面可以在现有政策规定的框架内，为碳减排项目业主、碳减排量或低碳产品的购买者提供在利率、贷款期限、贷款额度、抵质押物条件等贷款因素方面与传统信贷不同的贷款支持，同时为目前我国碳排放交易试点地区的碳交易市场的建立，提供交易资金结算、清算，交易产品开发、交易规则制定等方面金融服务；另一方面完善内部能力建设，随着政策、交易环境的发展成熟，推出碳保理、以碳资产为基础的理财产品、碳债券、碳信托、碳金融衍生品等更为丰富的碳金融产品，并拓展交易撮合、经纪业务，作为二级市场做市商更为深入、全面地参与碳交易市场。

同时，值得注意的是瑞穗金融集团、摩登大通银行、美国银行等一些金融机构跳出目前碳金融产品主要是围绕碳交易而进行设计的框架，将目光放在因气候变化而产生经济、政策及环境变化以及因此对其客户运营成本的影响上，研究计算碳足迹、量化气候变化经济成本的方法标准，评估客户在气候变化政策、经济环境变化中可能受到的影响和成本，并将这些成本评估结果纳入银行投资决策之中。

(二) 我国碳金融发展的几点建议

虽然国内外碳市场蕴藏着巨大商机，但目前我国只有兴业银行等金融机构推出了专门的碳金融产品，相较其他绿色金融产品，无论从产品规模和种类来说，碳金融产品与服务都显得有些薄弱。

究其原因，可以说碳金融的核心——碳资产价值的评估与实现——是阻碍碳金融产品和服务的主要障碍之一。碳资产的实现受到诸多外部因素的影响，碳资产价值的评估亦存在许多风险要素，这些都使得碳资产的融资成为业界公认的难题。前述 CER 产出风险、法律风险、商务风险针对的是 CDM 项下的碳资产，而国内碳市场中的碳资产虽然可能因其属于政府发放的配额而非以项目为基础通过国际机构签发获得，会较 CER 更具稳定性，但同样也将面临着政策法规的变化、政府推进碳交易的力度、地区碳减排指标的更改、区域性产业结构调整、价值变现途径等因素的影响。而碳资产的这些不确定性也只是碳金融产品创新中所面临的众多风险之一，如何把风险降到商业银行可接受的程度，成为商业银行介入碳金融所需要解决的主要问题之一。

对此，笔者提出以下建议：

1. 金融机构应苦练内功，开展对碳资产的研究，开发碳资产评估方法；加强人员专业能力培训，并通过具体实践，提升自身评估碳资产价值的专业能力。兴业银行成功推出碳资产质押授信业务不仅让金融同业意识到量化碳资产、把控碳金融业务风险的可行性，更是以此为契机，进一步探索碳金融产品创新，并吸引其他金融机构更为积极地参与国内外碳市场，在服务碳市场、完善碳金融产品的同时，更大地发挥金融杠杆的作用，撬动更多的资金投入我国的低碳经济发展领域。

2. 完善碳资产相关立法政策，提供碳资产法律基础，鼓励金融机构积极进行碳金融实践创新。目前，碳资产质押授信业务的实践探索还缺乏法律法规依据，碳资产是否是我国法律认可的财产，能否作为质押物为贷款提供担保，价值变现途径有哪些，是否得到法律的承认和保障等。这些最为基本的问题应该在相关法律法规中得到明确，只有将碳资产以立法的形式进行确认，围绕碳资产的活动才能获得法律的保障，碳资产作为财产才可能在更广泛的领域得到认可和应用。此外，考虑到我国目前的碳排放交易试点期限截至 2015 年，尚未明确 2015 年之后碳排放配额是否仍具有相应的价值。法律政策的连续性和稳定性直接决定了市场参与主体的行为，建议政府能够出台法律政策对试点之后各主体持有的碳资产的财产属性予以明确，这才能真正解决社会对碳资产的顾虑，确保围绕碳资产的经济行为是长期、稳定，有所预期的。

为激励金融机构积极参与碳排放交易市场，为交易机构、交易平台提供有针对性的金融产品，提高市场的活跃度，建议应尽快出台针对金融机构碳金融实践的激励政策，例如，对积极参与碳排放交易市场、在碳金融方面所有创新的金融机构，政府从税收、利率、机构建设、行业数据统计和授信限制等方面予以支持。

3. 政府公共资金应充分发挥自身撬动社会资金的作用，鼓励更多资金投入低碳领域。通过前面对国际碳金融实践的介绍，我们可以看到一些国家政府往往通过搭建交易平台、创建交易制度、设立碳基金、制定激励政策等方式参与碳交易市场，推动碳金融发展。特别是政府财政等公共资金以市场机制方式，提高杠杆比例，吸引社会上的大量资金投入到碳减排领域，例如：财政支持发放低息或无息贷款；发放委托贷款；提供贷款担保；促进碳交易市场的形成，充分发挥市场对资源的配置作用等方式，在撬动社会资金加大对节能、新能源等领域投资的作用巨大[①]。在这一过程中，商业银行等金融机构作为专业的金融服务提供者，若能管理或参与这些公共资金的运作，不仅可以优化公共资金使用效率，丰富其支持低碳经济、循环经济和生态经济等领域发展的方式，促使其更有效地发挥撬动私有资金投资绿色领域的作用，同时，也能加深与政府机构的合作，了解政策导向，开拓市场，满足银行客户的投资需求，给银行带来商机与收益。

可以说，碳金融的内涵远远不止于在已有金融产品基础上，结合碳资产、碳交易特征而进行的产品创新，也不仅限于银行各自为战，还包括对气候变化、自身及客户产生影响及成本的全面评估、投资决策规则的改变，与国家、地方及其他机构组织合作，发挥各自优势，从而更为有效地推动低碳环保事业的发展。

---

① 有报告指出"由政府出资成立国家能效贷款担保基金，并以此取代节能或新能源领域的部分财政拨款、政府直接投资或政府奖励。若未来10年累计投入800亿元担保准备基金，以杠杆比率5计算，可能撬动4000亿元的节能新能源市场。"摘自：世界自然基金会（WWF）和国务院发展研究中心资源与环境政策研究所于2011年联合发布的报告《中国经济刺激计划对气候和能源的影响》。

附件

附件一 《京都议定书》

本议定书各缔约方，作为《联合国气候变化框架公约》（以下简称《公约》）缔约方，为实现《公约》第二条所述的最终目标，以及《公约》的各项规定，在《公约》第三条的指导下，按照《公约》缔约方会议第一届会议在第1/CP.1号决定中通过的"柏林授权"，兹协议如下：

第一条

为本议定书的目的，《公约》第一条所载定义应予适用。此外：

1. "缔约方会议"指《公约》缔约方会议。

2. "公约"指1992年5月9日在纽约通过的《联合国气候变化框架公约》。

3. "政府间气候变化专门委员会"指世界气象组织和联合国环境规划署1988年联合设立的政府之间气候变化专门委员会。

4. "蒙特利尔议定书"指1987年9月16日在蒙特利尔通过、后经调整和修正的《关于消耗臭氧层物质的蒙特利尔议定书》。

5. "出席并参加表决的缔约方"指出席会议并投赞成票或反对票的缔约方。

6. "缔约方"指本议定书缔约方，除非文中另有说明。

7. "附件一所列缔约方"指《公约》附件一所列缔约方，包括可能作出的修正，或指根据《公约》第四条第2款（g）项作出通知的缔约方。

第二条

1. 附件一所列每一缔约方，在实现第三条所述关于其量化的限制和减少排放的承诺时，为促进可持续发展，应：

（a）根据本国情况执行和/或进一步制定政策和措施，诸如：

（一）增强本国经济有关部门的能源效率；

（二）保护和增强《蒙特利尔议定书》未予管制的温室气体的汇和库，同时考虑到其依有关的国际环境协议作出的承诺；促进可持续森林管理的做法、造林和再造林；

（三）在考虑到气候变化的情况下促进可持续农业方式；

（四）研究、促进、开发和增加使用新能源和可再生的能源、二氧化碳固碳技术和有益于环境的先进的创新技术；

（五）逐步减少或逐步消除所有的温室气体排放部门违背《公约》目标的市场缺陷、财政激励、税收和关税免除及补贴，并采用市场手段；

（六）鼓励有关部门的适当改革，旨在促进用以限制或减少《蒙特利尔议定书》未予管制的温室气体的排放的政策和措施；

（七）采取措施在运输部门限制和/或减少《蒙特利尔议定书》未予管制的温室气体排放；

（八）通过废物管理及能源的生产、运输和分配中的回收和利用限制和/或减少甲烷排放；

（b）根据《公约》第四条第 2 款（e）项第（一）目，同其他此类缔约方合作，以增强它们依本条通过的政策和措施的个别和合并的有效性。为此目的，这些缔约方应采取步骤分享它们关于这些政策和措施的经验并交流信息，包括设法改进这些政策和措施的可比性、透明度和有效性。作为本议定书缔约方会议的《公约》缔约方会议，应在第一届会议上或在此后一旦实际可行时，审议便利这种合作的方法，同时考虑到所有相关信息。

2. 附件一所列缔约方应分别通过国际民用航空组织和国际海事组织作出努力，谋求限制或减少航空和航海舱载燃料产生的《蒙特利尔议定书》未予管制的温室气体的排放。

3. 附件一所列缔约方应以下述方式努力履行本条中所指政策和措施，即最大限度地减少各种不利影响，包括对气候变化的不利影响、对国际贸易的影响，以及对其他缔约方尤其是发展中国家缔约方和《公约》第四条第 8 款和第 9 款中所特别指明的那些缔约方的社会、环境和经济影响，同时考虑到《公约》第三条。作为本议定书缔约方会议的《公约》缔约方会议可以酌情采取进一步行动促进本款规定的实施。

4. 作为本议定书缔约方会议的《公约》缔约方会议如断定就上述第 1 款（a）项中所指任何政策和措施进行协调是有益的，同时考虑到不同的国情和潜在影响，应就阐明协调这些政策和措施的方式和方法进行审议。

第三条

1. 附件一所列缔约方应个别地或共同地确保其在附件 A 中所列温室气

体的人为二氧化碳当量排放总量不超过按照附件 B 中所载其量化的限制和减少排放的承诺和根据本条的规定所计算的其分配数量，以使其在 2008 年至 2012 年承诺期内这些气体的全部排放量从 1990 年水平至少减少 5%。

2. 附件一所列每一缔约方到 2005 年时，应在履行其依本议定书规定的承诺方面作出可予证实的进展。

3. 自 1990 年以来直接由人引起的土地利用变化和林业活动——限于造林、重新造林和砍伐森林，产生的温室气体源的排放和碳吸收方面的净变化，作为每个承诺期碳贮存方面可核查的变化来衡量，应用以实现附件一所列每一缔约方依本条规定的承诺。与这些活动相关的温室气体源的排放和碳的清除，应以透明且可核查的方式作出报告，并依第七条和第八条予以审评。

4. 在作为本议定书缔约方会议的《公约》缔约方会议第一届会议之前，附件一所列每缔约方应提供数据供附属科技咨询机构审议，以便确定其 1990 年的碳贮存并能对其以后各年的碳贮存方面的变化作出估计。作为本议定书缔约方会议的《公约》缔约方会议，应在第一届会议或在其后一旦实际可行时，就涉及与农业土壤和土地利用变化和林业类各种温室气体源的排放和各种汇的清除方面变化有关的那些因人引起的其他活动，应如何加到附件一所列缔约方的分配数量中或从中减去的方式、规则和指南作出决定，同时考虑到各种不确定性、报告的透明度、可核查性、政府间气候变化专门委员会方法学方面的工作、附属科技咨询机构根据第五条提供的咨询意见以及《公约》缔约方会议的决定。此项决定应适用于第二个和以后的承诺期。一缔约方可为其第一个承诺期这些额外的因人引起的活动选择适用此项决定，但这些活动须自 1990 年以来已经进行。

5. 其基准年或基准期系根据《公约》缔约方会议第二届会议第 9/CP. 2 号决定确定的、正在向市场经济过渡的附件一所列缔约方，为履行其依本条规定的承诺，应使用该基准年或基准期。正在向市场经济过渡但尚未依《公约》第十二条提交其第一次国家信息通报的附件一所列任何其他缔约方，也可通知作为本议定书缔约方会议的《公约》缔约方会议，它有意为履行其依本条规定的承诺使用除 1990 年以外的某一历史基准年或基准期。作为本议定书缔约方会议的《公约》缔约方会议应就此种通知的接受与否作出决定。

6. 考虑到《公约》第四条第 6 款，作为本议定书缔约方会议的《公约》缔约方会议，应允许正在向市场经济过渡的附件一所列缔约方在履行其除本条规定的那些承诺以外的承诺方面有一定程度的灵活性。

7. 在从 2008 年至 2012 年第一个量化的限制和减少排放的承诺期内，附件一所列每一缔约方的分配数量应等于在附件 B 中对附件 A 所列温室气体在 1990 年或按照上述第 5 款确定的基准年或基准期内其人为二氧化碳当量的排放总量所载的百分比乘以 5。土地利用变化和林业对其构成 1990 年温室气体排放净源的附件一所列那些缔约方，为计算其分配数量的目的，应在它们 1990 年排放基准年或基准期计入各种源的人为二氧化碳当量排放总量减去 1990 年土地利用变化产生的各种汇的清除。

8. 附件一所列任一缔约方，为上述第 7 款所指计算的目的，可使用 1995 年作为其氢氟碳化物、全氟化碳和六氟化硫的基准年。

9. 附件一所列缔约方对以后期间的承诺应在对本议定书附件 B 的修正中加以确定，此类修正应根据第二十一条第 7 款的规定予以通过。作为本议定书缔约方会议的《公约》缔约方会议应至少在上述第 1 款中所指第一个承诺期结束之前七年开始审议此类承诺。

10. 一缔约方根据第六条或第十七条的规定从另一缔约方获得的任何减少排放单位或一个分配数量的任何部分，应计入获得缔约方的分配数量。

11. 一缔约方根据第六条和第十七条的规定转让给另一缔约方的任何减少排放单位或一个分配数量的任何部分，应从转让缔约方的分配数量中减去。

12. 一缔约方根据第十二条的规定从另一缔约方获得的任何经证明的减少排放，应计入获得缔约方的分配数量。

13. 如附件一所列一缔约方在一承诺期内的排放少于其依本条确定的分配数量，此种差额，应该缔约方要求，应计入该缔约方以后的承诺期的分配数量。

14. 附件一所列每一缔约方应以下述方式努力履行上述第一款的承诺，即最大限度地减少对发展中国家缔约方，尤其是《公约》第四条第 8 款和第 9 款所特别指明的那些对缔约方不利的社会、环境和经济影响。依照《公约》缔约方会议关于履行这些条款的相关决定，作为本议定书缔约方会议的《公约》缔约方会议，应在第一届会议上审议可采取何种必要行动以尽量减少气候变化的不利后果和/或对应措施对上述条款中所指缔约方的影响。须予审议的问题应包括资金筹措、保险和技术转让。

第四条

1. 凡订立协定共同履行其依第三条规定的承诺的附件一所列任何缔约方，只要其依附件 A 中所列温室气体的合并的人为二氧化碳当量排放总量不超过附件 B 中所载根据其量化的限制和减少排放的承诺和根据第三条规定所计算的分配数量，就应被视为履行了这些承诺。分配给该协定每一缔约方的各自排放水平应载明于该协定。

2. 任何此类协定的各缔约方应在它们交存批准、接受或核准本议定书或加入本议定书之日将该协定内容通知秘书处。其后秘书处应将该协定内容通知《公约》缔约方和签署方。

3. 任何此类协定应在第三条第 7 款所指承诺期的持续期间内继续实施。

4. 如缔约方在一区域经济一体化组织的框架内并与该组织一起共同行事，该组织的组成在本议定书通过后的任何变动不应影响依本议定书规定的现有承诺。该组织在组成上的任何变动只应适用于那些继该变动后通过的依第三条规定的承诺。

5. 一旦该协定的各缔约方未能达到它们的总的合并减少排放水平，此类协定的每一缔约方应对该协定中载明的其自身的排放水平负责。

6. 如缔约方在一个本身为议定书缔约方的区域经济一体化组织的框架内并与该组织一起共同行事，该区域经济一体化组织的每一成员国单独地并与按照第二十四条行事的区域经济一体化组织一起，如未能达到总的合并减少排放水平，则应对依本条所通知的其排放水平负责。

第五条

1. 附件一所列每一缔约方，应在不迟于第一个承诺期开始前一年，确立一个估算《蒙特利尔议定书》未予管制的所有温室气体的各种源的人为排放和各种汇的清除的国家体系。应体现下述第 2 款所指方法学的此类国家体系的指南，应由作为本议定书缔约方会议的《公约》缔约方会议第一届会议予以决定。

2. 估算《蒙特利尔议定书》未予管制的所有温室气体的各种源的人为排放和各种汇的清除的方法学，应是由政府间气候变化专门委员会所接受并经《公约》缔约方会议第三届会议所议定者。如不使用这种方法学，则应根据作为本议定书缔约方会议的《公约》缔约方会议第一届会议所议定的方法学作出适当调整。作为本议定书缔约方会议的《公约》缔约方会议，除其他外，应基于政府间气候变化专门委员会的工作和附属科技咨询机构提供的咨询意见，定期审评和酌情修订这些方法学和作出调整，同时充分考虑到《公约》缔约方会议作出的任何有关决定。对方法学的任何修订或调整，应只用于为了在继该修订后通过的任何承诺期内确定依第三条规定的承诺的遵守情况。

3. 用以计算附件 A 所列温室气体的各种源的人为排放和各种汇的清除的全球升温潜能值，应是由政府间气候变化专门委员会所接受并经《公约》缔约方会议第三届会议所议定者。作为本议定书缔约方会议的《公约》缔约方会议，除其他外，应基于政府间气候变化专门委员会的工作和附属科技咨询机构提供的咨询意见，定期审评和酌情修订每种此类温室气体的全球升温潜能值，同时充分考虑到《公约》缔约方会议作出的任何有关决定。对全球升温潜能值的任何修订，应只适用于继该修订后所通过的任何承诺期依第三条规定的承诺。

第六条

1. 为履行第三条的承诺的目的，附件一所列任一缔约方可以向任何其他此类缔约方转让或从它们获得由任何经济部门旨在减少温室气体的各种源的人为排放或增强各种汇的人为清除的项目所产生的减少排放单位，但：

（a）任何此类项目须经有关缔约方批准；

（b）任何此类项目须能减少源的排放，或增强汇的清除，这一减少或增强对任何以其他方式发生的减少或增强是额外的；

（c）缔约方如果不遵守其依第五条和第七条规定的义务，则不可以获得任何减少排放单位；

（d）减少排放单位的获得应是对为履行依第三条规定的承诺而采取的本国行动的补充。

2. 作为本议定书缔约方会议的《公约》缔约方会议，可在第一届会议或在其后一旦实际可行时，为履行本条、包括为核查和报告进一步制定指南。

3. 附件一所列一缔约方可以授权法律实体在该缔约方的负责下参加可导致依本条产生、转让或获得减少排放单位的行动。

4. 如依第八条的有关规定查明附件一所列一缔约方履行本条所指的要

226

求有问题，减少排放单位的转让和获得在查明问题后可继续进行，但在任何遵守问题获得解决之前，一缔约方不可使用任何减少排放单位来履行其依第三条的承诺。

第七条

1. 附件一所列每一缔约方应在其根据《公约》缔约方会议的相关决定提交的《蒙特利尔议定书》未予管制的温室气体的各种源的人为排放和各种汇的清除的年度清单内，载列将根据下述第 4 款确定的为确保遵守第三条的目的而必要的补充信息。

2. 附件一所列每一缔约方应在其依《公约》第十二条提交的国家信息通报中载列根据下述第 4 款确定的必要的补充信息，以示其遵守本议定书所规定承诺的情况。

3. 附件一所列每一缔约方应自本议定书对其生效后的承诺期第一年根据《公约》提交第一次清单始，每年提交上述第 1 款所要求的信息。每一此类缔约方应提交上述第 2 款所要求的信息，作为在本议定书对其生效后和在依下述第 4 款规定通过指南后应提交的第一次国家信息通报的一部分。其后提交本条所要求的信息的频度，应由作为本议定书缔约方会议的《公约》缔约方会议予以确定，同时考虑到《公约》缔约方会议就提交国家信息通报所决定的任何时间表。

4. 作为本议定书缔约方会议的《公约》缔约方会议，应在第一届会议上通过并在其后定期审评编制本条所要求信息的指南，同时考虑到《公约》缔约方会议通过的附件一所列缔约方编制国家信息通报的指南。作为本议定书缔约方会议的《公约》缔约方会议，还应在第一个承诺期之前就计算分配数量的方式作出决定。

第八条

1. 附件一所列每一缔约方依第七条提交的国家信息通报，应由专家审评组根据《公约》缔约方会议相关决定并依照作为本议定书缔约方会议的《公约》缔约方会议依下述第 4 款为此目的所通过的指南予以审评。附件一所列每一缔约方依第七条第 1 款提交的信息，应作为排放清单和分配数量的年度汇编和计算的一部分予以审评。此外，附件一所列每一缔约方依第七条第 2 款提交的信息，应作为信息通报审评的一部分予以审评。

2. 专家审评组应根据《公约》缔约方会议为此目的提供的指导，由秘书处进行协调，并由从《公约》缔约方和在适当情况下政府间组织提名的专家中遴选出的成员组成。

3. 审评过程应对一缔约方履行本议定书的所有方面作出彻底和全面的技术评估。专家审评组应编写一份报告提交作为本议定书缔约方会议的《公约》缔约方会议，在报告中评估该缔约方履行承诺的情况并指明在实现承诺方面任何潜在的问题以及影响实现承诺的各种因素。此类报告应由秘书处分送《公约》的所有缔约方。秘书处应列明此类报告中指明的任何履行问题，以供作为本议定书缔约方会议的《公约》缔约方会议予以进一步审议。

4. 作为本议定书缔约方会议的《公约》缔约方会议，应在第一届会议上通过并在其后定期审评关于由专家审评组审评本议定书履行情况的指南，同时考虑到《公约》缔约方会议的相关决定。

5. 作为本议定书缔约方会议的《公约》缔约方会议，应在附属履行机构并酌情在附属科技咨询机构的协助下审议：

（a）缔约方按照第七条提交的信息和按照本条进行的专家审评的报告；

（b）秘书处根据上述第 3 款列明的那些履行问题，以及缔约方提出的任何问题。

6. 根据对上述第 5 款所指信息的审议情况，作为本议定书缔约方会议的《公约》缔约方会议，应就任何事项作出履行本议定书所要求的决定。

第九条

1. 作为本议定书缔约方会议的《公约》缔约方会议，应参照可以得到的关于气候变化及其影响的最佳科学信息和评估，以及相关的技术、社会和经济信息，定期审评本议定书。

这些审评应同依《公约》、特别是《公约》第四条第 2 款（d）项和第七条第 2 款（a）项所要求的那些相关审评进行协调。在这些审评的基础上，作为本议定书缔约方会议的《公约》缔约方会议应采取适当行动。

2. 第一次审评应在作为本议定书缔约方会议的《公约》缔约方会议第二届会议上进行，进一步的审评应定期适时进行。

第十条

所有缔约方，考虑到它们的共同但有区别的责任以及它们特殊的国家和区域发展优先顺序、目标和情况，在不对未列入附件一的缔约方引入任何新的承诺、但重申依《公约》第四条第 1 款规定的现有承诺并继续促进履行这些承诺以实现可持续发展的情况下，考虑到《公约》第四条第 3 款、第 5 款和第 7 款，应：

（a）在相关时并在可能范围内，制定符合成本效益的国家的方案以及在适当情况下区域的方案，以改进可反映每一缔约方社会经济状况的地方排放因素、活动数据和/或模式的质量，用以编制和定期更新《蒙特利尔议定书》未予管制的温室气体的各种源的人为排放和各种汇的清除的国家清单，同时采用将由《公约》缔约方会议议定的可比方法，并与《公约》缔约方会议通过的国家信息通报编制指南相一致；

（b）制定、执行、公布和定期更新载有减缓气候变化措施和有利于充分适应气候变化措施的国家的方案以及在适当情况下区域的方案：

（一）此类方案，除其他外，将涉及能源、运输和工业部门以及农业、林业和废物管理。此外，旨在改进地区规划的适应技术和方法也可改善对气候变化的适应；

（二）附件一所列缔约方应根据第七条提交依本议定书采取的行动、包括国家方案的信息；其他缔约方应努力酌情在它们的国家信息通报中列入载有缔约方认为有助于对付气候变化及其不利影响的措施、包括减缓温室气体排放的增加以及增强汇和汇的清除、能力建设和适应措施的方案的信息；

（c）合作促进有效方式用以开发、应用和传播与气候变化有关的有益于环境的技术、专有技术、做法和过程，并采取一切实际步骤促进、便利和酌情资助将此类技术、专有技术、做法和过程特别转让给发展中国家或使它们有机会获得，包括制定政策和方案，以便利有效转让公有或公共支配的有益于环境的技术，并为私有部门创造有利环境以促进和增进转让和获得有益于环境的技术；

（d）在科学技术研究方面进行合作，促进维持和发展有系统的观测系统并发展数据库，以减少与气候系统相关的不确定性、气候变化的不利影响和各种应对战略的经济和社会后果，并促进发展和加强本国能力以参与国际及政府间关于研究和系统观测方面的努力、方案和网络，同时考虑到《公约》第五条；

（e）在国际一级合作并酌情利用现有机构，促进拟订和实施教育及培训方案，包括加强本国能力建设，特别是加强人才和机构能力、交流或调派人员培训这一领域的专家，尤其是培训发展中国家的专家，并在国家一级促进公众意识和促进公众获得有关气候变化的信息。应发展适当方式通过《公约》的相关机构实施这些活动，同时考虑到《公约》第六条；

（f）根据《公约》缔约方会议的相关决定，在国家信息通报中列入按照本条进行的方案和活动；

（g）在履行依本条规定的承诺方面，充分考虑到《公约》第四条第8款。

第十一条

1. 在履行第十条方面，缔约方应考虑到《公约》第四条第4款、第5款、第7款、第8款和第9款的规定。

2. 在履行《公约》第四条第1款的范围内，根据《公约》第四条第3款和第十一条的规定，并通过受托经营《公约》资金机制的实体，《公约》附件二所列发达国家缔约方和其他发达缔约方应：

（a）提供新的和额外的资金，以支付经议定的发展中国家为促进履行第十条（a）项所述《公约》第四条第1款（a）项规定的现有承诺而招致的全部费用；

（b）并提供发展中国家缔约方所需要的资金，包括技术转让的资金，以支付经议定的为促进履行第十条所述依《公约》第四条第1款规定的现有承诺并经一发展中国家缔约方与《公约》第十一条所指那个或那些国际实体根据该条议定的全部增加费用。

这些现有承诺的履行应考虑到资金流量应充足和可以预测的必要性，以及发达国家缔约方间适当分摊负担的重要性。《公约》缔约方会议相关决定中对受托经营《公约》资金机制的实体所作的指导，包括本议定书通过之前议定的那些指导，应比照适用于本款的规定。

3. 《公约》附件二所列发达国家缔约方和其他发达缔约方也可以通过双边、区域和其他多边渠道提供并由发展中国家缔约方获取履行第十条的资金。

第十二条

1. 兹此确定一种清洁发展机制。

2. 清洁发展机制的目的是协助未列入附件一的缔约方实现可持续发展

和有益于《公约》的最终目标，并协助附件一所列缔约方实现遵守第三条规定的其量化的限制和减少排放的承诺。

3. 依清洁发展机制：

（a）未列入附件一的缔约方将获益于产生经证明的减少排放的项目活动；

（b）附件一所列缔约方可以利用通过此种项目活动获得的经证明的减少排放，促进遵守由作为本议定书缔约方会议的《公约》缔约方会议确定的依第三条规定的其量化的限制和减少排放的承诺之一部分。

4. 清洁发展机制应置于由作为本议定书缔约方会议的《公约》缔约方会议的权力和指导之下，并由清洁发展机制的执行理事会监督。

5. 每一项目活动所产生的减少排放，须经作为本议定书缔约方会议的《公约》缔约方会议指定的经营实体根据以下各项作出证明：

（a）经每一有关缔约方批准的自愿参加；

（b）与减缓气候变化相关的实际的、可测量的和长期的效益；

（c）减少排放对于在没有进行经证明的项目活动的情况下产生的任何减少排放而言是额外的。

6. 如有必要，清洁发展机制应协助安排经证明的项目活动的筹资。

7. 作为本议定书缔约方会议的《公约》缔约方会议，应在第一届会议上拟订方式和程序，以期通过对项目活动的独立审计和核查，确保透明度、效率和可靠性。

8. 作为本议定书缔约方会议的《公约》缔约方会议，应确保经证明的项目活动所产生的部分收益用于支付行政开支和协助特别易受气候变化不利影响的发展中国家缔约方支付适应费用。

9. 对于清洁发展机制的参与，包括对上述第 3 款（a）项所指的活动及获得经证明的减少排放的参与，可包括私有和/或公有实体，并须遵守清洁发展机制执行理事会可能提出的任何指导。

10. 在自 2000 年起至第一个承诺期开始这段时期内所获得的经证明的减少排放，可用以协助在第一个承诺期内的遵约。

第十三条

1.《公约》缔约方会议《公约》的最高机构，应作为本议定书缔约方会议。

2. 非为本议定书缔约方的《公约》缔约方，可作为观察员参加作为本议定书缔约方会议的《公约》缔约方会议任何届会的议事工作。在《公约》缔约方会议作为本议定书缔约方会议行使职能时，在本议定书之下的决定只应由为本议定书缔约方者作出。

3. 在《公约》缔约方会议作为本议定书缔约方会议行使职能时，《公约》缔约方会议主席团中代表《公约》缔约方但在当时非为本议定书缔约方的任何成员，应由本议定书缔约方从本议定书缔约方中选出的另一成员替换。

4. 作为本议定书缔约方会议的《公约》缔约方会议，应定期审评本议定书的履行情况，并应在其权限内作出为促进本议定书有效履行所必要的决定。缔约方会议应履行本议定书赋予它的职能，并应：

（a）基于依本议定书的规定向它提供的所有信息，评估缔约方履行本议定书的情况及根据本议定书采取的措施的总体影响，尤其是环境、经济、社会的影响及其累积的影响，以及在实现《公约》目标方面取得进展的程度；

（b）根据《公约》的目标、在履行中获得的经验及科学技术知识的发展，定期审查本议定书规定的缔约方义务，同时适当顾及《公约》第四条第2款（d）项和第七条第2款所要求的任何审评，并在此方面审议和通过关于本议定书履行情况的定期报告；

（c）促进和便利就各缔约方为对付气候变化及其影响而采取的措施进行信息交流，同时考虑到缔约方的有差别的情况、责任和能力，以及它们各自依本议定书规定的承诺；

（d）应两个或更多缔约方的要求，便利将这些缔约方为对付气候变化及其影响而采取的措施加以协调，同时考虑到缔约方的有差别的情况、责任和能力，以及它们各自依本议定书规定的承诺；

（e）依照《公约》的目标和本议定书的规定，并充分考虑到《公约》缔约方会议的相关决定，促进和指导发展和定期改进由作为本议定书缔约方会议的《公约》缔约方会议议定的、旨在有效履行本议定书的可比较的方法学；

（f）就任何事项作出为履行本议定书所必需的建议；

（g）根据第十一条第2款，设法动员额外的资金；

（h）设立为履行本议定书而被认为必要的附属机构；

（i）酌情寻求和利用各主管国际组织和政府间及非政府机构提供的服务、合作和信息；

（j）行使为履行本议定书所需的其他职能，并审议《公约》缔约方会议的决定所导致的任何任务。

5.《公约》缔约方会议的议事规则和依《公约》规定采用的财务规则，应在本议定书下比照适用，除非作为本议定书缔约方会议的《公约》缔约方会议以协商一致方式可能另外作出决定。

6. 作为本议定书缔约方会议的《公约》缔约方会议第一届会议，应由秘书处结合本议定书生效后预定举行的《公约》缔约方会议第一届会议召开。其后作为本议定书缔约方会议的《公约》缔约方会议常会，应每年并且与《公约》缔约方会议常会结合举行，除非作为本议定书缔约方会议的《公约》缔约方会议另有决定。

7. 作为本议定书缔约方会议的《公约》缔约方会议的特别会议，应在作为本议定书缔约方会议的《公约》缔约方会议认为必要的其他时间举行，或应任何缔约方的书面要求而举行，但须在秘书处将该要求转达给各缔约方后六个月内得到至少三分之一缔约方的支持。

8. 联合国及其专门机构和国际原子能机构，以及它们的非为《公约》缔约方的成员国或观察员，均可派代表作为观察员出席作为本议定书缔约方会议的《公约》缔约方会议的各届会议。任何在本议定书所涉事项上具备资格的团体或机构，无论是国家或国际的、政府或非政府的，经通知秘书处其愿意派代表作为观察员出席作为本议定书缔约方会议的《公约》缔约方会议的某届会议，均可予以接纳，除非出席的缔约方至少三分之一反对。观察员的接纳和参加应遵循上述第 5 款所指的议事规则。

第十四条

1. 依《公约》第八条设立的秘书处，应作为本议定书的秘书处。

2. 关于秘书处职能的《公约》第八条第 2 款和关于就秘书处行使职能作出的安排的《公约》第八条第 3 款，应比照适用于本议定书。秘书处还应行使本议定书所赋予它的职能。

第十五条

1.《公约》第九条和第十条设立的附属科技咨询机构和附属履行机构，

应作为本议定书的附属科技咨询机构和附属履行机构。《公约》关于该两个机构行使职能的规定应比照适用于本议定书。本议定书的附属科技咨询机构和附属履行机构的届会，应分别与《公约》的附属科技咨询机构和附属履行机构的会议结合举行。

2. 非为本议定书缔约方的《公约》缔约方可作为观察员参加附属机构任何届会的议事工作。在附属机构作为本议定书附属机构时，在本议定书之下的决定只应由本议定书缔约方作出。

3.《公约》第九条和第十条设立的附属机构行使它们的职能处理涉及本议定书的事项时，附属机构主席团中代表《公约》缔约方但在当时非为本议定书缔约方的任何成员，应由本议定书缔约方从本议定书缔约方中选出的另一成员替换。

第十六条

作为本议定书缔约方会议的《公约》缔约方会议，应参照《公约》缔约方会议可能作出的任何有关决定，在一旦实际可行时审议对本议定书适用并酌情修改《公约》第十三条所指的多边协商程序。适用于本议定书的任何多边协商程序的运作不应损害依第十八条所设立的程序和机制。

第十七条

《公约》缔约方会议应就排放贸易，特别是其核查、报告和责任确定相关的原则、方式、规则和指南。为履行其依第三条规定的承诺的目的，附件B所列缔约方可以参与排放贸易。

任何此种贸易应是对为实现该条规定的量化的限制和减少排放的承诺之目的而采取的本国行动的补充。

第十八条

作为本议定书缔约方会议的《公约》缔约方会议，应在第一届会议上通过适当且有效的程序和机制，用以继定和处理不遵守本议定书规定的情势，包括就后果列出一个示意性清单，同时考虑到不遵守的原因、类别、程度和频度。依本条可引起具拘束性后果的任何程序和机制应以本议定书修正案的方式予以通过。

第十九条

《公约》第十四条的规定应比照适用于本议定书。

第二十条

1. 任何缔约方均可对本议定书提出修正。

2. 对本议定书的修正应在作为本议定书缔约方会议的《公约》缔约方会议常会上通过。对本议定书提出的任何修正案文，应由秘书处在拟议通过该修正的会议之前至少六个月送交各缔约方。秘书处还应将提出的修正送交《公约》的缔约方和签署方，并送交保存人以供参考。

3. 各缔约方应尽一切努力以协商一致方式就对本议定书提出的任何修正达成协议。如为谋求协商一致已尽一切努力但仍未达成协议，作为最后的方式，该项修正应以出席会议并参加表决的缔约方四分之三多数票通过。通过的修正应由秘书处送交保存人，再由保存人转送所有缔约方供其接受。

4. 对修正的接受文书应交存于保存人，按照上述第 3 款通过的修正，应于保存人收到本议定书至少四分之三缔约方的接受文书之日后第九十天起对接受该项修正的缔约方生效。

5. 对于任何其他缔约方，修正应在该缔约方向保存人交存其接受该项修正的文书之日后第九十天起对其生效。

第二十一条

1. 本议定书的附件应构成本议定书的组成部分，除非另有明文规定，凡提及本议定书时即同时提及其任何附件。本议定书生效后通过的任何附件，应限于清单、表格和属于科学、技术、程序或行政性质的任何其他说明性材料。

2. 任何缔约方可对本议定书提出附件提案并可对本议定书的附件提出修正。

3. 本议定书的附件和对本议定书附件的修正应在作为本议定书缔约方会议的《公约》缔约方会议的常会上通过。提出的任何附件或对附件的修正的案文应由秘书处在拟议通过该项附件或对该附件的修正的会议之前至少六个月送交各缔约方。秘书处还应将提出的任何附件或对附件的任何修正的案文送交《公约》缔约方和签署方，并送交保存人以供参考。

4. 各缔约方应尽一切努力以协商一致方式就提出的任何附件或对附件的修正达成协议。如为谋求协商一致已尽一切努力但仍未达成协议，作为最后的方式，该项附件或对附件的修正应以出席会议并参加表决的缔约方四分之三多数票通过。通过的附件或对附件的修正应由秘书处送交保存人，再由保存人送交所有缔约方供其接受。

5. 除附件 A 和附件 B 之外，根据上述第 3 款和第 4 款通过的附件或对附件的修正，应于保存人向本议定书的所有缔约方发出关于通过该附件或通过对该附件的修正的通知之日起六个月后对所有缔约方生效，但在此期间书面通知保存人不接受该项附件或对该附件的修正的缔约方除外。对于撤回其不接受通知的缔约方，

项附件或对该附件的修正应自保存人收到撤回通知之日后第九十天起对其生效。

6. 如附件或对附件的修正的通过涉及对本议定书的修正，则该附件或对附件的修正应待对本议定书的修正生效之后方可生效。

7. 对本议定书附件 A 和附件 B 的修正应根据第二十条中规定的程序予以通过并生效，但对附件 B 的任何修正只应以有关缔约方书面同意的方式通过。

第二十二条

1. 除下述第 2 款所规定外，每一缔约方应有一票表决权。

2. 区域经济一体化组织在其权限内的事项上应行使票数与其作为本议定书缔约方的成员国数目相同的表决权。如果一个此类组织的任一成员国行使自己的表决权，则该组织不得行使表决权，反之亦然。

第二十三条

联合国秘书长应为本议定书的保存人。

第二十四条

1. 本议定书应开放供属于《公约》缔约方的各国和区域经济一体化组织签署并须经其批准、接受或核准。本议定书应自 1998 年 3 月 16 日至 1999 年 3 月 15 日在纽约联合国总部开放供签署。本议定书应自其签署截止日之次日起开放供加入。批准、接受、核准或加入的文书应交存于保存人。

2. 任何成为本议定书缔约方而其成员国均非缔约方的区域经济一体化组织应受本议定书各项义务的约束。如果此类组织的一个或多个成员国为本议定书的缔约方，该组织及其成员国应决定各自在履行本议定书义务方面的责

236

任。在此种情况下，该组织及其成员国无权同时行使本议定书规定的权利。

3．区域经济一体化组织应在其批准、接受、核准或加入的文书中声明其在本议定书所规定事项上的权限。这些组织还应将其权限范围的任何重大变更通知保存人，再由保存人通知各缔约方。

第二十五条

1．本议定书应在不少于五十五个《公约》缔约方、包括其合计的二氧化碳排放量至少占附件一所列缔约方 1990 年二氧化碳排放总量的 55% 的附件一所列缔约方已经交存其批准、接受、核准或加入的文书之日后第九十天起生效。

2．为本条的目的，"附件一所列缔约方 1990 年二氧化碳排放总量"指在通过本议定书之日或之前附件一所列缔约方在其按照《公约》第十二条提交的第一次国家信息通报中通报的数量。

3．对于在上述第 1 款中规定的生效条件达到之后批准、接受、核准或加入本议定书的每一国家或区域经济一体化组织，本议定书应自其批准、接受、核准或加入的文书交存之日后第九十天起生效。

4．为本条的目的，区域经济一体化组织交存的任何文书，不应被视为该组织成员国所交存文书之外的额外文书。

第二十六条

对本议定书不得作任何保留。

第二十七条

1．自本议定书对一缔约方生效之日起三年后，该缔约方可随时向保存人发出书面通知退出本议定书。

2．任何此种退出应自保存人收到退出通知之日起一年期满时生效，或在退出通知中所述明的变更后日期生效。

3．退出《公约》的任何缔约方，应被视为亦退出本议定书。

第二十八条

本议定书正本应交存于联合国秘书长，其阿拉伯文、中文、英文、法文、俄文和西班牙文文本同等作准。

一九九七年十二月十一日订于京都。

下列签署人，经正式授权，于规定的日期在本议定书上签字，以昭信守。

附件 A

温室气体
　　二氧化碳（CO_2）
　　甲烷（CH_4）
　　氧化亚氮（N_2O）
　　氢氟碳化物（HFCS）
　　全氟化碳（PFCS）
　　六氟化硫（SF_6）
部门/源类别
能源
　　燃料燃烧
　　　　能源工业
　　　　制造业和建筑
　　　　运输
　　　　其他部门
　　　　其他
　　燃料的飞逸性排放
　　　　固体燃料
　　　　石油和天然气
　　　　其他
工业
　　矿产品
　　化工业
　　金属生产
　　其他生产
　　碳卤化合物和六氟化硫的生产
　　碳卤化合物和六氟化硫的消费
　　其他
溶剂和其他产品的使用
农业
　　肠道发酵
　　粪肥管理
　　水稻种植
　　农业土壤
　　热带草原划定的烧荒
　　农作物残留物的田间燃烧
　　其他
废物
　　陆地固体废物处置
　　废水处理
　　废物焚化
　　其他

238

附件 B

缔约方	量化的限制或减少排放的承诺 （基准年或基准期百分比）
澳大利亚	108
奥地利	92
比利时	92
保加利亚 *	92
加拿大	94
克罗地亚 *	95
捷克共和国 *	92
丹麦	92
爱沙尼亚 *	92
欧洲共同体	92
芬兰	92
法国	92
德国	92
希腊	92
匈牙利 *	94
冰岛	110
爱尔兰	92
意大利	92
日本	94
拉脱维亚 *	92
列支敦士登	92
立陶宛 *	92
卢森堡	92
摩纳哥	92
荷兰	92
新西兰	100
挪威	101
波兰 *	94
葡萄牙	92

续表

缔约方	量化的限制或减少排放的承诺 （基准年或基准期百分比）
罗马尼亚*	92
俄罗斯联邦*	100
斯洛伐克*	92
斯洛文尼亚*	92
西班牙	92
瑞典	92
瑞士	92
乌克兰*	100
大不列颠及北爱尔兰联合王国	92
美利坚合众国	93

附件二 《"十二五"控制温室气体排放工作方案》

一、总体要求和主要目标

（一）总体要求

坚持以科学发展为主题，以加快转变经济发展方式为主线，牢固树立绿色、低碳发展理念，统筹国际国内两个大局，把积极应对气候变化作为经济社会发展的重大战略、作为加快转变经济发展方式、调整经济结构和推进新的产业革命的重大机遇，坚持走新型工业化道路，合理控制能源消费总量，综合运用优化产业结构和能源结构、节约能源和提高能效、增加碳汇等多种手段，开展低碳试验试点，完善体制机制和政策体系，健全激励和约束机制，更多地发挥市场机制作用，加强低碳技术研发和推广应用，加快建立以低碳为特征的工业、能源、建筑、交通等产业体系和消费模式，有效控制温室气体排放，提高应对气候变化能力，促进经济社会可持续发展，为应对全球气候变化作出积极贡献。

（二）主要目标

大幅度降低单位国内生产总值二氧化碳排放，到 2015 年全国单位国内生产总值二氧化碳排放比 2010 年下降 17%。控制非能源活动二氧化碳排放和甲烷、氧化亚氮、氢氟碳化物、全氟化碳、六氟化硫等温室气体排放取得成效。应对气候变化政策体系、体制机制进一步完善，温室气体排放统计核算体系基本建立，碳排放交易市场逐步形成。通过低碳试验试点，形成一批各具特色的低碳省区和城市，建成一批具有典型示范意义的低碳园区和低碳社区，推广一批具有良好减排效果的低碳技术和产品，控制温室气体排放能力得到全面提升。

二、综合运用多种控制措施

（三）加快调整产业结构

抑制高耗能产业过快增长，进一步提高高耗能、高排放和产能过剩行业准入门槛，健全项目审批、核准和备案制度，严格控制新建项目。加快淘汰落后产能，完善落后产能退出机制，制定并落实重点行业"十二五"淘汰落后产能实施方案和年度计划，加大淘汰落后产能工作力度。严格落实《产业结构调整指导目录》，加快运用高新技术和先进实用技术改造提升传统产业，促进信息化和工业化深度融合。大力发展服务业和战略性新兴产业，到 2015 年服务业增加值和战略性新兴产业增加值占国内生产总值比例提高到 47% 和 8% 左右。

（四）大力推进节能降耗

完善节能法规和标准，强化节能目标责任考核，加强固定资产投资项目节能评估和审查。实施节能重点工程，加强重点用能单位节能管理，突出抓好工业、建筑、交通、公共机构等领域节能，加快节能技术开发和推广应用。健全节能市场化机制，完善能效标识、节能产品认证和节能产品政府强制采购制度，加快节能服务业发展。大力发展循环经济，加强节能能力建设。到 2015 年，形成 3 亿吨标准煤的节能能力，单位国内生产总值能耗比 2010 年下降 16%。

（五）积极发展低碳能源

调整和优化能源结构，推进煤炭清洁利用，鼓励开发利用煤层气和天然气，在确保安全的基础上发展核电，在做好生态保护和移民安置的前提下积极发展水电，因地制宜大力发展风电、太阳能、生物质能、地热能等非化石能源。促进分布式能源系统的推广应用。到 2015 年，非化石能源占一次能源消费比例达到 11.4%。

（六）努力增加碳汇

加快植树造林，继续实施生态建设重点工程，巩固和扩大退耕还林成果，开展碳汇造林项目。深入开展城市绿化，抓好铁路、公路等通道绿化。加强森林抚育经营和可持续管理，强化现有森林资源保护，改造低产低效林，提高森林生长率和蓄积量。完善生态补偿机制。"十二五"时期，新增森林面积1250 万公顷，森林覆盖率提高到21.66%，森林蓄积量增加6 亿立方米。积极增加农田、草地等生态系统碳汇。加强滨海湿地修复恢复，结合海洋经济发展和海岸带保护，积极探索利用藻类、贝类、珊瑚等海洋生物进行固碳，根据自然条件开展试点项目。在火电、煤化工、水泥和钢铁行业中开展碳捕集试验项目，建设二氧化碳捕集、驱油、封存一体化示范工程。

（七）控制非能源活动温室气体排放

控制工业生产过程温室气体排放，继续推广利用电石渣、造纸污泥、脱硫石膏、粉煤灰、矿渣等固体工业废渣和火山灰等非碳酸盐原料生产水泥,加快发展新型低碳水泥,鼓励使用散装水泥、预拌混凝土和预拌沙浆;鼓励采用废钢电炉炼钢—热轧短流程生产工艺;推广有色金属冶炼短流程生产工艺技术;减少石灰土窑数量;通过改进生产工艺,减少电石、制冷剂、己二酸、硝酸等行业工业生产过程温室气体排放。通过改良作物品种、改进种植技术,努力控制农业领域温室气体排放;加强畜牧业和城市废弃物处理和综合利用,控制甲烷等温室气体排放增长。积极研发并推广应用控制氢氟碳化物、全氟化碳和六氟化硫等温室气体排放技术,提高排放控制水平。

（八）加强高排放产品节约与替代

加强需求引导,强化工程技术标准,通过广泛应用高强度、高韧性建筑用钢材和高性能混凝土,提高建设工程质量,延长使用寿命。实施水泥、钢铁、石灰、电石等高耗能、高排放产品替代工程。鼓励开发和使用高性能、低成本、低消耗的新型材料替代传统钢材。鼓励使用缓释肥、有机肥等替代传统化肥,减少化肥使用量和温室气体排放量。选择具有重要推广价值的替代产品或工艺,进行推广示范。

三、开展低碳发展试验试点

（九）扎实推进低碳省区和城市试点

各试点地区要编制低碳发展规划,积极探索具有本地区特色的低碳发展模式,率先形成有利于低碳发展的政策体系和体制机制,加快建立以低碳为特征的工业、建筑、交通体系,践行低碳消费理念,成为低碳发展的先导示范区。逐步扩大试点范围,鼓励国家资源节约型和环境友好型社会建设综合配套改革试验区等开展低碳试点。各省（区、市）可结合实际,开展低碳试点工作。

（十）开展低碳产业试验园区试点

依托现有高新技术开发区、经济技术开发区等产业园区,建设以低碳、清洁、循环为特征,以低碳能源、物流、建筑为支撑的低碳园区,采用合理用能技术、能源资源梯级利用技术、可再生能源技术和资源综合利用技术,优化产业链和生产组织模式,加快改造传统产业,集聚低碳型战略性新兴产业,培育低碳产业集群。

（十一）开展低碳社区试点

结合国家保障性住房建设和城市房地产开发,按照绿色、便捷、节能、低碳的要求，开展低碳社区建设。在社区规划设计、建材选择、供暖供冷供电供热水系统、照明、交通、建筑施工等方面，实现绿色低碳化。大力发展节能低碳建材，推广绿色低碳建筑，加快建筑节能低碳整装配套技术、低碳建造和施工关键技术及节能低碳建材成套应用技术研发应用，鼓励建立节能低碳、可再生能源利用最大化的社区能源与交通保障系统，积极利用地热地温、工业余热，积极探索土地节约利用、水资源和本地资源综合利用的方式，推进雨水收集和综合利用。开展低碳家庭创建活动，制定节电节水、垃圾分类等低碳行为规范，引导社区居民普遍接受绿色低碳的生活方式和消费模式。

（十二）开展低碳商业、低碳产品试点

针对商场、宾馆、餐饮机构、旅游景区等商业设施，通过改进营销理念和模式，加强节能、可再生能源等新技术和产品应用，加强资源节约和综合利用，加强运营管理，加强对顾客消费行为引导，显著减少试点商业机构二氧化碳排放。研究产品"碳足迹"计算方法，建立低碳产品标准、标识和认证制度，制定低碳产品认证和标识管理办法，开展相应试点，引导低碳消费。

（十三）加大对试验试点工作的支持力度

加强对试验试点工作的统筹协调和指导，建立部门协作机制，研究制定支持试点的财税、金融、投资、价格、产业等方面的配套政策，形成支持试验试点的整体合力。研究提出低碳城市、园区、社区和商业等试点建设规范和评价标准。加快出台试验试点评价考核办法，对试验试点目标任务完成情况进行跟踪评估。开展试验试点经验交流，推进相关国际合作。

四、加快建立温室气体排放统计核算体系

（十四）建立温室气体排放基础统计制度

将温室气体排放基础统计指标纳入政府统计指标体系，建立健全涵盖能源活动、工业生产过程、农业、土地利用变化与林业、废弃物处理等领域，适应温室气体排放核算的统计体系。根据温室气体排放统计需要，扩大能源统计调查范围，细化能源统计分类标准。重点排放单位要健全温室气体排放和能源消费的台账记录。

（十五）加强温室气体排放核算工作

制定地方温室气体排放清单编制指南，规范清单编制方法和数据来源。

研究制定重点行业、企业温室气体排放核算指南。建立温室气体排放数据信息系统。定期编制国家和省级温室气体排放清单。加强对温室气体排放核算工作的指导，做好年度核算工作。加强温室气体计量工作，做好排放因子测算和数据质量监测，确保数据真实准确。构建国家、地方、企业三级温室气体排放基础统计和核算工作体系，加强能力建设，建立负责温室气体排放统计核算的专职工作队伍和基础统计队伍。实行重点企业直接报送能源和温室气体排放数据制度。

五、探索建立碳排放交易市场

（十六）建立自愿减排交易机制

制定温室气体自愿减排交易管理办法，确立自愿减排交易机制的基本管理框架、交易流程和监管办法，建立交易登记注册系统和信息发布制度，开展自愿减排交易活动。

（十七）开展碳排放权交易试点

根据形势发展并结合合理控制能源消费总量的要求，建立碳排放总量控制制度，开展碳排放权交易试点，制定相应法规和管理办法，研究提出温室气体排放权分配方案，逐步形成区域碳排放权交易体系。

（十八）加强碳排放交易支撑体系建设

制定我国碳排放交易市场建设总体方案。研究制定减排量核算方法，制定相关工作规范和认证规则。加强碳排放交易机构和第三方核查认证机构资质审核，严格审批条件和程序，加强监督管理和能力建设。在试点地区建立碳排放权交易登记注册系统、交易平台和监管核证制度。充实管理机构，培养专业人才。逐步建立统一的登记注册和监督管理系统。

六、大力推动全社会低碳行动

（十九）发挥公共机构示范作用

各级国家机关、事业单位、团体组织等公共机构要率先垂范，加快设施低碳化改造，推进低碳理念进机关、校园、场馆和军营。逐步建立低碳产品政府采购制度，将低碳认证产品列入政府采购清单，完善强制采购和优先采购制度，逐步提高低碳产品比重。

（二十）推动行业开展减碳行动

钢铁、建材、电力、煤炭、石油、化工、有色、纺织、食品、造纸、交通、铁路、建筑等行业要制定控制温室气体排放行动方案，按照先进企业的排放标准对重点企业要提出温室气体排放控制要求，研究确定重点行业单位产品（服务量）温室气体排放标准。选择重点企业试行"碳披露"和"碳盘查"，开展"低碳标兵活动"。

（二十一）提高公众参与意识

利用多种形式和手段，全方位、多层次加强宣传引导，研究设立"全国低碳日"，大力倡导绿色低碳、健康文明的生活方式和消费模式，宣传低碳生活典型，弘扬以低碳为荣的社会新风尚，树立绿色低碳的价值观、生活观和消费观，使低碳理念广泛深入人心，成为全社会的共识和自觉行动，营造良好的舆论氛围和社会环境。

七、广泛开展国际合作

（二十二）加强履约工作

按照《联合国气候变化框架公约》及其《京都议定书》的要求，及时编制和提交国家履约信息通报，继续推动清洁发展机制项目实施。广泛宣传我国控制温室气体排放的政策、行动与成效。坚持"共同但有区别的责任"原则和公平原则，建设性参与气候变化国际谈判进程，推动公约和议定书的全面、有效、持续实施。

（二十三）强化务实合作

加强气候变化领域国际交流和对话，积极开展多渠道项目合作。在科学研究、技术研发和能力建设等方面开展务实合作，积极引进并消化吸收国外先进技术，学习借鉴国际成功经验。积极支持小岛屿国家、最不发达国家和非洲国家加强应对气候变化能力建设，结合实施"走出去"战略，促进与其他发展中国家开展低碳项目合作。

八、强化科技与人才支撑

（二十四）强化科技支撑

加强控制温室气体排放基础研究。统筹技术研发和项目建设，在重点行业和重点领域实施低碳技术创新及产业化示范工程，重点发展经济适用的低碳建材、低碳交通、绿色照明、煤炭清洁高效利用等低碳技术；开发高性价比太阳能光伏电池技术、太阳能建筑一体化技术、大功率风能发电、天然气分布式能源、地热发电、海洋能发电、智能及绿色电网、新能源汽车和储电技术等关键低碳技术；研究具有自主知识产权的碳捕集、利用和封存等新技术。推进低碳技术国家重点实验室和国家工程中心建设。编制低碳技术推广目录，实施低碳技术产业化示范项目。完善低碳技术成果转化机制，依托科研院所、高校和企业建立低碳技术孵化器、中介服务机构。

（二十五）加强人才队伍建设

加强应对气候变化教育培训，将其纳入国民教育和培训体系，完善相关学科体系。积极开展应对气候变化科学普及，加强应对气候变化基础研究和科技研发队伍、战略与政策专家队伍、国际谈判专业队伍和低碳发展市场服务人才队伍建设。

九、保障工作落实

（二十六）加强组织领导和评价考核

各省（区、市）要将大幅度降低二氧化碳排放强度纳入本地区经济社会发展规划和年度计划，明确任务，落实责任，确保完成本地区目标任务。要将二氧化碳排放强度下降指标完成情况纳入各地区（行业）经济社会发展综合评价体系和干部政绩考核体系，完善工作机制。有关部门要根据职责分工，按照相关专项规划和工作方案，切实抓好落实。各省级人民政府和相关部门要对本地区、本部门控制温室气体排放工作负总责。加强对各省（区、市）"十二五"二氧化碳排放强度下降目标完成情况的评估、考核。对控制温室气体排放工作实行问责和奖惩。对作出突出贡献的单位和个人按国家有关规定给予表彰奖励。

（二十七）健全管理体制

加强应对气候变化工作机构建设，逐步健全国家温室气体排放控制监管体制。推动建立应对气候变化领域的相关服务、咨询机构。强化应对气候变化工作与优化产业结构和能源结构、节能提高能效、生态保护等工作的协同作用，完善部门间的沟通协调机制，深化相关领域改革，加强财税、金融、价格、产业等政策的协调配合。

（二十八）落实资金保障

各地区、有关部门要围绕实现"十二五"控制温室气体排放目标，切实加大资金投入，确保各项工作落实。从节能减排和可再生能源发展等财政资金中安排资金，支持应对气候变化相关工作。充分利用中国清洁发展机制基金资金，拓宽多元化投融资渠道，积极引导社会资金、外资投入低碳技术研发、低碳产业发展和控制温室气体排放重点工程。调整和优化信贷结构，积极做好控制温室气体排放、促进低碳产业发展的金融支持和配套服务工作。在利用国际金融组织和外国政府优惠贷款安排中，加大对控制温室气体排放项目的支持力度。

附表："十二五"各地区单位国内生产总值二氧化碳排放下降指标

地区	单位国内生产总值二氧化碳排放下降（％）	备注：单位国内生产总值能源消耗下降（％）
北京	18	17
天津	19	18
河北	18	17
山西	17	16
内蒙古	16	15
辽宁	18	17
吉林	17	16
黑龙江	16	16
上海	19	18
江苏	19	18
浙江	19	18
安徽	17	16
福建	17.5	16
江西	17	16
山东	18	17
河南	17	16
湖北	17	16
湖南	17	16
广东	19.5	18
广西	16	15
海南	11	10
重庆	17	16
四川	17.5	16
贵州	16	15
云南	16.5	15
西藏	10	10
陕西	17	16
甘肃	16	15
青海	10	10
宁夏	16	15
新疆	11	10

附件三　核查报告基本格式

第一部分　报告封面（内容如下）：

****（***）（交易主体名及交易代码）

****年度
温室气体排放总量核查报告

核查机构：

报告编号：

报告日期：

第二部分　报告第一页：

单位名称				地址	
交易主体代码		联系人		联系方式	
备注					
监测计划完成日期				编制机构	
监测报告提交日期				监测期	201×年至201×年
行业领域					
标准及方法学					

核查结论

基准年	201×年	基准年温室气体排放数据 （单位：吨二氧化碳当量）	
备注			
报告编制		日期	
技术复核		签名	日期	
批准		签名	日期	

第三部分 核查报告正文：

1 概述

1.1. 核查目的

1.2. 核查基本程序

1.3. 应用标准、方法学及技术指南

2 组织描述

2.1. 组织简介和管理结构

2.2. 组织边界和排放源识别

2.3. 监测计划描述

3 核查过程及方法

3.1. 核查小组组成及职责

3.2. 审核员技术资格

3.3. 监测计划的方法学符合性

3.4. 现场访问

3.5. 核查发现

3.6. 监测活动与监测计划一致性及变更

3.7. 改正和纠正措施评估

3.8. 以往核查的待解决问题

3.9. 仪表检验和校验频率要求的一致性

3.10. 能耗数据分析和温室气体排放量计算

3.11. 与基准年温室气体排放量比较及分析

4 核查意见

5 参考文件索引

第四部分 核查报告附件：

核查发现清单

序号	不符合项	改正或纠正措施	核查意见
1			
2			
3			
序号	澄清要求	澄清回复	核查意见
1			
2			
3			

续表

序号	要求改进建议	改进措施	核查意见
1			
2			
3			
全部核查发现关闭日期：			年　月　日

附件四　熊猫标准

为适应国际自愿碳市场的发展趋势、加速推进中国自愿碳市场的拓展，完善中国碳资源的测量、报告、核查制度建设，形成具有品牌国际竞争力的自愿碳减排标准，由北京环境交易所和 Blue Next 环境交易所联合中国林权交易所和美国温洛克国际农业开发中心，于 2009 年 9 月 23 日正式宣布启动开发中国第一个自愿碳减排标准——熊猫标准。

1. 目标

熊猫标准将首先致力于本土农林自愿碳减排项目的开发，在环境与生态补偿领域促进东部补偿西部，工业补偿农业，城市补偿农村，构建符合中国国情、兼容国际规则的"碳补偿"平衡体系的建设。以期通过碳市场以及熊猫标准这种市场化，国际化手段，来解决收入贫困和气候贫困问题。在标准的发展过程中，培养适合中国环境、社会、经济、法律等国情的创新的方法学和技术。

2. 框架和架构

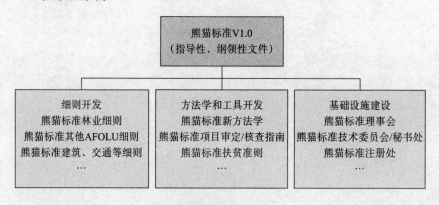

熊猫标准设计框架

3. 主要特性

（1）附加效益：熊猫标准不仅仅是一个碳减排标准，不仅仅满足于科学的计量出减排项目所产生的碳减排量。为了达到上面所说的目的，我们对熊猫标准的附加效益也提出了较高的要求，合格的熊猫标准项目必须对环

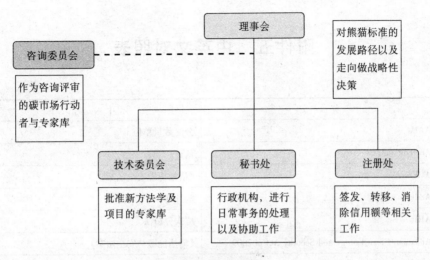

熊猫标准组织构架

境、社区经济和社会产生正面影响，比如，水土保持、防风固沙、保护生物多样性、扶贫和促进当地可持续发展。也应该消除潜在的由项目活动引发的现场内外的负面影响。

（2）立足本土，面向世界：熊猫标准将首先致力于本土农林自愿碳减排项目的开发，在环境与生态补偿领域促进东部补偿西部，工业补偿农业，城市补偿农村。同时，熊猫标准的要求，又同目前世界上先进的、受到公认的相关标准一致，以确保熊猫标准减排量的含金量和国际认可度。

（3）对本土碳市场的培育：对碳市场相关参与方，包括中国的审定机构以及科研机构，都有着详细、具体，带有实操性的指导。对其研究碳市场，尤其是中国碳市场有着积极的意义和作用。

（4）额外性以及基准线要求：简单易懂，明晰易用是其最大的特点。

4. 意义

熊猫标准作为中国国内首款自愿减排标准，致力于建设高质量、易操作、透明化、可信赖的规则体系，培育中国初生的国内自愿减排碳市场。

熊猫标准的制定与开发，有利于市场参与各方的能力建设，有利于我国碳减排市场的健康发展，有利于提高我国企业和个人自愿减排的积极性，推动全社会节能减排事业发展，加快推进我国低碳社会的发展进程。

附件五　中英文对照表

英　文	中　文
AAUs	分配数量单位
Accreditation	认证
ACES	《清洁能源安全法案》
Additionality	额外性
AHP	层次分析法
American Clean Energy and Secudty Act of 2009	《清洁能源与安全法案》
BASE	巴塞尔可持续能源署
Binomial Model	二项树模型
Black – Scholes Model	布莱克—舒尔斯模型
Blocked	被阻止
Bluenext	国际环境衍生品交易所
BlueRegistry	蓝色注册
CO_2	二氧化碳
Calculation – based methodology	计算方法
Cap	总量控制
Cap – and – Trade	总量——配额交易机制
CAR	气候行动储备
Carbon asset	碳资产
Carbon Budget	碳预算
Carbon Intensity	碳强度
Carbon Labelling	碳标签
Carbon leakage	碳泄露
CCAR	加州气候行动注册处
CCB	气候、社区及生物多样性标准
CCBS	气候变化和生物多样性标准
CCER	中国核证减排量
CCICED	中国环境与发展国际合作委员会

续表

英　文	中　文
CCX	芝加哥气候交易所
CDM	清洁发展机制
CDP	碳信息披露项目
CER	核证减排额
CERs	核证减排量
CFI	标准化碳金融合约
CFMA	长安福特马自达
CFS	CarbonFix 标准
CG	气候小组
CH$_4$	甲烷
CHUEE	能效领域贷款损失分担融资模式
Clean Air Act	《清洁空气法》
Clean Development Mechanism Project Design Document form	CDM 项目设计文档
Closed	关闭
COD	化学需氧量
Community eco – management and audit scheme, EMAS	欧盟生态管理与审查制度
Community Independent Transaction Log, CITL	登记注册系统与欧盟独立交易记录系统
Corporate Average Fuel Efficiency, CAFE Standards	燃油经济性标准
Cummins	康明斯
Decision 2009/339/EC	《温室气体的监测和报告准则修正案》
Decision 2009/73/EC	《温室气体的监测和报告准则修正案》
Deftcient Indicators Design	指标设计缺憾
Directive 2007/589/EC	《温室气体的监测和报告准则》
DOE	第三方核查机构
ECX	欧洲气候交易所
EEX	欧洲能源交易所
Emission Allowance	排放额度
Emission Rates	排放率
Energy Efficiency and Renewable Energy, EERE	能源效率与可再生能源局
Energy Intensity	能源强度
Environmental integrity	环境完整性

续表

英　文	中　文
EPA	美国环境保护署
ERPA	碳减排量销售协议
ERU	减排单位
ETS central clearing account	中央清算账户
EU ETS	欧盟碳排放交易体系
EUA	欧盟碳排放权配额
European Union Transaction Log, EUTL	欧盟交易记录系统
FASB	财务会计准则委员会
GDP	国民生产总值
GHC	温室气体
GHG Protocol	《温室气体议定书企业准则》
Gold Standard, GS	黄金标准
Greenhouse Friendly	碳友好
Greenhouse Gas Reporting Rules	《温室气体报告规则》
Greenhouse Gas Reporting Rules Amendments and Source Additions	《温室气体报告规则修正案》
GSv0	规则和程序
Helio International	国际太阳组织
HFCs	氟烷
IASB	国际会计准则理事会
ICAEW	英格兰及威尔士特许会计师协会
ICE	洲际交易所
IFC	国际金融公司
IFRIC	国际会计准则解释公告
IIRC	国际综合报告委员会
Inactive	不活动
Inadequate Information Disclosure	信息披露不充分
INCR	美国气候风险投资者网络
Independent reviewer	独立审查人
Integrated Assessment Models, IAMs	综合评估模型
International Emission Trading Association, IETA	国际碳排放交易协会
International Transaction Log, ITL	国际交易记录系统

续表

英　　文	中　　文
IPCC	政府间气候变化专门委员会
ISO	国际标准化组织
IVSC	国际评估准则理事会
JI	联合执行机制
KP Party accounts	京都议定书成员方账户
Kyoto units	用于登记议定书项下的减排单位
LVLUFC	土地利用变化和林业活动
Market Abuse Directive, MAD	市场滥用行为指令
Markets in Financial Instruments Directive, MiFID	金融工具市场指令
Measurement	可测量
Measurement - based methodology	测量方法
Midwestern Greenhouse Gas Reduction Accord	中西部温室气体减排协定
MUA	多属性效用分析
N₂O	氧化亚氮
NAMA, Nationally Appropriate Mitigating Action	国家适当减缓行动
National Allocation Plans, NAPs	国家分配计划
National Allowance Holding Account	国家配额持有账户
National Communications	国家履约信息通报
National Implementation Measures	国家执行措施
National Plans	各成员国获得配额数量的"国家计划"
New Source Performance Standard, NSPS	《新污染源排放标准》
NGO	非政府组织
Offset	自愿碳抵消
Open	开放
OTC	场外交易
Party Holding Account	成员方持有账户
PDD	项目设计文件
PFCs	全氟化碳
Pigou	庇古
Pre - compliance buyers	提前履约买家
Protocol	开发纲要

续表

英 文	中 文
Reliability	可靠性
Reporting	可报告
RMU	清除单位
Ronald Coase	罗纳德·科斯
SF_6	六氟化硫
Shadow Price of Carbon, SPC	影子碳价格
SNC, Second National Communications	第二次国家信息通报
Social Cost of Carbon	碳社会成本
South – South North Initiative	南南—南北合作组织
Standard for Verified Emission Reduction, VER +	自愿性核证减排标准
Sustainability	可持续性
Target – Consistent	目标一致
TFS Green	英国卓信金融
The Climate Community and Biodiversity Standards, CCBS	气候、社区和生物多样性标准
The Climate Group	气候集团
The Northeastern Regional Greenhouse Gas Initiative, RGGI	东北部区域性温室气体倡议
The Western Climate Initiative, WCI	西部地区气候行动方案
Trust to Emission Rights Settlement Funds	以信托功能为基础的服务
UNFCCC	《联合国气候变化框架公约》
User accounts in the Union registry	欧盟注册系统中的用户账户
VCS AFOLU	农业、森林和其他土地利用自愿减排标准
VCU	自主碳单元
VER	自愿减排量
Verifiability	可核证性
Verification	可核查
Voluntary Carbon Standard, VCS	自愿碳标准
Voluntary Offset Standard, VOS	自愿抵消标准
WACC	加权平均资本成本
WBCSD	世界可持续发展工商理事会
WEF	经济论坛
World Economic Forum, WEF	世界经济论坛
WRI	世界资源研究所
WWF	世界自然基金会

参考文献

1. hJan Bebbington, Carlos Larrinaga-gonzalez, *Carbon Trading*: *Accounting and Reporting Issues* [J], *European Accounting Review*, 2008.

2. ISO 14064-1: 2006《组织层面量化和报告温室气体排放和清除的详细规范》.

3. 《温室气体议定书——公司盘查和报告标准（修订版）》。

4. 《2006 政府间气候变化专门委员会（IPCC）国家温室气体清单指南》。

5. 《石油行业温室气体排放报告指导方针》。

6. 《油气行业温室气体排放方法学纲要 2009》。

7. 谢娜等："石油石化企业温室气体清单编制简析"，《油气田环境保护》，2010，20（1）：1-5。

8. 李永江："温室气体清单编制的思路和基本原则"，《环境保护》，2010，（10）：56-59。

9. 周志方、肖序："国际碳会计的最新发展及启示"，《经济与管理》，2005。

10. 周志方："论国际碳会计的最新发展及启示"，《山东财政学院学报》，2009（12）。

11. 郑玲、周志方："全球气候变化下碳排放与交易的会计问题：最新发展与评述"，《财经科学》，2010（3）。

12. 时军、王艳龙："低碳经济环境下我国碳排放权确认与计量探析"，《财会通讯》，2010（9）。

13. 魏素艳、肖淑芳：《环境会计相关理论与实务》，机械工业出版社

259

2006 年版。

14. 敬采云："碳会计理论发展创新研究"，《财会月刊》，2010（11）。

15. 肖华、李建发：《现代环境会计问题、概念与实务》，东北财经大学出版社 2004 年版。

16. 陈毓圭："环境会计和报告的第一份国际指南——会计和报告国际准则政府间专家工作组"，《会计研究》，1998，5：1-8。

17. 秦虎、张建宇："以《清洁空气法》为例简析美国环境管理体系"，《环境科学研究》，2008（4）。

18. 瞿伟："美国排污权交易的模式选择与效果分析"，《工程与建设》，2006（3）。

19. 沈满洪、赵丽秋："排污权价格决定的理论探讨"，《浙江社会科学》，2005（3）。

20. 施纪文："排污权交易在浙江电力 502 治理中的可行性研究"，《华东电力》，2005（6）。

21. Davis SW, Meno K, Morgan G, *The images that have shaped accounting theory* [J]. *Accounting Organizations and Society*, 1982 (12): 95-104.

22. FASB, 2007, *Emission Allowances Board Meeting Handout*.

23. FASB, 2008, *Project Updates: Emission Trading Schemes*.

24. IASB, 2004, *IFRIC Interpretation* No. 3, *Emission Rights*.

25. IETA, UK Emission Trading Group, Deloitte & Touche Discussion Paper, 2002, *Accounting for Carbon under the UK Emissions Trading Scheme*.

26. The World Bank, 2007, *State and Trends of the Car-bon Market* 2007.

27. Investor Group on Climate Change Australia/New Zealand（IGCC），2006, *Carbon Disclosure Project Report* 2006 *Australia/New Zealand*, Available at http://www.cdproject.net/.

28. Michel Callon, 2009, *Civilizing markets: Carbon trading between in vitro and in vivoexperiments*, *Accounting, Organizations and Society*, (34) 535-548.

后　记

　　近年来，随着政府节能减排工作力度的加大，以及碳市场、碳金融的发展，与碳资产配置、交易和管理相关的评估业务开始出现，企业对碳资产评估的专业化服务需求逐渐兴起。碳资产评估是新兴的业务，迫切需要开展相关理论研究和实践探索。为此，2012年7月，中国资产评估协会（以下简称"中评协"）与中国清洁发展机制基金管理中心（以下简称"清洁基金"）联合设立《碳资产的计量、定价与碳资产交易中介服务》课题，开展研究，并邀请在碳资产相关方面具有研究和实践经验的专家成立编委会，组织编写《碳资产评估理论及实践初探》。编写《碳资产评估理论及实践初探》是一项前瞻性、政策性、创新性较强的工作，是连结、互通碳资产管理和评估两个专业领域的桥梁和纽带，对服务我国政府节能减排目标的实现、促进低碳经济的发展具有重要意义。

　　经过课题组全体成员的共同努力和辛勤工作，历经多次专题研讨、提纲讨论、初稿统稿、编委会分工审核、书稿修改完善等环节，几易其稿，形成了目前的书稿。

　　《碳资产评估理论及实践初探》的编写得到了中评协和清洁基金有关领导的高度重视和肯定。北京天健兴业资产评估公司和华能碳资产经营有限公司作为编写工作的具体协调单位，在具体组织实施过程中投入了大量的时间和精力。

　　课题组成员来自中国资产评估协会、财政部中国清洁发展机制基金管理中心、北京天健兴业资产评估有限公司、华能碳资产经营有限公司、北京环境交易所、上海环境能源交易所、中海油新能源投资有限责任公司、兴业银行、普华永道彭亦斯（John Barnes）先生（负责撰写第三篇实践篇中"国际碳资产评估和管理的相关实践探讨"部分)、必维国际检验集团、中联资产评估集团有限公司、北京中天华资产评估公司、卓信大华资产评估有限公司。

在此向以上单位及参与编写人员表示衷心的感谢。同时对给予本书支持、并为本书做出贡献的单位和个人也表示诚挚的谢意。主要有:中国社会科学院城市发展与环境研究所研究员庄贵阳,亚洲开发银行能源顾问沈一扬,武汉大学经济与管理学院会计系教授、博士研究生导师谢获宝,中和资产评估有限公司杨志明、王青华,中林资产评估有限公司霍振彬,北京天健兴业资产评估有限公司杨立红,华能碳资产经营有限公司宁金彪、钟青、何毅,北京环境交易所李憧熠,中海油新能源投资有限责任公司朱永辉、姜海凤、王勇,兴业银行雷放,必维国际检验集团张涵,中联资产评估集团有限公司沈琦、鲁杰钢、刘晨、李业强,卓信大华资产评估有限公司刘吴宇,浦东发展银行郑大卫、黄佳妮,北京中创碳投科技有限公司唐人虎、盛海文,北京易澄信诺碳资产咨询有限公司关一松,中国质量认证中心张丽欣、马林,北京中天华资产评估公司冯东丽,北京国友大正资产评估有限公司陈冬梅、张国梁,中国财经报社齐小平。

由于碳资产评估是全新的领域,以及受有关资料和水平所限,书中不足之处敬请各方面专家、广大注册资产评估师、各业界人员和读者批评指正。

2013 年 10 月 15 日